职业教育创新融合系列教材

hyperMILL
数控加工编程

基础版

沈 梁 主编

崔凯冬 郑炜晨 副主编

范建锋 主审

化学工业出版社

·北京·

内容简介

《hyperMILL 数控加工编程（基础版）》通过多个典型案例讲解了使用hyperMILL软件进行数控加工与编程的方法，以图文并茂、通俗易懂的方式说明了每个加工指令的使用方法，并结合实际生产中的工艺要求解释了每个参数设定的原因。全书共8个项目，包括hyperMILL软件基本操作，2D铣削的常用加工指令，2D铣削的其他加工指令，3D铣削的粗加工、倒角加工，3D铣削的精加工，3D铣削的曲面曲线类加工，孔类加工，高性能及特殊参数应用。

本书可作为高职高专院校、中等职业学校机械类及相关专业教材使用，也可供从事数控加工的工程技术人员参考使用。

图书在版编目（CIP）数据

hyperMILL 数控加工编程：基础版/沈梁主编．—北京：化学工业出版社，2023.5
ISBN 978-7-122-40696-5

Ⅰ.① h⋯ Ⅱ.① 沈⋯ Ⅲ.① 数控机床-加工-计算机辅助设计-应用软件-教材 Ⅳ.① TG659.022

中国版本图书馆CIP数据核字（2022）第023087号

责任编辑：韩庆利 刘 哲　　　　　　　　　　　装帧设计：韩 飞
责任校对：赵懿桐

出版发行：化学工业出版社（北京市东城区青年湖南街13号　邮政编码100011）
印　　装：河北鑫兆源印刷有限公司
787mm×1092mm　1/16　印张18　字数392千字　2023年8月北京第1版第1次印刷

购书咨询：010-64518888　　　　　　　　　　　售后服务：010-64518899
网　　址：http：//www.cip.com.cn
凡购买本书，如有缺损质量问题，本社销售中心负责调换。

定　　价：58.00元

前　言

职业教育在中国整个教育体系中发挥着重大作用，肩负着为国家发展提供技术人才的责任与义务。大力发展职业教育，推动人力资源的充分开发，是实现人才强国并推动中国进行新型工业化发展的重要途径。近年来随着社会对五轴数控人才的需求越来越大，为了满足五轴数控人才培养的需求，杭州萧山技师学院组织五轴数控加工领域的院校教师和企业的专家们一起编写了本书。

本书通过多个典型案例讲解了使用 hyperMILL 软件进行数控加工和编程的方法，以图文并茂、通俗易懂的方式说明了每个加工指令的使用方法，并结合实际生产中的工艺要求解释了每个参数设定的原因。内容基础、容易理解、方便上手，为后续多轴加工奠定扎实的编程基础。

本书遵循了"以课堂讲解与演示为主，课后练习与回顾为辅"的原则，针对 hyperMILL 软件的每一个"三轴模块"编程指令都做出了详细的介绍与使用说明，并在每个讲解的工单命令章节末都有与本功能相对应的练习模型，供读者进行课后练习，同时也是对本功能的进一步了解与吸收。

学习本书时要认真学习理论，灵活联系实际。对于初学者，建议针对本书案例，反复练习，并且能够举一反三，触类旁通。有条件的，可将自己所编的程序与实际数控机床的特点结合起来上机加工，以实战的姿态在实践中提高水平。

本书由杭州萧山技师学院沈梁主编，平湖技师学院崔凯冬、杭州淳重教育科技有限公司总经理郑炜晨副主编，参与本书编写的还有杭州职业技术学院王赟、杭州萧山技师学院诸悦、杭州萧山技师学院丁永丽、海宁技师学院褚佳琪、金华技师学院李冀晨、温州技师学院刘绍伟、湖州工程技师学院黄云飞、德清县职业中等专业学校马纪孝。

在本书编写过程中，OPEN MINE（hyperMILL 官方）提供了技术指导以及建议，所有的编写人员及所在单位均给予了全力支持，在此对全体编写人员及编写人员所在单位表示衷心感谢。

由于编者水平有限，书中难免存在疏漏，衷心希望广大读者与专家提出宝贵意见和建议。

编　者

目　录

项目一

hyperMILL软件基本操作

任务一 hyperMILL的安装设置

【教学目标】

能力目标

能够正确安装 hyperMILL 软件。

能够设置正确的安装路径。

能够解决在安装过程中出现的问题。

知识目标

掌握 hyperMILL 软件的安装过程。

素质目标

激发学生自主探究的能力，解决问题的能力。

【任务实施】

hyperMILL 软件的安装设置见表 1.1.1。

表1.1.1

操作步骤	图示讲解
（1）先打开 hyperMILL 安装包，再找到名称为【Setup】类型为【应用程序】的选项，然后左键双击打开【Setup】	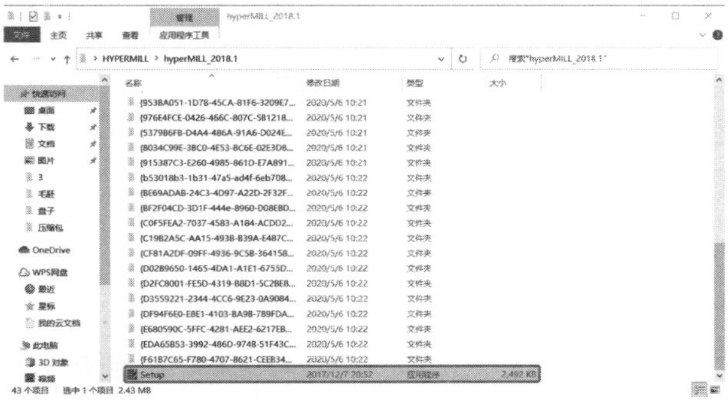

续表

操作步骤	图示讲解
（2）选择【中文（简体）】，然后点击【下一步】	
（3）进入欢迎界面，继续点击【下一步】	
（4）点击【我接受该许可证协议中的条款（A）】，点击【下一步】	

笔记

续表

操作步骤	图示讲解
（5）可默认，若要更改则点击【更改】选择新建好的文件夹，改好后点击【下一步】	
（6）此步骤默认（默认选择前两项），然后点击【安装】	
（7）等待安装完毕	

笔记

续表

操作步骤	图示讲解
（8）安装完成后点击【完成】	
（9）【全局工作空间】和【项目路径】的安装路径与之前安装软件的安装路径一致，语言选择自己所需要的语言，测量模式点击选择【公制】，CAD 平台点击选择【hyperCAD-S】，然后点击【下一步】	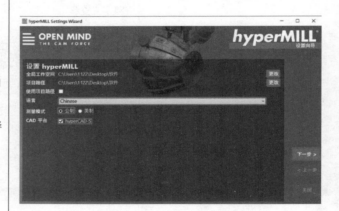
（10）此步骤为默认（如右图默认设置），然后点击【下一步】	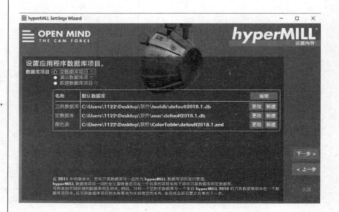

笔记

操作步骤	图示讲解
（11）点击【关闭】，完成安装	

任务二　软件介绍

【教学目标】

能力目标

掌握 hyperMILL 软件的特点及界面布局。

掌握 hyperMILL 软件格式和快捷键的设置，以及命令栏的添加。

知识目标

培养学员对 hyperMILL 软件熟悉程度，能独立解决一些基础问题。

素质目标

激发学员的学习兴趣与自学能力。

【任务导读】

hyperMILL 是德国 OPEN MIND 公司开发的集成化 NC 编程 CAM 软件，hyperMILL 的最大优势表现在五轴联动方面，它包含自动干涉检查、独立五轴联动、动态变化刀轴倾角等功能，只需一次装夹即可完成所有工序。

1. 软件简介

hyperMILL 是一个模块化的高效灵活的 CAM 解决方案。

在操作方面，因为融合在 hyperCAD 和 SolidWorks 之中，用户可以在熟悉的界面里直接进行 NC 编程，在统一的数据模型和界面里直接完成从设计到制造的全部工作，避免了从 CAD 到 CAM 的数据文件转换和传递。全集成的 Windows 界面，任务清单、刀具定义、加工参数、边界选择等，都运用了直观的对话框界面，合理实用

笔记

的缺省值、符合逻辑的菜单结构使这款软件工作起来既快捷又高效。hyperMILL 的特点如下。

① 友好的用户界面。全集成的 Windows 界面，在任务清单、刀具定义、加工参数、边界选择等都有直观、容易理解的对话框界面，以及合理实用的缺省值，符合逻辑的菜单结构都使得用 hyperMILL 工作既快捷又高效，而且轻松。

② 新 5 轴联动加工。提供真正意义上的标准概念的 5 轴联动加工可选模块。包含自动的干涉检查，完全独立的 5 轴联动，动态变化的刀轴倾角，只需一次装夹。

③ 方便的后处理。hyperMILL 提供了一个专门的后处理定制工具软件模块——hyperPOST，它可以方便地帮助用户定制某些特有的 NC 控制系统的后处理驱动。

④ 100% 的干涉检查。hyperMILL 专门开发了一套干涉检查方法，来保证所有加工功能的安全性，进行无干涉加工，甚至在一些"危险"区域也能保证安全和无干涉。

⑤ 丰富的加工策略。hyperMILL 提供了强大而丰富的加工循环功能，如支持第 4 轴分度功能的 2.5 轴铣、钻、镗等；联动加工的 3 轴粗精加工，如层降式加工、投影式加工、优化加工、清根加工等。

⑥ 逼真的渲染仿真。hyperMILL 的软件包里提供了一套逼真的三维实体切削仿真模块——hyperVIEW Preview，用户可以观察到渲染状态下零件加工的过程，而且程序还会自动显示出一些工艺参数，如加工所需时间、主轴转速、进给速率、代码行等。

2. 界面介绍

双击打开 hyperMILL 软件。选择文件 - 新建，界面如图 1.2.1 所示。界面各部分名称如表 1.2.1 所示。

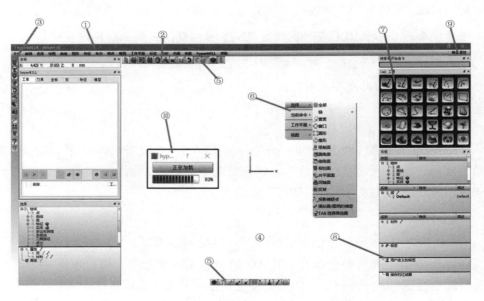

图1.2.1

笔记

表1.2.1

①标题栏	显示当前打开文档的名称
②菜单栏	软件功能可从菜单栏中访问
③工具栏	用于调用软件功能。使用鼠标左键单击图标（可更改）
④图形区域	可通过几何方式与文档图元进行交互
⑤工具栏	用于调用软件功能。使用鼠标左键单击图标
⑥上下文菜单	提供与当前正进行的工作相关的若干功能，在输入文本和值的区域中也提供该菜单。若要打开上下文菜单，单击鼠标右键
⑦工具选项卡	可用来通过图标调用功能。如果选项卡的内容部分隐藏，可在按住 Ctrl 键的同时使用滚轮浏览所有可用的功能
⑧选项卡工具	用于结构性信息、筛选、显示消息和特性以及 hyperMILL 浏览器
⑨概述信息	当鼠标指针停留在某功能上时，会显示有关功能的简洁信息
⑩进度条	进度显示了需要大量处理资源的过程并提供了过程中当前操作的信息

3. 软件格式

① hyperMILL 自带格式为 *.hmc，文件保存后会生成一个保存文件与四个文件夹。 如表 1.2.2 所示。

表1.2.2

	3DF	3DF 多面模型用于碰撞检验
📁 3DF	NC	存放程序生成代码
📁 POF	POF	存放软件刀路文件
📁 STOCK	STOCK	存放毛坯模型文件
保存.hmc	*.hmc	编程保存文件

② hyperMill 支持的格式非常广泛，可直接打开 Siemens NX、SolidWorks 和 Inventor 等软件格式，全部支持的格式如表 1.2.3 所示。

表1.2.3

hyperCAD-S 文档（*.hmc）	CATIA V4 型号文件（*.model *.exp *.dlv）
CATIA V5 文件（*.catpart *.catproduct *.cgr）	DXF、DWG 文件（*.dxf *.dwg）
hyperCAD 文件（*.e3 *.e2 *.gkd）	hyperCAD-S 文档模板（*.hmct）
IGES 文件（*.igs *.iges）	Inventor 模型文件（*.ipt *.iam）
JT Model Files（*.jt）	Parasolid 型号文件（*.x-t *.x-b）
PTC Creo Parametric 型号文件（*.prt *.asm *.spr *.xas）	Siemens NX 型号文件（*.prt）
SolidWorks 型号文件（*.sldprt *.sldasm）	STEP 文件（*.stp *.step）
STL 文件（*.stl *.stla *.stlb）	内部 Geom 文件（*.hmcgeom）
图像文件（*.jpg *.bmp *.png *.tif *.rgb）	点文件（*.pt *.asc *.xyc *.txt）

4. 软件自带常用快捷键

hyperMILL 自带常用快捷键如表 1.2.4 所示。

笔记

表1.2.4

快捷键	意义	快捷键	意义
W	显示世界坐标系	M	移动／复制
H	隐藏	Ctrl+H	取消隐藏
Shift	加选	Ctrl	减选
A	选择全部	F	适合窗口
C	链选（选择成环的曲线）	F2	显示面
F3	显示实体	F4	显示网格
F5	显示曲线	F6	显示全部
MB3（右键）	视图旋转	MB2（中键）	视图移动
I	物体属性	Ctrl+I	两物体信息（间距）
Alt+X	绕 X 轴旋转	Alt+Y	绕 Y 轴旋转
V	在视图上建立坐标	L	草图
Alt+Z	绕 Z 轴旋转	Alt+1	俯视图（世界坐标）
Alt+2	主视图（世界坐标）	Alt+3	左视图（世界坐标）
Alt+4	右视图（世界坐标）	Alt+5	后视图（世界坐标）
Alt+6	仰视图（世界坐标）	Alt+7	左前视图（世界坐标）
Alt+8	右前视图（世界坐标）	Ctrl+1	俯视图（当前坐标）
Ctrl+2	主视图（当前坐标）	Ctrl+3	左视图（当前坐标）
Ctrl+4	右视图（当前坐标）	Ctrl+S	文件保存

5. 自定义快捷键

hyperMILL 软件中不仅仅可以使用软件自带的快捷键，而且还支持用户自由定义快捷键，步骤如下。

① 点击文件 - 选项 - 选择键盘快捷方式（快捷键 Ctrl ＋ Alt ＋ K）。

② 双击需定义快捷键的指令 - 输入快捷键 - 点击 OK 即可。如表 1.2.5 所示。

表1.2.5

双击需定义快捷键的指令	输入快捷键
操作　　　　　　　　　快捷方式　上下文 　分割曲线　　　　　　　　　　图形区域 　分割网格　　　　　　　　　　图形区域 　分割面　　　　　　　　　　　图形区域 　反转方向　　　　　　　　　　图形区域 　取消裁剪面　　　　　　　　　图形区域 　变形体积　　　　　　　　　　图形区域	 hyperCAD-S\1.0.8.1　　　　× 按新的快捷方式键组合 Shift+S　　　　　　　…… 图形区域 OK　Cancel

6. 添加命令栏

① 点击文件选项 - 选项 - 工具条与选项卡。

② 在选择所需的命令栏处打 √，显现工具条。如图 1.2.2 所示。

③ 鼠标左键按住工具条左侧灰点处进行拖动工具条，移放至软件界面侧边或上边均可。

笔记

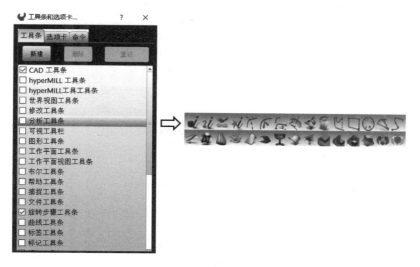

图1.2.2

7. 定制命令栏

① 点击文件选项 - 选项 - 工具条与选项卡。

② 点击新建，建立工具条名称（确保新建工具条前打 √）。

③ 点击命令，将需要的指令拖入新建工具条即可。

④ 鼠标左键按住工具条左侧灰点处拖动工具条，移放至软件界面侧边或上边均可。

任务三　hyperCAD-S基本绘图指令

【教学目标】

能力目标

能够利用 hyperCAD-S 创建草图。

能够运用直线、圆弧、圆角、偏移等基本绘图指令，绘制简单的二维线框图。

能够根据任务活动，掌握线性挤出、孔等命令进行拉伸建模。

知识目标

掌握草图指令的使用方法及技巧。

掌握线段的偏移、复制、移动、修剪等命令使用方法。

掌握坐标系的建立。

掌握三维实体建模线性挤出命令的使用方法与技巧。

素质目标

培养学生运用专业知识，解决问题的能力。

激发学员的学习兴趣与自学能力。

笔记

【任务导读】

hyperCAD 具有可直接绘制轮廓、建立模型与曲面等功能，对于曲面的处理与绘制十分强大。在加工生产时常常会遇到修改加工模型、绘制编程辅助线等情况，因此掌握基本的绘图建模指令就显得尤为重要，要求读者熟练掌握基本命令并灵活应用。

【基础常用指令讲解】

1. 草图

指令作用：绘制直线、圆弧等曲线，详解见表 1.3.1。

指令位置：绘图 - 草图（快捷键 L）。

表1.3.1

草图指令详解		
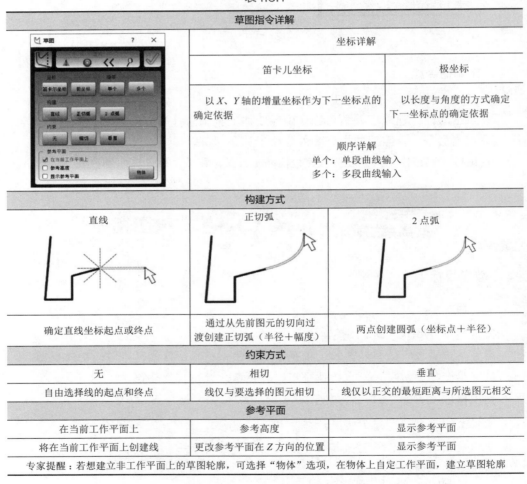	坐标详解	
	笛卡儿坐标	极坐标
	以 X、Y 轴的增量坐标作为下一坐标点的确定依据	以长度与角度的方式确定下一坐标点的确定依据
	顺序详解 单个：单段曲线输入 多个：多段曲线输入	
构建方式		
直线	正切弧	2 点弧
确定直线坐标起点或终点	通过从先前图元的切向过渡创建正切弧（半径＋幅度）	两点创建圆弧（坐标点＋半径）
约束方式		
无	相切	垂直
自由选择线的起点和终点	线仅与要选择的图元相切	线仅以正交的最短距离与所选图元相交
参考平面		
在当前工作平面上	参考高度	显示参考平面
将在当前工作平面上创建线	更改参考平面在 Z 方向的位置	显示参考平面
专家提醒：若想建立非工作平面上的草图轮廓，可选择"物体"选项，在物体上自定工作平面，建立草图轮廓		

2. 捕捉选择过滤器

指令作用：确定所需要的捕捉点，详解见表 1.3.2。

指令位置：选择 - 捕捉选择过滤器。

笔记

表1.3.2

捕捉选择过滤器讲解		
捕捉点	图标	光标
终点		
中点		
圆心点		
原点		
面顶点		
曲线上的点		
面上的点		
曲线交点		
曲线 / 面交点		
多边形网格顶点		
刀具路径多义线点		
毛坯模型点		

技巧一：指令中捕捉优先顺序中可以随意调整捕捉点优先顺序

技巧二：可在图 1.2.1 序号 5 中图标 单击快速切换捕捉点

3. 偏移

指令作用：偏置曲线，详解见表 1.3.3。

指令位置：曲线 - 偏移。

表1.3.3

偏移指令详解		
选择方式	曲线：需要偏置的曲线 偏移：偏置量 反向：反向曲线偏置方向 全部反向：反向所有选择曲线偏置方向	
过渡方式	无：不在多条曲线上创建过渡 尖角：使用锐边在多条曲线间创建过渡 倒圆：使用倒圆在多条曲线间创建过渡	
参考平面	选择一个平面图元作为偏移的参考平面	

笔记

4. 自动裁剪

指令作用：将曲线裁剪至交点或刺穿点。详解见图 1.3.1。

指令位置：修改 - 自动裁剪。

图1.3.1

5. 移动 / 复制

指令作用：移动、旋转和复制单个或多个图元。详解见表 1.3.4。

指令位置：编辑 - 移动 / 复制（快捷键 M）

表1.3.4

移动 / 复制指令详解		
	选择物体	需要选择、移动的图元
	复制	复制可保留原图元，可设置复制数量
	起始	选择移动起点
	结束	选择移动终点
	增量	输入 X、Y 和 Z 方向的线性平移量
	角度	输入绕 X、Y 和 Z 方向的旋转角度
	自动	操纵器的自动定位（动态）
	方向	X WP：反向 X 方向矢量轴 Y WP：反向 Y 方向矢量轴 Z WP：反向 Z 方向矢量轴 选择：选择图元作为移动方向或旋转轴 2 点：两点选择移动方向或旋转轴
技巧：每次移动、旋转或复制图元时，无须填写每个参数，只填写需要的参数即可	反向	反转方向

6. 世界坐标系

指令作用：世界工作平面。

指令位置：工作平面 - 在世界坐标上（快捷键 W）。

7. 创建坐标系

指令作用：建立坐标系。详解见表 1.3.5。

指令位置：工作平面 - 通过三点。

表1.3.5

创建坐标系（通过三点）指令详解

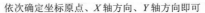

依次确定坐标原点、X 轴方向、Y 轴方向即可

笔记

8. 2D 圆角

指令作用：对两条同一平面的相交曲线段进行倒圆角。详解见表 1.3.6。

指令位置：绘图 -2D 圆角。

表1.3.6

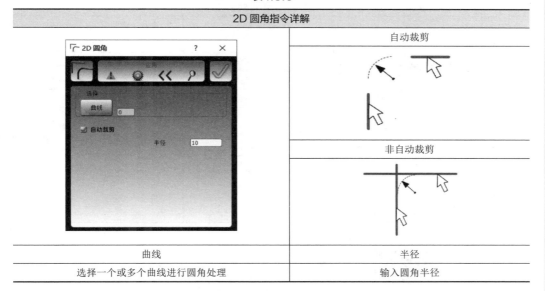

2D 圆角指令详解	
	自动裁剪
	非自动裁剪
曲线	半径
选择一个或多个曲线进行圆角处理	输入圆角半径

9. 平面

指令作用：创建平面。详解见表 1.3.7。

指令位置：图形 - 平面。

表1.3.7

平面指令详解			
	物体		3 点
	选择一个平面图元（平面曲线、平面）创建		选择不在同一直线上的三个点
	方向＋原点		方向 - 选择
			借助图元选择方向
原点选择	WP0.0.0	选择方向和原点	方向 -2 点
指定图元上的某个点作为平面原点	选择当前坐标系原点作为平面建立零点	将显示垂直于方向和原点的平面	 2 点指定方向

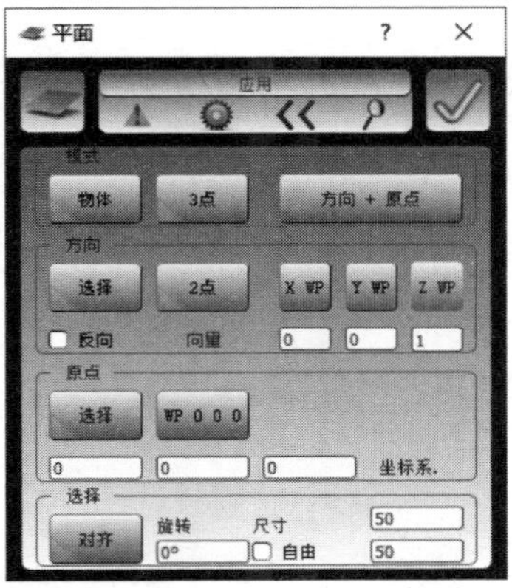

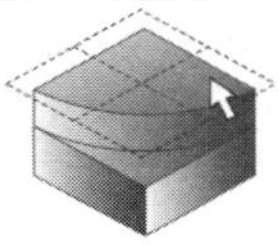

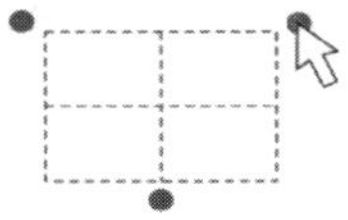

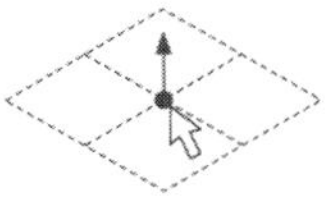

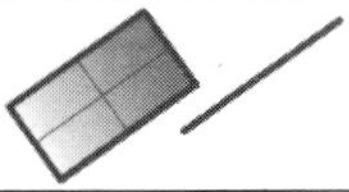

笔记

10. 线性挤出

指令作用：通过线性扫描实体中面的曲线和边界轮廓创建挤出。详解见表 1.3.8。

指令位置：特征 - 线性挤出。

表1.3.8

线性挤出指令详解		
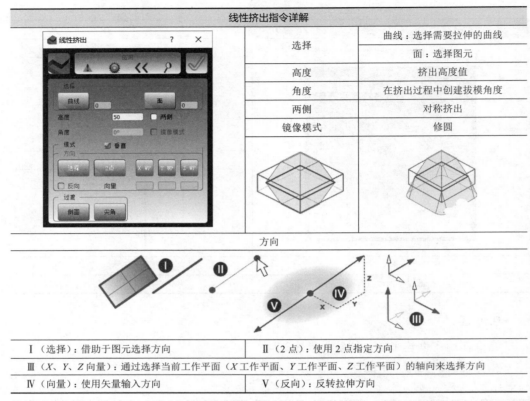	选择	曲线：选择需要拉伸的曲线
		面：选择图元
	高度	挤出高度值
	角度	在挤出过程中创建拔模角度
	两侧	对称挤出
	镜像模式	修圆

方向

Ⅰ（选择）：借助于图元选择方向	Ⅱ（2 点）：使用 2 点指定方向
Ⅲ（X、Y、Z 向量）：通过选择当前工作平面（X 工作平面、Y 工作平面、Z 工作平面）的轴向来选择方向	
Ⅳ（向量）：使用矢量输入方向	Ⅴ（反向）：反转拉伸方向

【任务描述】

使用 hyperCAD-S 软件指令绘制图 1.3.2 所示练习图纸，并利用绘制完的曲线生成实体。

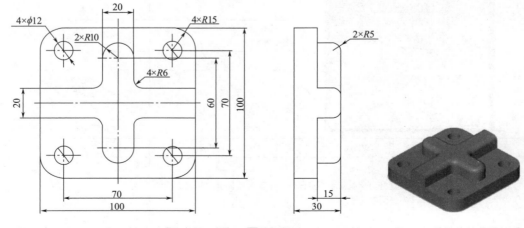

图1.3.2

笔记

【工作任务】

① 双击打开 hyperMILL 软件，点击文件 - 新建。

② 显示坐标：使用快捷键 W（世界坐标系）显示世界坐标系。

③ 摆正视图：使用快捷键 Alt +1 摆正视图（俯视图）。

④ 绘制矩形（快捷键 R）。如表 1.3.9 所示。

表1.3.9

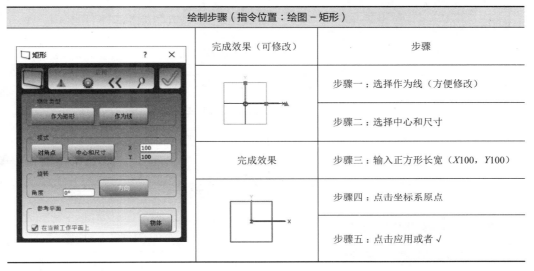

绘制步骤（指令位置：绘图 - 矩形）		
	完成效果（可修改）	步骤
		步骤一：选择作为线（方便修改）
		步骤二：选择中心和尺寸
	完成效果	步骤三：输入正方形长宽（X100，Y100）
		步骤四：点击坐标系原点
		步骤五：点击应用或者√

⑤ 依次偏置出宽为 20 的两条曲线。如表 1.3.10 所示。

表1.3.10

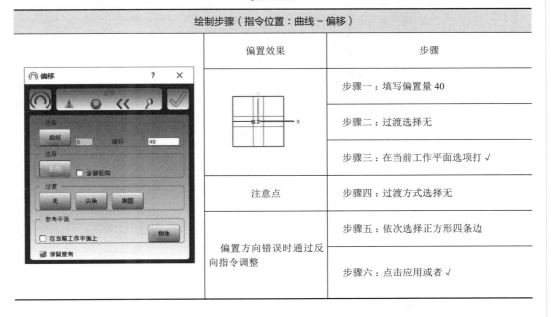

绘制步骤（指令位置：曲线 - 偏移）		
	偏置效果	步骤
		步骤一：填写偏置量 40
		步骤二：过渡选择无
		步骤三：在当前工作平面选项打√
	注意点	步骤四：过渡方式选择无
	偏置方向错误时通过反向指令调整	步骤五：依次选择正方形四条边
		步骤六：点击应用或者√

⑥ 依次偏置出宽为 60 的两条辅助曲线，如表 1.3.11 所示。

笔记

表1.3.11

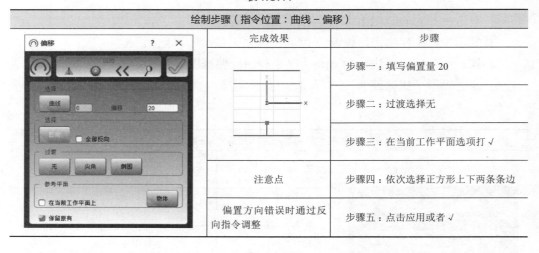

绘制步骤（指令位置：曲线 - 偏移）		
	完成效果	步骤
		步骤一：填写偏置量20
		步骤二：过渡选择无
		步骤三：在当前工作平面选项打√
	注意点	步骤四：依次选择正方形上下两条条边
	偏置方向错误时通过反向指令调整	步骤五：点击应用或者√

⑦ 绘制 $2 \times R10$ 圆弧，如表 1.3.12 所示。

表1.3.12

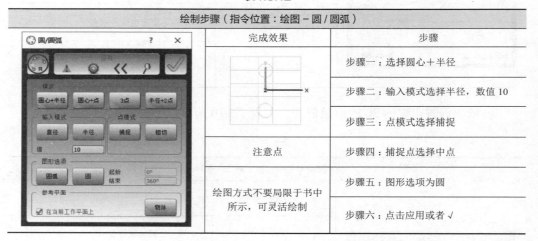

绘制步骤（指令位置：绘图 - 圆/圆弧）		
	完成效果	步骤
		步骤一：选择圆心＋半径
		步骤二：输入模式选择半径，数值10
		步骤三：点模式选择捕捉
	注意点	步骤四：捕捉点选择中点
	绘图方式不要局限于书中所示，可灵活绘制	步骤五：图形选项为圆
		步骤六：点击应用或者√

⑧ 裁剪多余曲线，如表 1.3.13 所示。

表1.3.13

裁剪步骤（指令位置：修改 - 自动裁剪）	
裁剪前	裁剪后
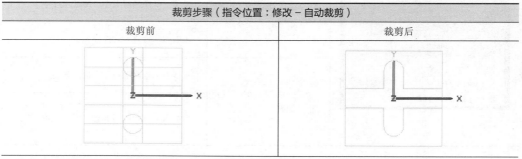	
注意点：裁剪错误时可以使用快捷键 Ctrl ＋ Z 撤销上一步骤	

笔记

⑨ 绘制 4×*R*6 圆角，如表 1.3.14 所示。

表1.3.14

绘制步骤（指令位置：绘图 -2D 圆角）		
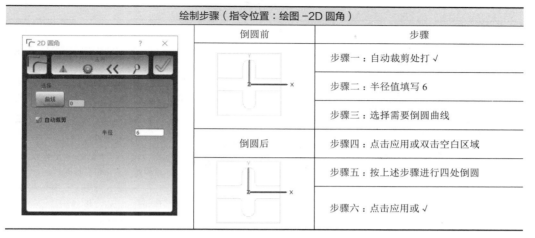	倒圆前	步骤
	<td colspan="1"></td>	步骤一：自动裁剪处打 √
		步骤二：半径值填写 6
		步骤三：选择需要倒圆曲线
	倒圆后	步骤四：点击应用或双击空白区域
		步骤五：按上述步骤进行四处倒圆
		步骤六：点击应用或 √

⑩ 绘制 *R*15 圆角，如表 1.3.15 所示。

表1.3.15

绘制步骤（指令位置：曲线 -2D 圆角）		
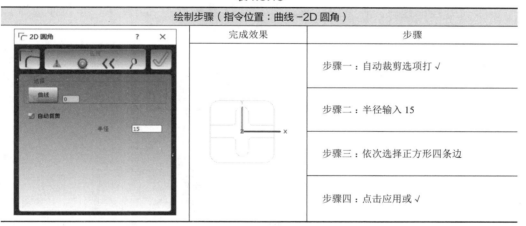	完成效果	步骤
		步骤一：自动裁剪选项打 √
		步骤二：半径输入 15
		步骤三：依次选择正方形四条边
		步骤四：点击应用或 √

⑪ 分割曲线（快捷键 S），如表 1.3.16 所示。

表1.3.16

分割曲线（指令位置：修改 - 分割曲线）		
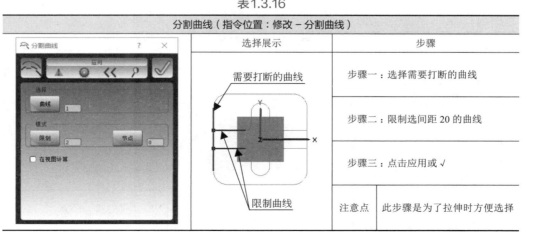	选择展示	步骤
	需要打断的曲线	步骤一：选择需要打断的曲线
		步骤二：限制选间距 20 的曲线
		步骤三：点击应用或 √
	限制曲线	注意点　此步骤是为了拉伸时方便选择

笔记

⑫ 拉伸最大外轮廓，如表1.3.17所示。

表1.3.17

建模步骤（线性扫描）		
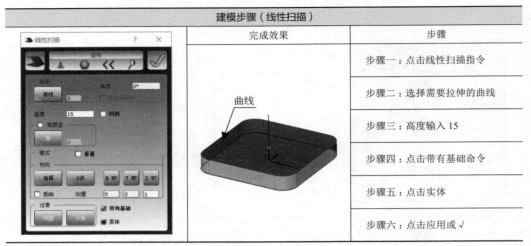	完成效果	步骤
		步骤一：点击线性扫描指令
	曲线	步骤二：选择需要拉伸的曲线
		步骤三：高度输入15
		步骤四：点击带有基础命令
		步骤五：点击实体
		步骤六：点击应用或 √

⑬ 打开线框模式。在空白区域右键 - 视图 - 线框视图（方便下一步拉伸选择），如图1.3.3所示。

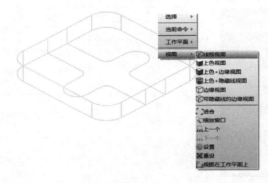

图1.3.3

⑭ 拉伸十字架轮廓，如表1.3.18所示。

表1.3.18

建模步骤（线性挤出）		
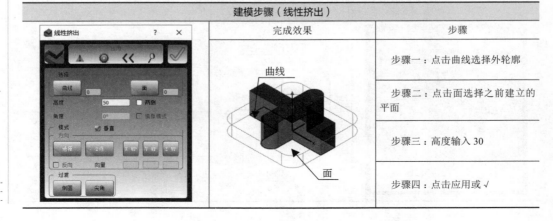	完成效果	步骤
	曲线	步骤一：点击曲线选择外轮廓
		步骤二：点击面选择之前建立的平面
		步骤三：高度输入30
	面	步骤四：点击应用或 √

笔记

⑮ 实体倒圆，如表 1.3.19 所示。

表1.3.19

建模步骤（圆角）		
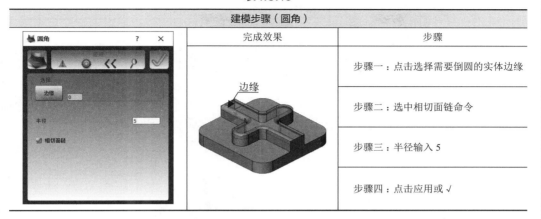	完成效果	步骤
	边缘	步骤一：点击选择需要倒圆的实体边缘
		步骤二：选中相切面链命令
		步骤三：半径输入 5
		步骤四：点击应用或 √

⑯ 绘制 $4×\phi12$ 孔，如表 1.3.20 所示。

表1.3.20

建模步骤（孔）		
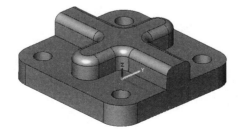	建立效果	步骤
		步骤一：选择特征中孔指令
		步骤二：选择需要打孔的表面
		步骤三：选择捕捉点击圆弧圆点
	完成效果	步骤四：点击定义，设置打孔直径与深度（$\phi12$、20）
		步骤五：点击应用或 √
		步骤六：依次创建其余三个孔

⑰ 完成，如图 1.3.4 所示。

图1.3.4

【课后训练】

使用 hyperCAD-S 软件指令绘制图 1.3.5 所示图形，并利用绘制完的曲线生成实体。

笔记

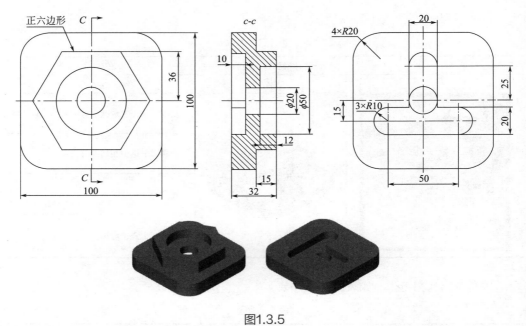

图1.3.5

任务四 hyperMILL基本指令

【教学目标】

能力目标

能够创建工单列表。

能够正确地创建刀具，选择工件坐标系。

能够根据加工零件造型，创建毛坯、选择加工曲面。

知识目标

掌握 hyperMILL 刀路建立的准备工作。

素质目标

培养学生运用专业知识，解决问题的能力。

培养学生的自学能力。

【基础常用指令讲解】

1. 浏览器

指令作用：进入编程模式。

指令位置：hyperMILL- 浏览器（快捷键 Ctrl ＋ Shift ＋ M）。

笔记

当界面左侧出现刀具、工单、坐标、模型等界面即可。

2. 文件保存设置

指令作用：保存文件位置设置。如表 1.4.1 所示。

指令位置：hyperMILL 设置。

表1.4.1

文件保存设置		
	第一步	第二步
	打开设置界面	点击文档 文档 应用 hyperCAD-S 文档
	第三步	第四步
	路径管理点击项目 路径管理 ○项目 ○全局工作区 路径... ers\public\documents\open mind\projects\Model_0_45 模型路径 □工单列表专用子目录	点击模型路径 模型路径
	第五步	注意
	点击确定 ✔	设置完文件保存路径后，可直接使用 Ctrl + S 进行覆盖保存

3. 工单列表

指令作用：设置加工工单列表，如图 1.4.1 所示。

指令位置：工单处右键 - 新建 - 工单列表（快捷键 Shift + N），如表 1.4.2 所示。

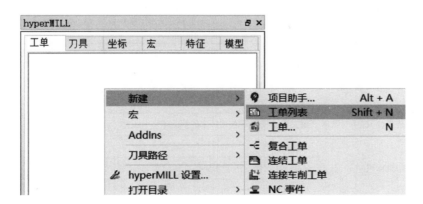

图1.4.1

笔记

表1.4.2

指令工单详解		
工单列表设置	**名称**	**输入工单列表名称**
工单列表: Model_0_4 [窗口截图：工单列表设置/注释/零件数据/镜像/后置处理，工单列表名称Model_0_4，刀具路径文件 c:\users\public\documents\open mind\pof\Model_0_4.p，NCS Model_0_4，计算-补偿刀具中心，原点-允许多重原点]	刀具路径	检查默认路径和文件名，需要时可进行修改
	NCS	定义刀具路径坐标零点
	补偿刀具中心	使用机床刀补（只适用于2D轮廓铣削、基于3D模型的2D轮廓铣削以及倾斜轮廓循环）
	允许多重原点	需要多个加工原点，则选择该项
注释	作为NC注释传送至NC程序的有关hyperMILL项目的一般信息	
NCS指令详解		
定向坐标定义: NCS Model_0 [窗口截图：定义/装夹位置/定向坐标限制/通用，参考系统WCS，转化-移动，对齐-参考/工作平面/3 Points，角度A 0 B 0 C 0，旋转 X Y Z 45，原点 X轴0 Y轴0 Z轴0，向量 X轴1.0000 0.0000 0.0000 Y轴0.0000 1.0000 0.0000 Z轴0.0000 0.0000 1.0000]	参考系统	3 Points
	选择现有坐标系设置为加工坐标系	通过三点指定加工坐标系方位（点1=原点、点2=X方向、点3=Y方向）
	转化 - 移动	角度
	选择图元上点设置为加工坐标系原点	A、B、C：定义对应旋转轴角度
	参考、工作平面	原点
	从激活参考坐标系或工作平面定义加工坐标系原点和方位	X、Y、Z：移动对应轴
[图标截图：① 方位选择按钮组，X Y Z 45 ②]	①选择所需方位 ②设定绕X、Y和Z轴旋转的度数	
NCS- 装夹位置	定义装夹模型零点（机床模型的工作台上边中点作为参考使用）	
NCS- 定向坐标限制	无坐标限制：孔特征可以为任意方向	
	限制3D范围：指定A/B和C轴的允许最大角度范围（A/B对应XY、C对应Z轴）	
	按平面限制：使用所选平面的法线作为限制	
NCS- 通用	名称、ID、注释：坐标系名称	ID编号：解释说明
	整体安全平面：定向坐标的安全平面	

笔记

工单列表 - 零件数据		
	毛坯模型 　　定义工单列表中的多项毛坯定义	模型 　　铣削区域定义可用于工单列表中的多项工单
	材料 　　选择本次切削的材料（可自定材料相对应的参数，在此调用）	夹具 　　启用后可定义夹持区域（多用于编程仿真）

零件数据 - 毛坯模型		
	名称、注释	模式 - 拉伸
	定义毛坯模型说明注释	基于轮廓和（正 / 负）偏置定义（封闭）毛坯模型
	模式 - 曲面	模式 - 文件
	选择曲面定义为毛坯曲面	选择 STL 或 VIS 文件将其定义为工单毛坯

模式 - 旋转	模式 - 从工单	模式 - 几何范围
建立旋转轴起点和终点之间的（开放）轮廓定义（封闭）生成旋转模型，定义为毛坯轮廓	根据参考工单的封闭毛坯模型定义为毛坯模型	根据显示模型，自动计算出包覆模型生成毛坯模型

模式 - 从工单链	分辨率
选择参考工单的封闭毛坯模型定义毛坯模型	加工毛坯显示分辨率（一般选择 0.02）

零件数据 - 模型			
	指令	图标	含义
	新建曲面		定义所需加工零件曲面
	编辑曲面		编辑所需加工零件曲面
	过滤器		打开过滤器定义对话框
	余量		设置零件曲面余量
	group		定义不同层的加工曲面

笔记

续表

工单列表 – 后置处理		
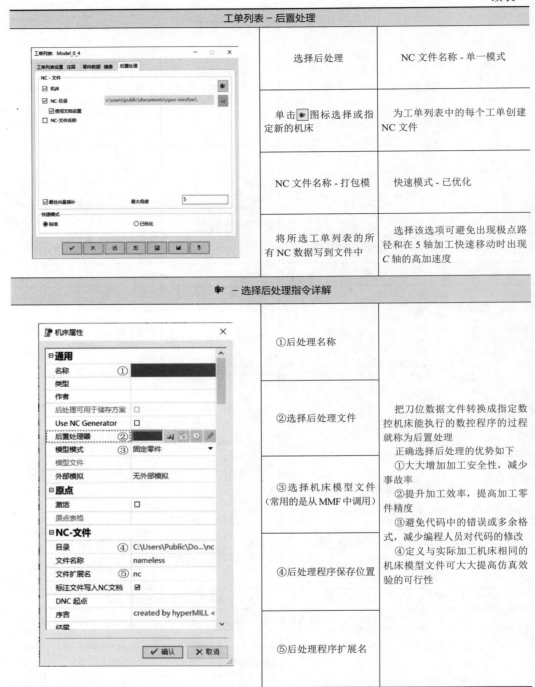	选择后处理	NC 文件名称 - 单一模式
	单击 图标选择或指定新的机床	为工单列表中的每个工单创建 NC 文件
	NC 文件名称 - 打包模式	快速模式 - 已优化
	将所选工单列表的所有 NC 数据写到文件中	选择该选项可避免出现极点路径和在 5 轴加工快速移动时出现 C 轴的高加速度
– 选择后处理指令详解		
	①后处理名称	把刀位数据文件转换成指定数控机床能执行的数控程序的过程就称为后置处理
	②选择后处理文件	正确选择后处理的优势如下 ①大大增加加工安全性，减少事故率
	③选择机床模型文件（常用的是从 MMF 中调用）	②提升加工效率，提高加工零件精度 ③避免代码中的错误或多余格式，减少编程人员对代码的修改
	④后处理程序保存位置	④定义与实际加工机床相同的机床模型文件可大大提高仿真效验的可行性
	⑤后处理程序扩展名	

4. 创建刀具

指令作用：建立刀具清单，如图 1.4.2 所示。

指令位置：刀具处右键—新建—选择需要建立的铣刀类型。如表 1.4.3 所示。

笔记

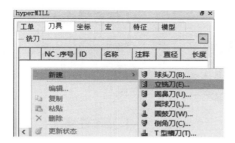

图1.4.2

表1.4.3

创建刀具指令详解（立铣刀例）	
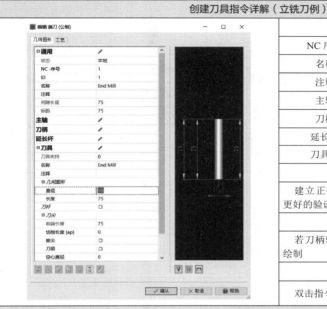	**指令解释**
	NC 序号　程序刀具号
	名称　刀具名称
	注释　刀具特点
	主轴　建立模拟主轴
	刀柄　绘制或调用刀柄
	延长杆　构建、选择或调用延长杆
	刀具栏　定义刀具形状
	技巧一
	建立正确的主轴、刀柄模型可以避免加工碰撞，更好的验证道路轨迹
	技巧二
	若刀柄较为特殊，刀库中没有，则可以直接自己绘制
	技巧三
	双击指令界面右侧绿色标注，可直接修改对应尺寸

刀具工艺参数	
	**指令解释**
	主轴转速　转速（r/min）
	XY 进给值　进给（mm/min）
	轴向进给　沿主轴方向的进给（F）
	减速进给
	切削速度
	F/edge
	Fz 钻削
	切削液　控制冷却液开关
	切削宽度
	进给长度
	插入角度　下刀斜插角度
	最大减速进给角度
	技巧一
	可创建刀具库，需要时调用即可

笔记

图1.4.3

【任务描述】

学生需要完成图1.4.3零件坐标建立（建立在零件中心正上方），正确建立工单列表并完成文件保存。

【工作任务】

① 打开浏览器（快捷键 Ctrl + Shift + M）。

当界面左侧出现刀具、工单、坐标、模型等界面即可。

② 文件保存设置，如表1.4.4所示

指令位置：hyperMILL 设置。

表1.4.4

文件保存设置		
	第一步	第二步
![设置界面]	打开设置界面	点击文档 文档　应用　hyperCAD-S 文档
	第三步	第四步
	路径管理点击项目	点击模型路径 模型路径
	第五步	注意
	点击确定 ✔	设置完文件保存路径后，可直接使用 Ctrl + S 进行覆盖保存

图1.4.4

笔记

③ 建立工作平面，如图1.4.4所示。

建立步骤如下。

a. 选择需要建立表面。

b. 右键 - 工作表面 - 在面上。

c. 单击应用。

④ 建立并设置工单列表

a. 新建工单列表（快捷键 Shift+N），如图1.4.5所示。

b. 设置工单列表，如表1.4.5所示。

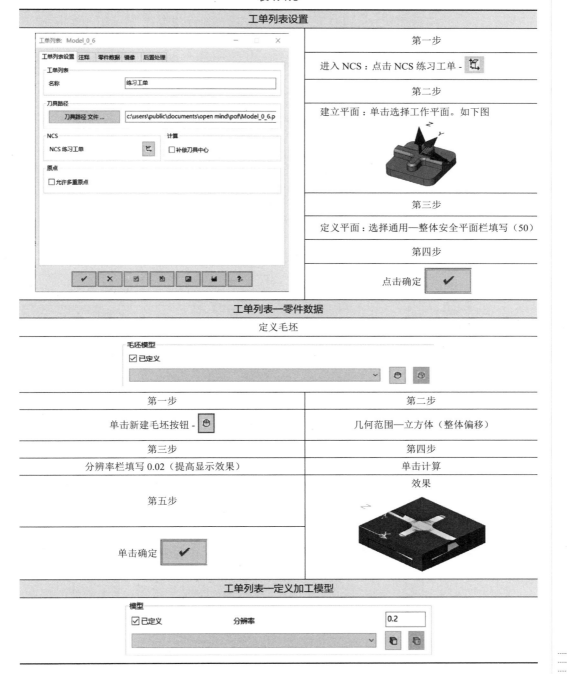

图1.4.5

表1.4.5

工单列表设置	
（工单列表：Model_0_6 对话框）	第一步
	进入 NCS：点击 NCS 练习工单 - 按钮
	第二步
	建立平面：单击选择工作平面。如下图
	第三步
	定义平面：选择通用—整体安全平面栏填写（50）
	第四步
	点击确定 ✓

工单列表—零件数据	
定义毛坯	
（毛坯模型 对话框：已定义）	
第一步	第二步
单击新建毛坯按钮 - 🖱	几何范围—立方体（整体偏移）
第三步	第四步
分辨率栏填写 0.02（提高显示效果）	单击计算
第五步	效果
单击确定 ✓	（效果图）

工单列表—定义加工模型
（模型 对话框：已定义　分辨率 0.2）

右上角：续表

工单列表—定义加工模型	
第一步	第二步
分辨率栏填写 0.02（提高显示效果）	单击新建加工区域 - 
第三步	第四步
点击选择 -	框选整个模型
第五步	第六步
点击确定 -	点击确定 -

工单列表 – 后置处理	
第一步	第二步
点击机床管理 -	点击新建 - 新建...
	第三步
	建立后处理名称
	第四步
	选择后置处理器
	第五步
	选择模型模式为从 MMF 中调入
	第六步
	选择模型文件（机床）
	第七步
	点击确定 - ✔ 确认

机床属性窗口内容：

通用
- 名称　G350
- 类型
- 作者
- 后处理可用于储存方案　☑
- Use NC Generator　☐
- 后置处理器　...\S840D_5xF_TabA8_G:
- 模型模式　模型从MMF文件中调入▼
- 模型文件　D:\五...\GROB_350.mmb
- 外部模拟　无外部模拟

原点
- 激活　☐
- 原点表格

NC-文件
- 目录　C:\Users\Public\Do...\nc
- 文件名称　nameless
- 文件扩展名　mpf
- 标主文件写入NC文档　☑
- DNC 起点

✔ 确认　✕ 取消

工单列表 – 完成设置		
点击新建 - ✔	✔ 💡 🖾 Model_0_6	工单列表前有 √ 即表明正确设置

【专家点拨】

① hyperCAD 是一款具有强大曲面造型的软件，也能对现有曲面进行编辑，能较好地辅助程序编写，因此掌握基本的曲面、曲线指令非常必要。

② 工单列表属于程序编写的准备工作，在设置工单列表时需要考虑零件的装夹、坐标系的建立、毛坯外形等，与实际相符时更能保证刀路的正确性与安全性。

笔记

项目二
2D铣削的常用加工指令

任务一 型腔加工

【教学目标】

能力目标

能够分析型腔类零件的轮廓特征。

能够针对开放型和封闭型不同类型的型腔，选择合理的加工策略。

通过加工刀路的分析，针对不同型腔选择合适的刀具路径。

知识目标

掌握 hyperMILL 型腔加工策略中各参数的设置。

掌握 hyperMILL 型腔加工策略的适用范围。

能够使用 hyperMILL 软件进行仿真验证。

素质目标

培养学生熟练掌握型腔加工指令并能够应用于实际加工。

通过任务式学习，提升学生的自学能力。

激发学生的学习兴趣，培养团队合作和创新精神。

【任务导读】

型腔类零件是数控加工中较为常见的零件类型，对于该类零件简单的型腔区域，一般选用 2D 型腔加工进行加工，可辨别开口、非开口型腔。型腔加工指令参数简单、直观，要求学生熟练掌握。

【任务描述】

使用型腔加工指令编制图 2.1.1 零件中型腔区域一与型腔区域二粗加工程序，设置正确指令参数，并使用机床进行仿真。

型腔区域二　　　　　　　　　　　型腔区域一

图2.1.1

【任务实施】

一、型腔加工案例一

1. 新建工单列表（见表2.1.1）

表2.1.1

操作步骤	图示讲解
（1）在工单选项空白处单击鼠标右键新建【工单列表】	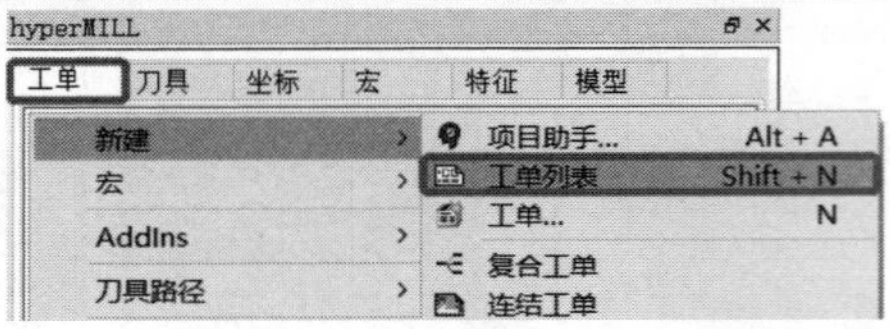 hyperMILL 工单　刀具　坐标　宏　特征　模型 新建　　　　　　　　项目助手...　Alt + A 宏　　　　　　　　　工单列表　　Shift + N AddIns　　　　　　　工单...　　　　　N 刀具路径　　　　　　复合工单 　　　　　　　　　　连结工单
（2）在工单列表设置中点击新建【NCS坐标】，点击需要创建坐标的平面	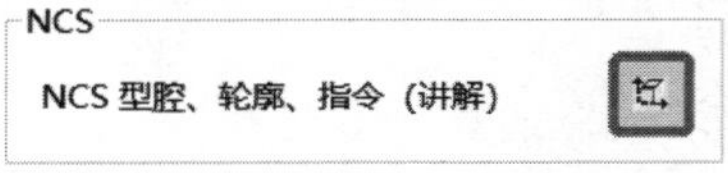 NCS NCS 型腔、轮廓、指令（讲解）
（3）快捷键 Shift+S 使坐标在面上，最后点击【确定】完成设置	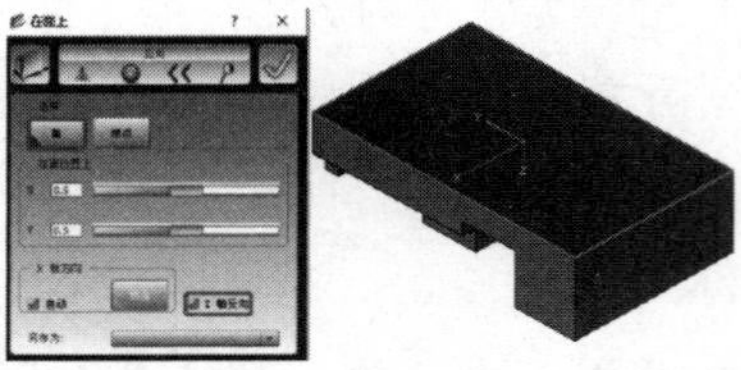
（4）点击【工作平面】，将坐标设置于当前的坐标上	 对齐 参考　　工作平面　　3 Points
对齐详解	

参考	工作平面	3 Points
从激活参考坐标系或工作平面调整加工坐标系原点和方位		通过三点指定加工坐标系方位。点1=原点，点2=X方向，点3=Y方向

操作步骤	图示讲解
（5）在工单列表中选择【零件数据】并点击【新建毛坯】	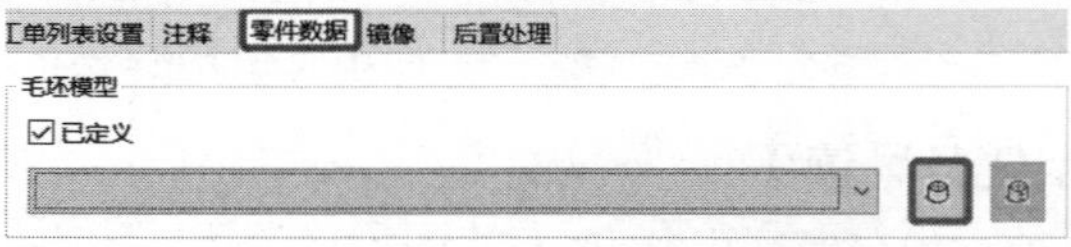 工单列表设置　注释　零件数据　镜像　后置处理 毛坯模型 ☑已定义
（6）在毛坯模型中选择【几何范围】	 模式 ☐车削 ○拉伸　　　　○曲面　　　　○文件 ○旋转　　　　○从工单　　　●几何范围 ○从工单链
（7）在几何范围中点击【立方体】	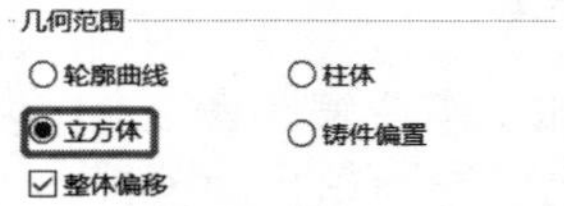 几何范围 ○轮廓曲线　　　○柱体 ●立方体　　　　○铸件偏置 ☑整体偏移
（8）将【分辨率】设置为0.01，点计【计算】生成毛坯，点击【确定】完成毛坯模型	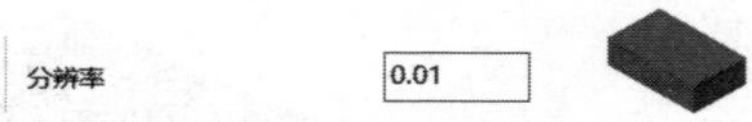 分辨率　　　0.01
（9）点击【新建加工区域】	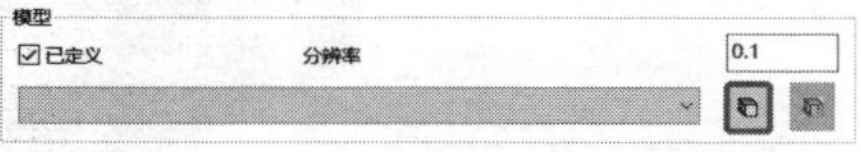 模型 ☑已定义　　　分辨率　　　0.1
（10）在模式中点击选择【曲面选择】	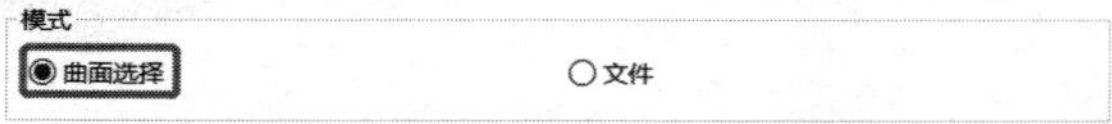 模式 ●曲面选择　　　　　　○文件

笔记

续表

操作步骤	图示讲解
（11）在曲面中点击选择【重新选择】	当前选择 组名　　group_0 曲面　　🗔 🗔 🔻 👆 已选：　23 ☑ 余量　　0
（12）按下快捷键 A 选择全部面,点击【确定】完成选择,再次点击【确定】完成加工区域选择	选择曲面/实体：　　? ✕ 　选择　0　✓
（13）在【零件数据】对话框界面取消材料【已定义】选项	材料 ☐ 已定义

零件数据详解

毛坯模型	模型	材料
可用于工单列表中的多项工单的毛坯模型定义	铣削区域定义可用于工单列表中的多项工单	在创建新工单列表时,已定义选项在默认情况下激活。在工单列表内,选择为了加工用途所需的材料

2. 新建型腔加工（见表 2.1.2）

表2.1.2

操作步骤	图示讲解
在工单空白处鼠标右键点击【新建】,选择【2D 铣削】,点击【型腔加工】	 hyperMILL 工单　坐标　刀具　模型　特征 型腔、轮廓、指令（讲解） 新建 ▶　项目助手　Alt + A 宏　　　工单列表　Shift + N 编辑　　工单...　　N 复制　　复合工单 删除　　连结工单 毛坯 ▶　连接车削工单 计算　C　NC 事件 更新　　检测 ▶ 统计... Alt + S　车削 ▶ 内部模拟　T　钻孔 ▶ 内部机床模拟 Shift + T　2D 铣削 ▶　型腔加工... 3D 铣削 ▶　轮廓加工...

3. 新建 D10 铣刀（见表 2.1.3）

表2.1.3

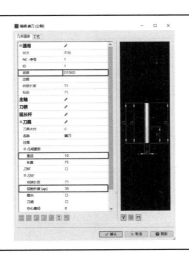

4. 定义轮廓选项（见表 2.1.4）

表2.1.4

操作步骤	图示讲解
（1）点击【重新选择】轮廓	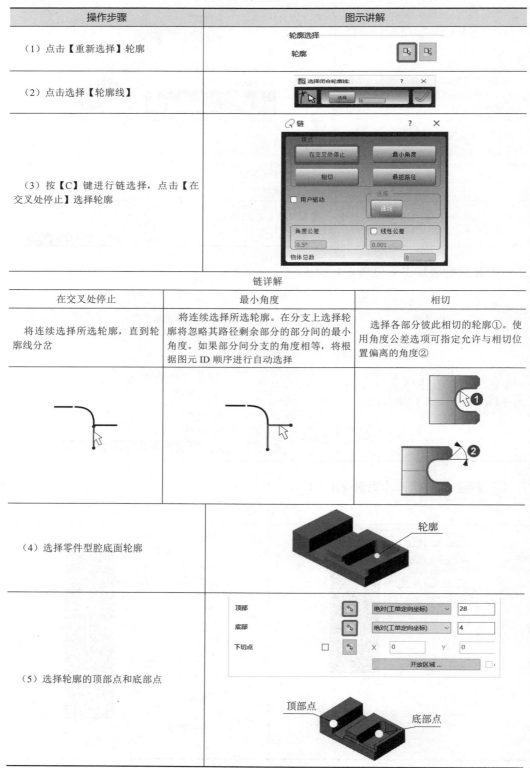
（2）点击选择【轮廓线】	
（3）按【C】键进行链选择，点击【在交叉处停止】选择轮廓	

链详解

在交叉处停止	最小角度	相切
将连续选择所选轮廓，直到轮廓线分岔	将连续选择所选轮廓。在分支上选择轮廓将忽略其路径剩余部分的部分间的最小角度。如果部分间分支的角度相等，将根据图元 ID 顺序进行自动选择	选择各部分彼此相切的轮廓①。使用角度公差选项可指定允许与相切位置偏离的角度②

操作步骤	图示讲解
（4）选择零件型腔底面轮廓	
（5）选择轮廓的顶部点和底部点	

5. 策略选择（见表 2.1.5）

表2.1.5

操作步骤	图示讲解
加工模式点击选择为【2D 模式】，路径方向为【顺铣】	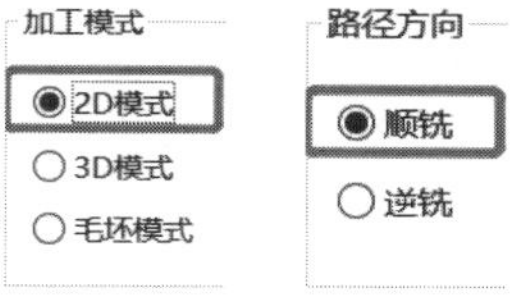 加工模式　　路径方向 ◉ 2D模式　　◉ 顺铣 ○ 3D模式 ○ 毛坯模式　　○ 逆铣

加工模式详解		
2D 模式	3D 模式	毛坯模式
用 2D 数据执行加工	在 3D 模式中，用加工区域来定义 CAD 模型的加工区域	在此模式中，最外边的轮廓被定义为毛坯截面轮廓
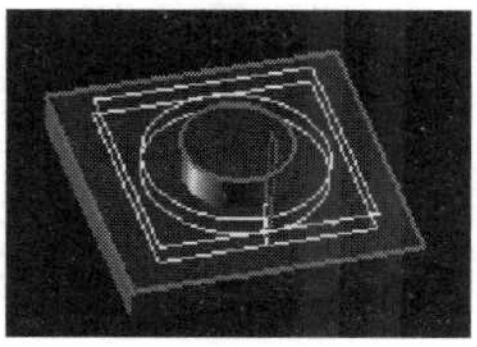	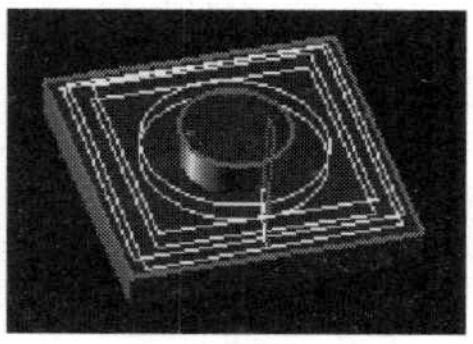	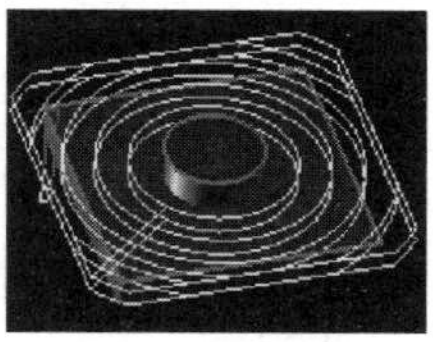

路径方向详解	
顺铣	逆铣
加工型腔轮廓时采用顺时针	加工型腔轮廓时采用逆时针

6. 参数设置（见表 2.1.6）

表2.1.6

操作步骤	图示讲解
（1）进给量点击选择【步距（直径系数）】，设置为 0.5，【垂直步距】设置为 5	 进给量 垂直步距　　5 ○ 水平步距 ◉ 步距(直径系数)　　0.5

进给量详解	
步距（直径系数）/ 水平步距	垂直步距
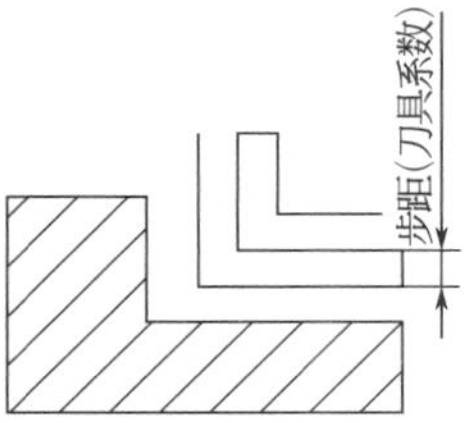	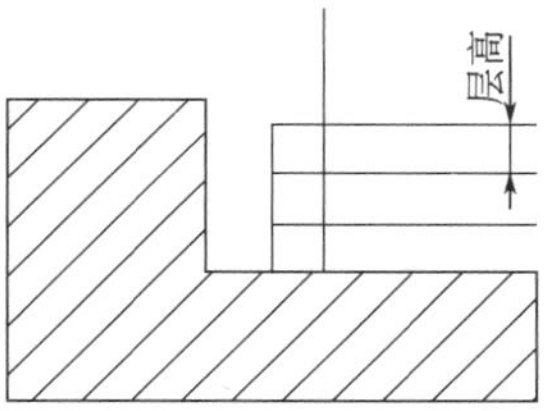
（2）设置【XY 毛坯余量】、【毛坯 Z 轴余量】均为 0.3	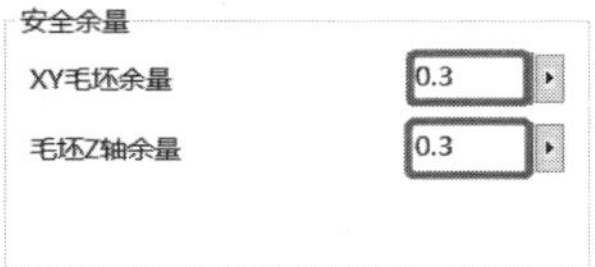 安全余量 XY毛坯余量　　0.3 毛坯Z轴余量　　0.3

笔记

续表

操作步骤	图示讲解

安全余量详解

粗加工一般情况下应留有一定的余量	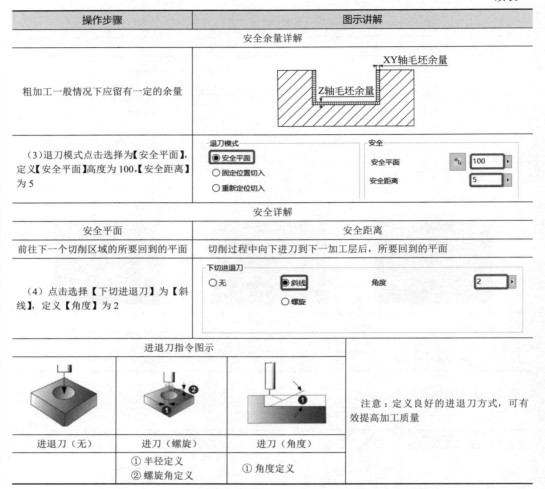
（3）退刀模式点击选择为【安全平面】，定义【安全平面】高度为100，【安全距离】为5	退刀模式：●安全平面 ○固定位置切入 ○重新定位切入　安全：安全平面 100　安全距离 5

安全详解

安全平面	安全距离
前往下一个切削区域的所要回到的平面	切削过程中向下进刀到下一加工层后，所要回到的平面
（4）点击选择【下切进退刀】为【斜线】，定义【角度】为2	下切进退刀：○无 ●斜线 ○螺旋　角度 2

进退刀指令图示

进退刀（无）	进刀（螺旋）	进刀（角度）	注意：定义良好的进退刀方式，可有效提高加工质量
	①半径定义 ②螺旋角定义	①角度定义	

7. 生成程序（见表2.1.7）

表2.1.7

程序计算步骤			
第一步	第二步	第三步	第四步
✔	1：T-型腔加工		是(Y)
点击程序界面"确认"按钮	选择需要计算的程序	点击计算程序按钮或按"C"键计算	确认计算
参考程序示例			

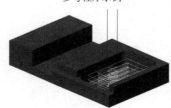

笔记

8. 模拟仿真（见表 2.1.8）

表2.1.8

程序仿真步骤		
第一步	第二步	第三步
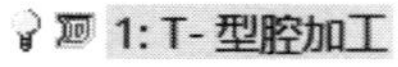 ♀ ⅶ 1: T- 型腔加工	 内部模拟...	 ▶▶
选择需要仿真的程序	选择内部模拟或使用快捷键"T"	点击开始仿真

仿真效果［内部机床模拟（快捷键 Shift+T）］

二、型腔加工案例二

1. 新建型腔加工（见表 2.1.9）

表2.1.9

操作步骤	图示讲解
在工单列表空白处单击鼠标右键，选择新建【2D 铣削】下【型腔加工】	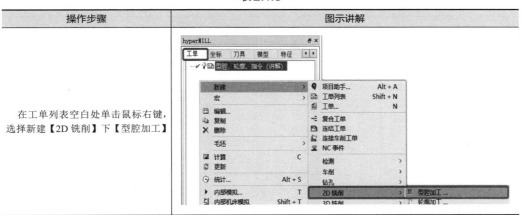

2. 选择 D10 铣刀（见表 2.1.10）

表2.1.10

操作步骤	图示讲解
在工单的刀具处选择之前创建的 D10 铣刀	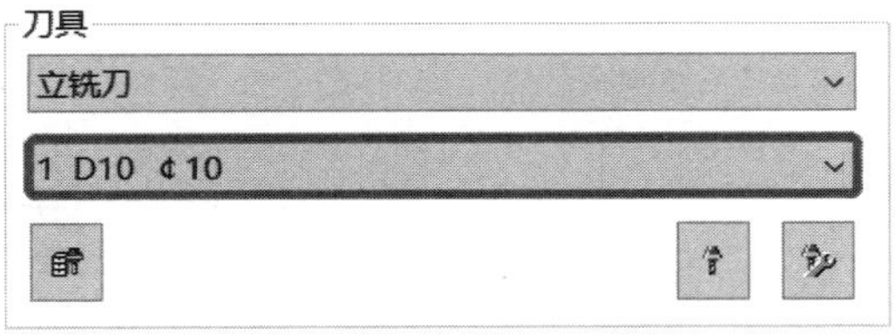 刀具 立铣刀 1 D10 ∅ 10

笔记

3. 定义轮廓选项（见表 2.1.11）

表2.1.11

操作步骤	图示讲解
（1）点击【重新选择】轮廓	轮廓选择 轮廓
（2）点击选择【轮廓线】	 选择闭合轮廓线： ? × 选择 0
（3）按快捷键【C】键进行链选择，点击【在交叉处停止】选择轮廓	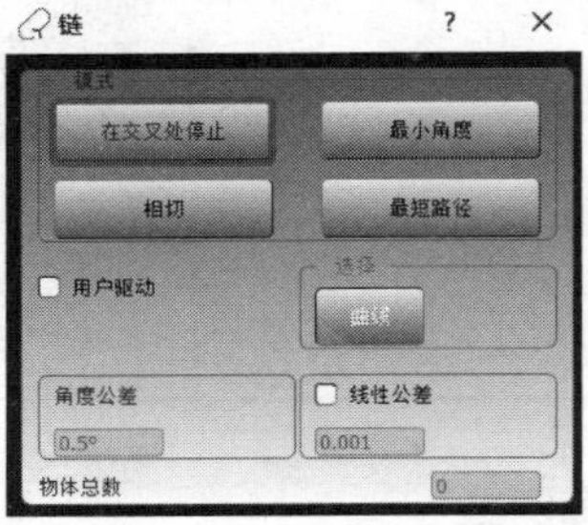 链 ? × 模式 在交叉处停止 最小角度 相切 最短路径 □用户驱动 选择 曲线 角度公差 □线性公差 0.5° 0.001 物体总数 0
（4）选择零件型腔底面轮廓	 底面轮廓
（5）选择轮廓的顶部点和底部点	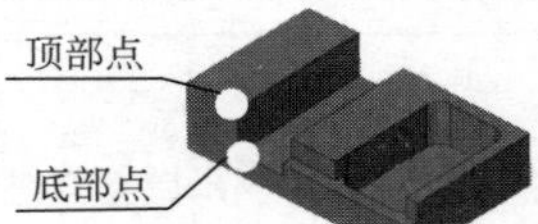 顶部点 底部点 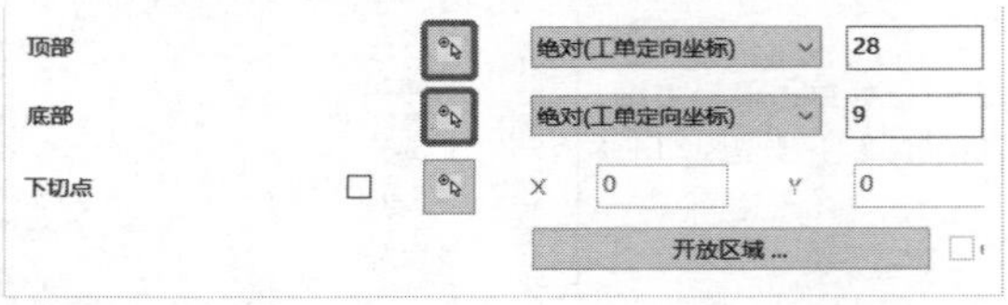 顶部 绝对(工单定向坐标) 28 底部 绝对(工单定向坐标) 9 下切点 □ X 0 Y 0 开放区域 ...
（6）点击选择【开放区域】	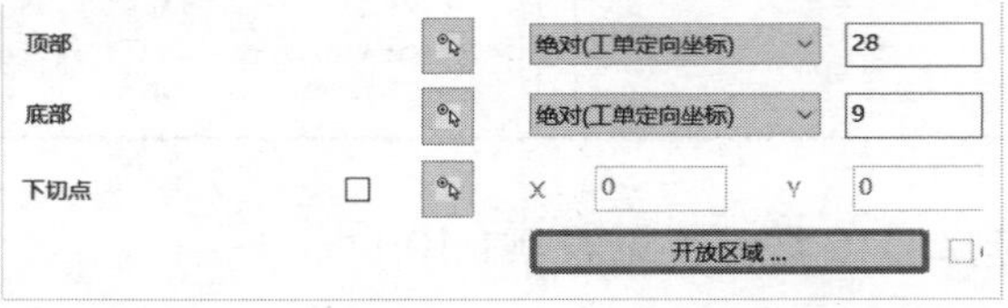 顶部 绝对(工单定向坐标) 28 底部 绝对(工单定向坐标) 9 下切点 □ X 0 Y 0 开放区域 ...
（7）点击选择【通过曲线添加】	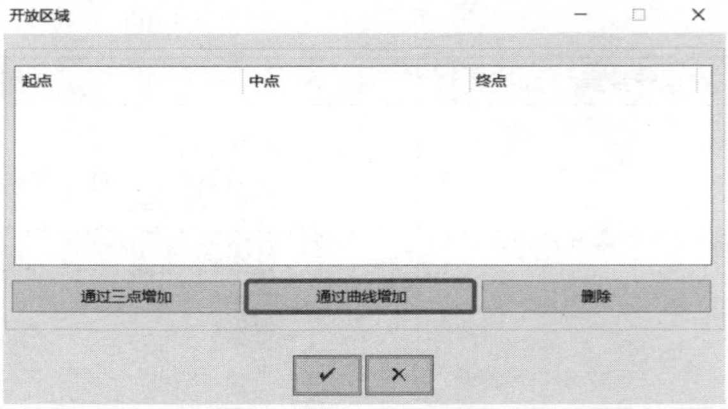 开放区域 — □ × 起点 中点 终点 通过三点增加 通过曲线增加 删除 ✓ ×

笔记

续表

操作步骤	图示讲解	
开放区域详解		
开放区域	通过三点增加	通过曲线增加
定义型腔的开放区域	选择起点、终点和轮廓上的另一个点	选择曲线
（8）点击选择开放曲线边界	 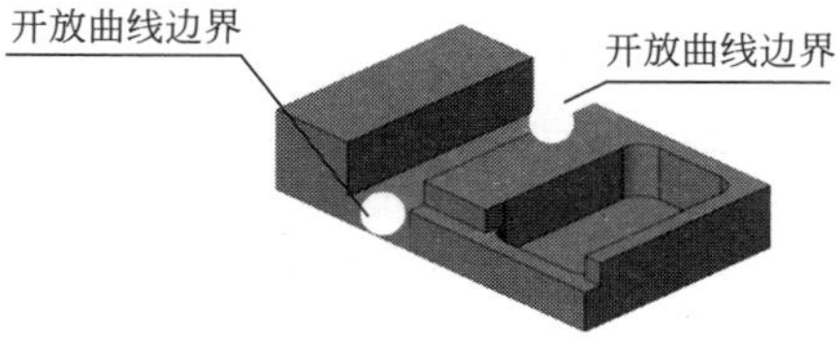 选择曲线: ? × 选择 0 ✓ 开放曲线边界　开放曲线边界	
（9）点击确认完成选择	 选择曲线: ? × 选择 2 ✓	

4. 参数选择（见表 2.1.12）

表2.1.12

操作步骤	图示讲解
点击选择加工模式为【2D 模式】，路径方向为【顺铣】	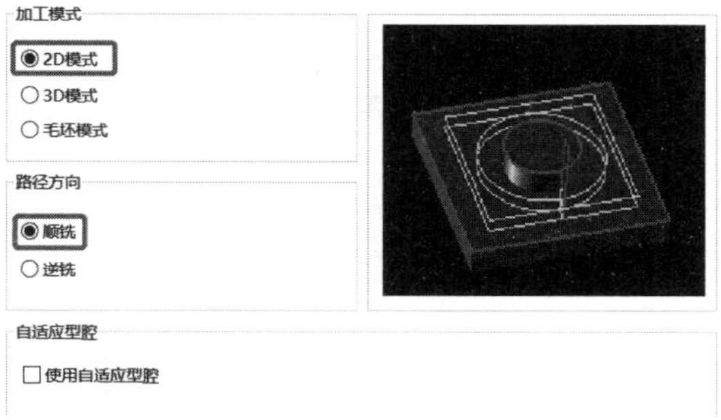 加工模式 ◉2D模式 ○3D模式 ○毛坯模式 路径方向 ◉顺铣 ○逆铣 自适应型腔 □使用自适应型腔

5. 参数设置（见表 2.1.13）

表2.1.13

操作步骤	图示讲解
（1）进给量点击选择【步距（直径系数）】设置为 0.5，【垂直步距】设置为 5	 进给量 垂直步距 5 ▸ ○水平步距 ◉步距(直径系数) 0.5 ▸

笔记

续表

操作步骤	图示讲解
（2）安全余量点击选择【XY 毛坯余量】，【毛坯 Z 轴余量】均设置为 0.3	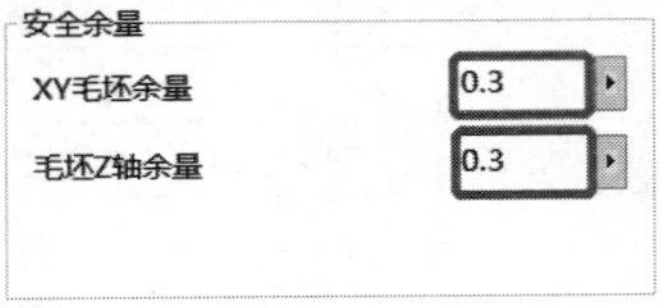 安全余量 XY毛坯余量　0.3 毛坯Z轴余量　0.3
（3）退刀模式点击选择为【安全平面】，定义【安全平面】高度为 100，【安全距离】5	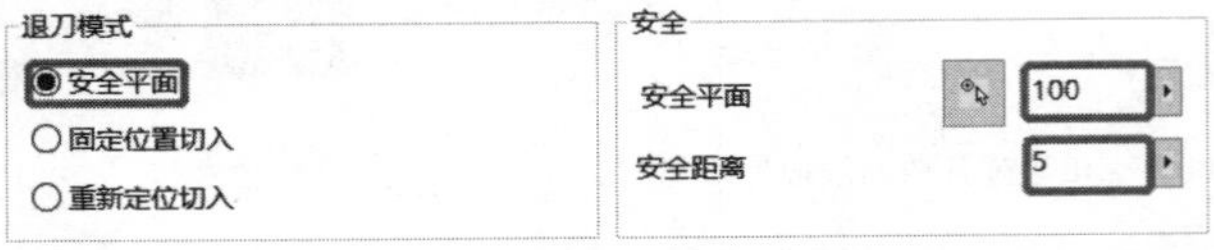 退刀模式 ◉ 安全平面 ○ 固定位置切入 ○ 重新定位切入 安全 安全平面　100 安全距离　5
（4）退刀模式点击选择为【无】，下切进退刀点击选择为【斜线】，定义相应角度的方式下刀，定义【角度】为 2	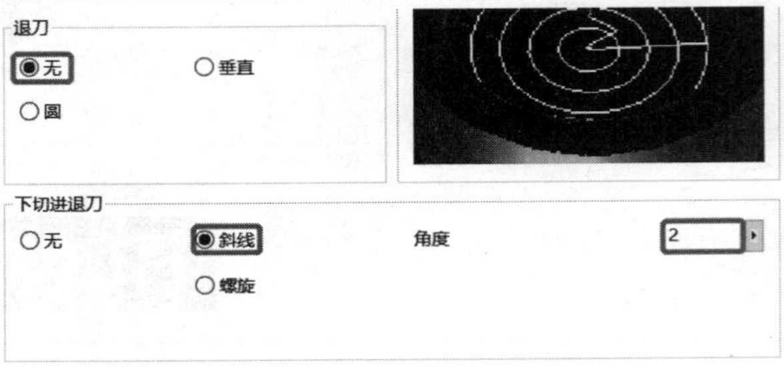 退刀 ◉ 无　　○ 垂直 ○ 圆 下切进退刀 ○ 无　　◉ 斜线　　角度　2 ○ 螺旋

6. 生成程序（见表 2.1.14）

表2.1.14

程序计算步骤			
第一步	第二步	第三步	第四步
 ✔	💡 1: T-型腔加工	 🖥	是(Y)
点击程序界面"确认"按钮	选择需要计算的程序	点击计算程序按钮或按"C"键计算	确认计算

参考程序示例

7. 模拟仿真（见表 2.1.15）

表2.1.15

程序仿真步骤		
第一步	第二步	第三步
💡 1: T-型腔加工	内部模拟...	▸▸

笔记

续表

程序仿真步骤		
选择需要仿真的程序	选择内部模拟或使用快捷键"T"	点击开始仿真

仿真效果图［内部机床仿真（快捷键 Shift+T）］

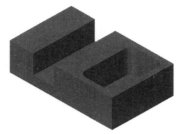

【专家点拨】

① 在使用型腔加工命令中若存在开放区域，螺旋、斜线下刀指令均无效，均会采用工件外直线下刀。

② 在编制任何一个零件的加工程序前，必须要分析零件样图与零件模型，制订合理加工工艺流程。

③ 在使用 hyperMILL 软件编制零件加工程序时，要考虑零件的装夹。一般对于块类零件的小批量生产，可采用平口钳装夹。

【课后训练】

① 根据图 2.1.2 所示内零件深色处特征，制订合理的工艺路线，设置必要的加工参数，使用型腔加工生成刀具路径。

② 使用 hyperMILL 软件内部机床验证程序的正确性。

图2.1.2

【专家提醒】

① 使用草图指令与边界指令建立辅助轮廓边界，保证刀路合理性、提升刀路质量。如表 2.1.16 所示。

② 辅助线段内若有小于刀具直径的轮廓间隙，则该区域无法生产刀路。

③ 辅助线段与零件边界均可设置为开放区域，巧用辅助曲线建立开放区域，保证刀路合理性。

笔记

表2.1.16

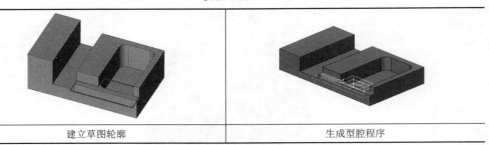

建立草图轮廓	生成型腔程序

任务二　轮廓加工

【教学目标】

能力目标

掌握 hyperMILL 软件 2D 轮廓加工指令。

掌握零件封闭轮廓与非封闭轮廓的轮廓加工的参数设置方法。

知识目标

培养学生熟练掌握轮廓加工指令并能够应用于实际加工。

素质目标

激发学生的学习兴趣，培养团队合作和创新精神。

【任务导读】

台阶类零件是数控加工中较为常见的零件类型，对于该类零件垂直侧面铣削一般选用轮廓加工指令，轮廓加工指令定义方式简单直观，是 hyperMILL 软件中最为基础和常用的指令，请学生熟练掌握。

【任务描述】

使用轮廓加工指令编制图 2.2.1 零件中轮廓一与轮廓二加工程序，正确设置指令参数，编制完后进行内部仿真，验证程序正确性。

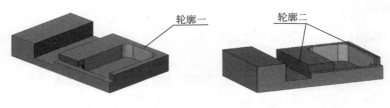

图2.2.1

笔记

【任务实施】

一、轮廓加工案例一

1. 新建轮廓加工（见表 2.2.1）

表2.2.1

操作步骤	图示讲解
在工单列表空白处单击鼠标右键，选择新建【2D 铣削】下【轮廓加工】	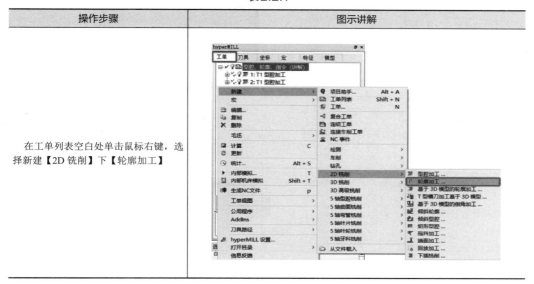

2. 选择 D10 铣刀（见表 2.2.2）

表2.2.2

操作步骤	图示讲解
在工单的【刀具】处选择之前创建的 D10 铣刀	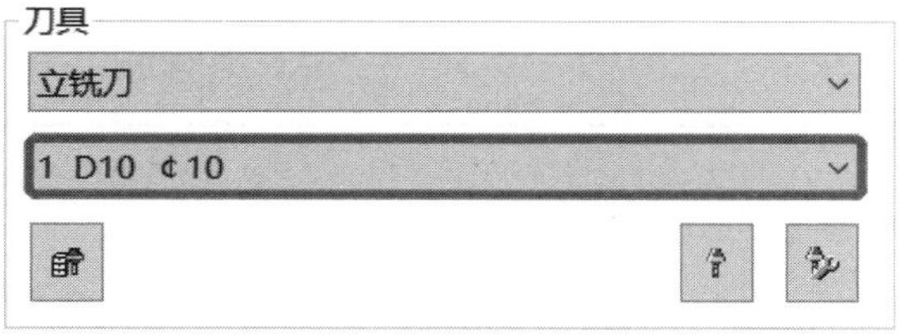 **刀具** 立铣刀 1 D10 ¢ 10

3. 定义轮廓选项（见表 2.2.3）

表2.2.3

操作步骤	图示讲解
（1）点击【重新选择】轮廓	 **轮廓选择** 轮廓
（2）点击选择【轮廓线】	 选择闭合轮廓线：　选目　0

笔记

续表

操作步骤	图示讲解
（3）按快捷键【C】键进行链选择，点击【在交叉处停止】选择轮廓	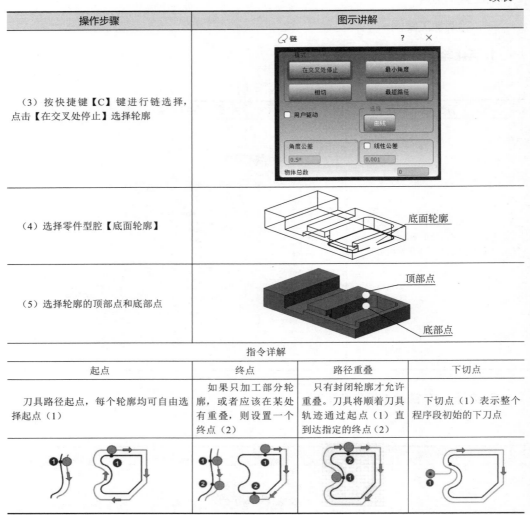
（4）选择零件型腔【底面轮廓】	底面轮廓
（5）选择轮廓的顶部点和底部点	顶部点 底部点

指令详解

起点	终点	路径重叠	下切点
刀具路径起点，每个轮廓均可自由选择起点（1）	如果只加工部分轮廓，或者应该在某处有重叠，则设置一个终点（2）	只有封闭轮廓才允许重叠。刀具将顺着刀具轨迹通过起点（1）直到达指定的终点（2）	下切点（1）表示整个程序段初始的下刀点

4. 参数选择（见表2.2.4）

表2.2.4

操作步骤	图示讲解
（1）刀具位置点击选择为【左】	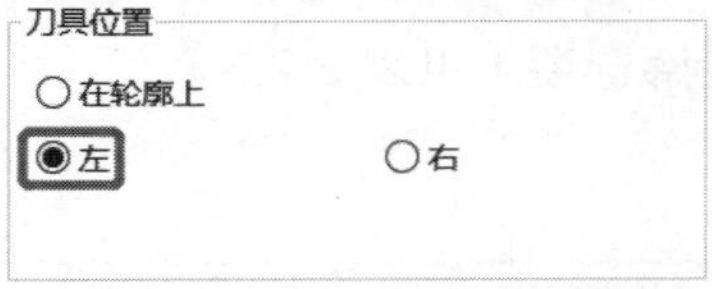 刀具位置 ○在轮廓上 ◉左　　　○右

刀具位置详解

①左补偿	②右补偿	③在轮廓线上	④切削方向

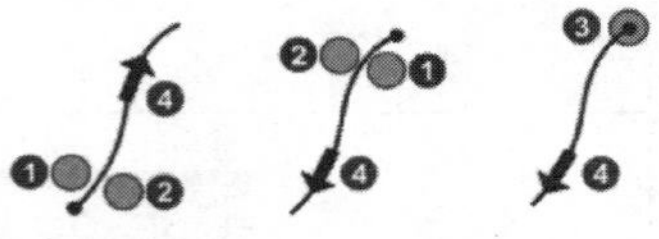

笔记

操作步骤	图示讲解
（2）路径补偿点击选择为【中心路径】	 路径补偿 ◉ 中心路径 ○ 补偿路径

刀具补偿详解	
中心路径	补偿路径
软件中心路径	使用机床补偿

操作步骤	图示讲解
（3）进给量点击选择加工方向为【单向】，【垂直步距】设置为19	 进给量 垂直步距 19 ◉ 单向 ○ 双向

进给量详解	
单向	双向
切削过程中始终在同一个方向	切削过程中交替改换方向

操作步骤	图示讲解
（4）设置【XY毛坯余量】、【毛坯Z轴余量】均为0	 安全余量 XY毛坯余量 0 毛坯Z轴余量 0
（5）本次加工围绕侧面，只需生成一条刀路，因此无须设置【步距】与【Offset】，默认即可	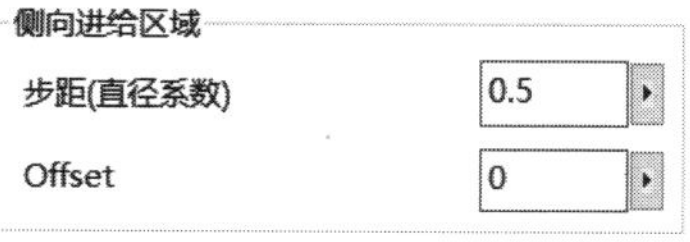 侧向进给区域 步距（直径系数） 0.5 Offset 0

侧向进给区域详解	
步距（直径系数）	Offset（余量）
XY平面内的步距，作为切刀的直径系数	对于按相同的毛坯余量的预加工轮廓，可通过平行于轮廓的多次水平步距处理将该余量去除

操作步骤	图示讲解
（6）本次练习，只存在一个轮廓，因此选择【深度】或【平面】加工效果一致	 加工优先顺序 ◉ 深度 ○ 平面

加工优先顺序	
深度（A）	平面 （B）
对一个轮廓完全加工完后加工下一个轮廓	在同一平面，对多个轮廓同时加工，加工完成后，前往下一个平面进行多个轮廓同时加工
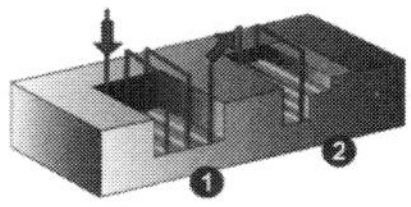	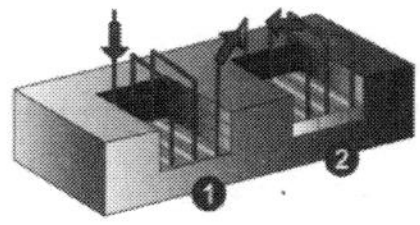

操作步骤	图示讲解
（7）退刀模式点击选择为【安全平面】，定义【安全平面】高度为50，安全距离为5	 退刀模式 安全 ◉ 安全平面 安全平面 50 ○ 安全距离 安全距离 5

退刀与安全详解	
安全平面	安全距离
前往下一个切削区域所要回到的平面	切削过程中向下进刀到下一加工层后，所要回到的平面

笔记

续表

操作步骤	图示讲解
（8）本次加工中，零件圆角大于刀具半径，并且加工深度较浅，因此无须设置【内部圆角】	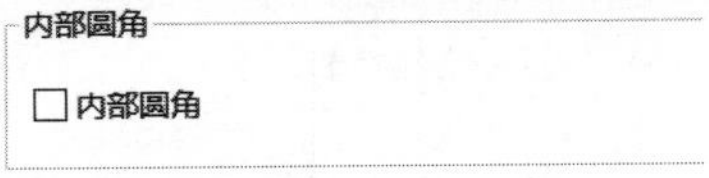 内部圆角 □ 内部圆角
内部圆角详解	
对轮廓型腔或岛屿的内部加工路径进行光滑修圆处理。将以较低的进给率加工内部圆角	

5. 进退刀选择（见表 2.2.5）

表2.2.5

操作步骤	图示讲解
（1）进刀点击选择为【四分之一圆】，【圆角】设置为3	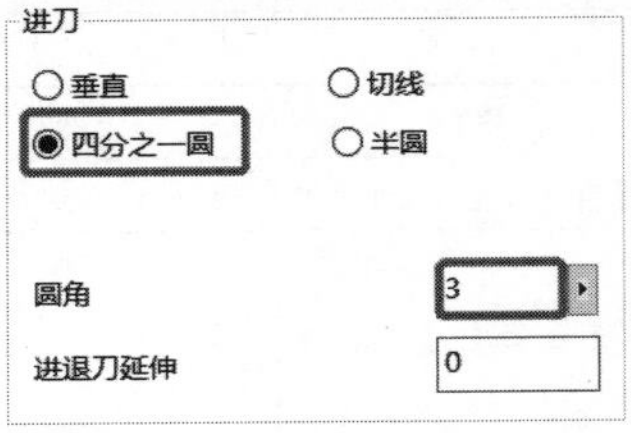 进刀 ○垂直　　○切线 ◉四分之一圆　○半圆 圆角　3 进退刀延伸　0
进退刀指令详解	

①垂直进退刀 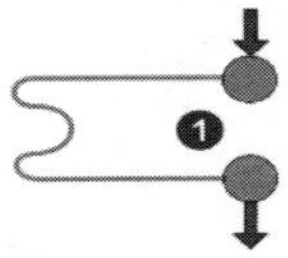	②切线进退刀 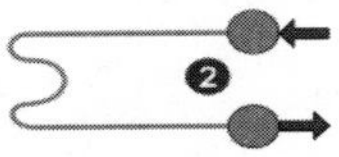

③四分之一圆进退刀	④半圆进退刀

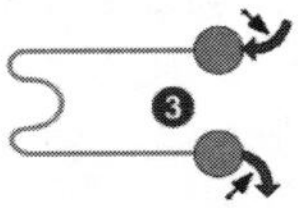 操作步骤	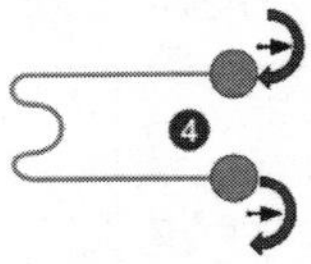 图示讲解
（2）本次加工轮廓为封闭轮廓，因此不采用该指令	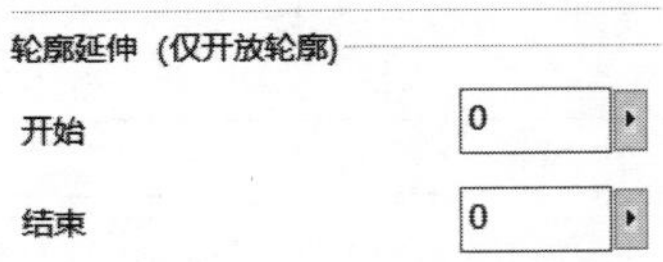 轮廓延伸（仅开放轮廓） 开始　0 结束　0
轮廓延伸详解	
延伸量延伸轮廓外形，仅限开放轮廓，本功能能很好地优化刀具路径	

6. 生成程序（见表 2.2.6）

表2.2.6

程序计算步骤			
第一步	第二步	第三步	第四步
 ✓	 3: T1 轮廓加工		 是(Y)
点击程序界面"确认"按钮	选择需要计算的程序	点击计算程序按钮或按"C"键计算	确认计算

笔记

续表

程序计算步骤
参考程序 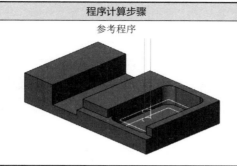

7. 模拟仿真（见表 2.2.7）

表2.2.7

程序仿真步骤		
第一步	第二步	第三步
✓ ✗ ☞ 3: T1 轮廓加工	内部模拟…	▶▶
选择需要仿真的程序	选择内部模拟或使用快捷键"T"	点击开始仿真

路径仿真 [内部机床仿真（快捷键 Shift+T）]

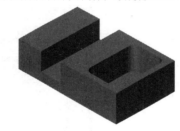

二、轮廓加工案例二

1. 新建轮廓加工（见表 2.2.8）

表2.2.8

操作步骤	图示讲解
在工单列表空白处单击鼠标右键，选择新建【2D 铣削】下【轮廓加工】	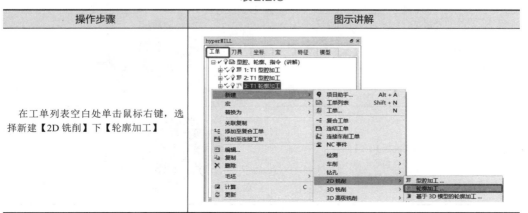

笔记

2. 选择 D10 铣刀（见表 2.2.9）

表2.2.9

操作步骤	图示讲解
在工单的【刀具】处选择之前创建的 D10 铣刀	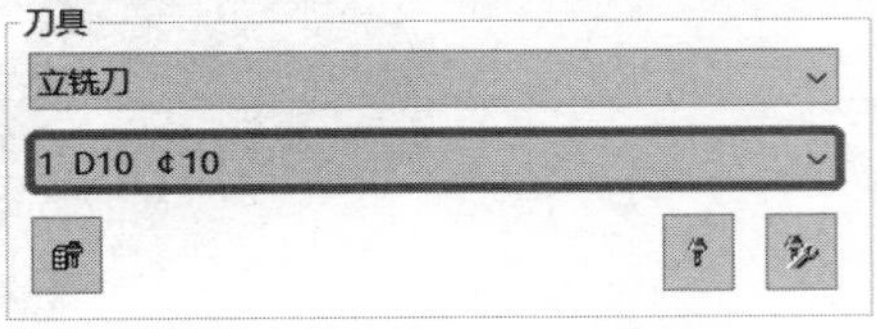 刀具 立铣刀 1 D10 ∅ 10

3. 定义轮廓选项（见表 2.2.10）

表2.2.10

操作步骤	图示讲解
（1）点击【重新选择】轮廓	 轮廓选择 轮廓
（2）点击选择【轮廓线】	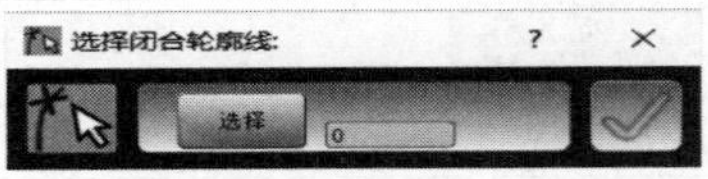 选择闭合轮廓线： ? × 选择 0
（3）按快捷键【C】键进行链选择，点击【在交叉处停止】选择轮廓	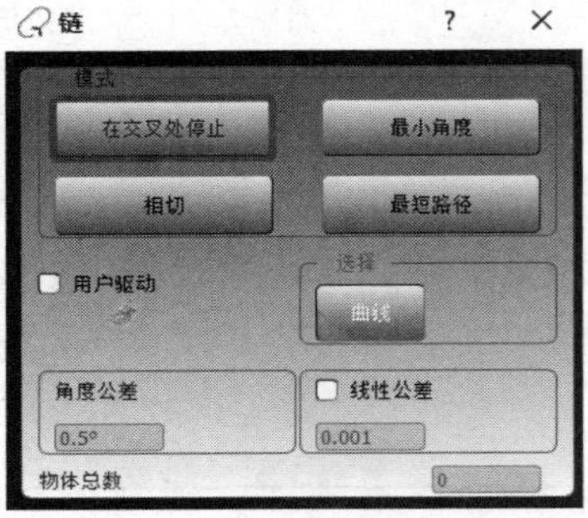 链 ? × 模式 在交叉处停止 最小角度 相切 最短路径 用户驱动 选择 曲线 角度公差 0.5° 线性公差 0.001 物体总数 0
（4）选择零件型腔【底面轮廓】	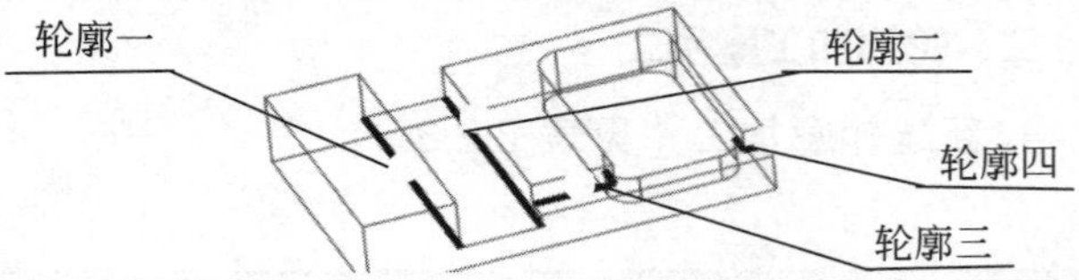 轮廓一 轮廓二 轮廓四 轮廓三
（5）定义【轮廓一】、【轮廓二】的【深度参数】。选择轮廓的顶部点和底部点	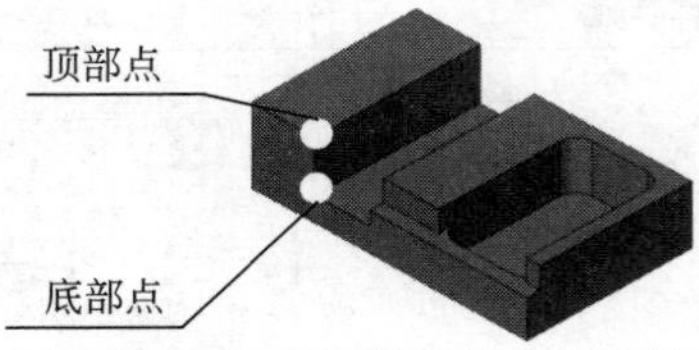 顶部点 底部点
（6）定义【轮廓三】、【轮廓四】的【深度参数】。选择轮廓的顶部点和底部点	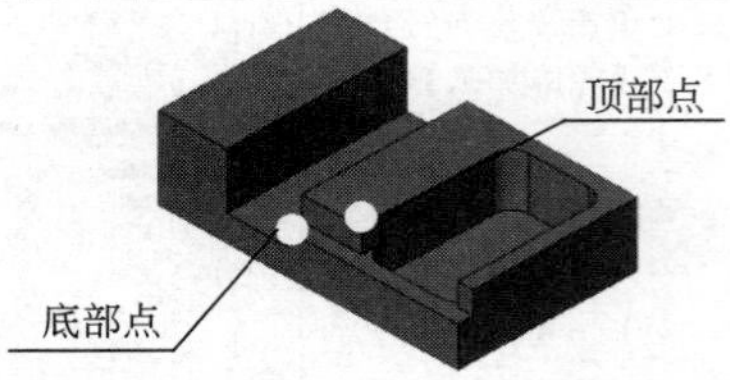 顶部点 底部点

笔记

续表

操作步骤	图示讲解
	反向指令详解
反向：反向刀具路径，红色箭头为材料侧，蓝色箭头为加工方向	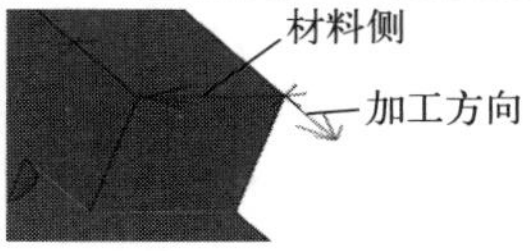 材料侧 加工方向

4. 参数选择（见表 2.2.11）

表2.2.11

操作步骤	图示讲解
（1）路径补偿点击选择为【中心路径】	 路径补偿 ◉ 中心路径 ○ 补偿路径
（2）进给量点击选择加工方向为【单向】，【垂直步距】设置为19	 进给量 垂直步距　19 ◉ 单向　○ 双向
（3）设置【XY 毛坯余量】、【毛坯 Z 轴余量】均为0	 安全余量 XY毛坯余量　0 毛坯Z轴余量　0
（4）本次加工围绕侧面，只需生成一条刀路，因此无须设置【步距】与【Offset】，默认即可	 侧向进给区域 步距(直径系数)　0.5 Offset　0
（5）本次练习，只存在一个轮廓，因此选择【深度】或【平面】加工效果一致	 加工优先顺序 ◉ 深度 ○ 平面
（6）退刀模式点击选择为【安全平面】，定义【安全平面】高度为50，【安全距离】为5	 退刀模式　安全 ◉ 安全平面　安全平面　50 ○ 安全距离　安全距离　5
（7）本次加工中，零件圆角大于刀具半径，并且加工深度较浅，因此无须设置内部圆角	 内部圆角 ☐ 内部圆角

笔记

5. 进退刀设置（见表 2.2.12）

表2.2.12

操作步骤	图示讲解
（1）进退刀点击选择为四分之一圆，圆角设置为3	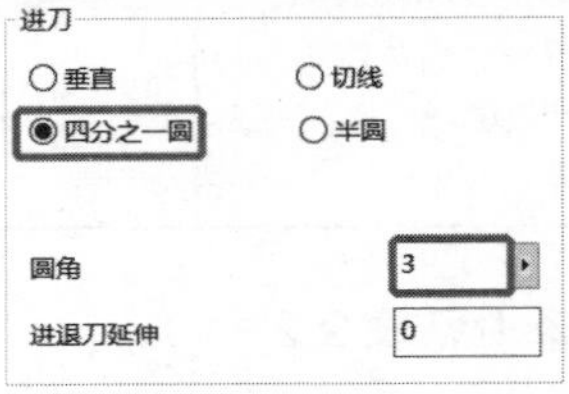 进刀 ○ 垂直　　○ 切线 ● 四分之一圆　　○ 半圆 圆角　　3 进退刀延伸　　0
（2）本次加工轮廓为封闭轮廓，因此不采用该指令	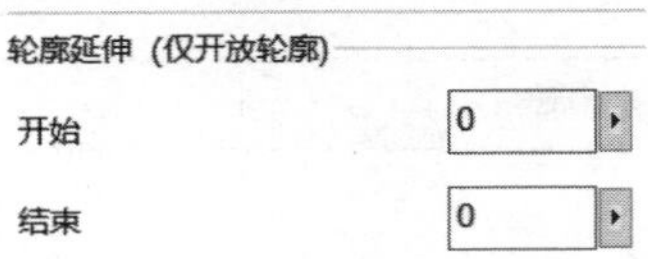 轮廓延伸（仅开放轮廓） 开始　　0 结束　　0

6. 生成程序（见表 2.2.13）

表2.2.13

程序计算步骤			
第一步	第二步	第三步	第四步
✔	3: T1 轮廓加工	▣	是(Y)
点击程序界面"确认"按钮	选择需要计算的程序	点击计算程序按钮或按"C"键计算	确认计算

参考程序示例

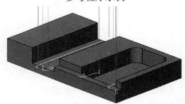

7. 模拟仿真（见表 2.2.14）

表2.2.14

程序仿真步骤		
第一步	第二步	第三步
3: T1 轮廓加工	内部模拟…	▶▶
选择需要仿真的程序	选择内部模拟或使用快捷键"T"	点击开始仿真

仿真效果 [内部机床模拟（快捷键 Shift+T）]

笔记

【专家点拨】

① 在编制任何一个零件的加工程序前，必须要仔细分析零件图样和零件模型，并编制合理工艺。

② 一般在轮廓加工过程中需要设立切入切出，开放轮廓一般需要延伸轮廓或其他进退刀，提高加工安全性。

③ 在使用 hyperMILL 轮廓加工指令时，可以同时选择、定义多个轮廓，压缩程序设置工作量。

④ 在编制封闭轮廓曲线时，可以选用重叠指令，以最高程度地消除轮廓切削痕迹，根据不同轮廓，选用不同退刀方式，以寻求最好的表面质量。

【课后训练】

① 根据图 2.2.2 所示零件，制订合理的工艺路线，设置必要的加工参数，使用轮廓加工生成刀具路径。

② 使用 hyperMILL 软件内部机床验证程序的正确性。

图2.2.2

任务三　端面加工

【教学目标】

能力目标

掌握零件端面编程加工指令。

知识目标

培养读者熟练掌握端面加工指令并能够应用于实际加工。

素质目标

激发读者的学习兴趣，培养团队合作和创新精神。

【任务导读】

凸台类零件是数控加工中较为常见的零件类型，对于该类零件端面光面一般选用端面加工，也是实际加工中较为常用的命令。端面加工指令设置方式简单，请读者熟练掌握。

笔记

【任务描述】

使用端面加工指令编制图2.3.1零件中平面一与平面二加工程序。

加工端面一：端面处还存在10mm高度余量，需要读者去除平面余量，正确设置指令参数，完成程序编制后使用内部机床进行仿真。

加工端面二：直接进行端面二精加工，正确设置指令参数，完成程序编制后使用内部机床进行仿真。

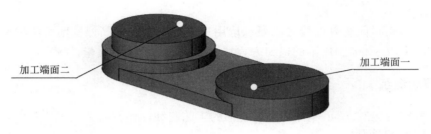

图2.3.1

【任务实施】

一、端面加工案例一

1. 新建工单列表（见表2.3.1）

表2.3.1

操作步骤	图示讲解
（1）在工单选项空白处单击鼠标右键新建【工单列表】	工单　刀具　坐标　宏　模型　特征 新建　＞　项目助手…　Alt + A 宏　＞　工单列表　Shift + N AddIns　＞　工单…　N 刀具路径　＞　复合工单 hyperMILL 设置…　连结工单 打开目录　＞　连接车削工单 信息反馈　NC 事件 检测　＞
（2）在工单列表设置中点击新建【NCS 坐标】，点击需要创建坐标的平面	NCS NCS 型腔、轮廓、指令（讲解）
（3）快捷键 Shift+S 使坐标在面上，最后点击【确定】完成设置	在面上 应用 选择　面　厚点 在面位置上 U 0.5 V 0.5 X 轴方向 自动　　Z 轴反向 另存为

笔记

续表

操作步骤	图示讲解
（4）点击【工作平面】，将坐标设置于当前的坐标上	 对齐 参考　　工作平面　　3 Points
（5）在工单列表中选择【零件数据】并点击【新建毛坯】	 工单列表设置　注释　零件数据　镜像　后置处理 毛坯模型 ☑ 已定义
（6）在毛坯模型中选择【拉伸】	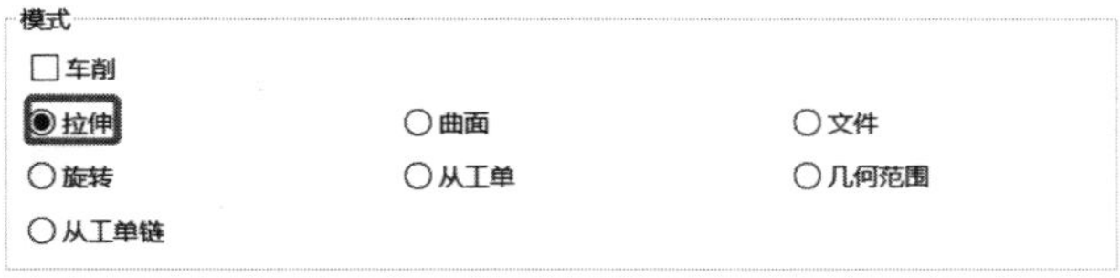 模式 ☐ 车削 ⦿ 拉伸　　　○ 曲面　　　○ 文件 ○ 旋转　　　○ 从工单　　○ 几何范围 ○ 从工单链
（7）在拉伸中选择【轮廓线】	  选择轮廓线：　　？　✕ 选择　6
（8）将【分辨率】设置为0.01，设置轮廓的顶部和底部，点击【计算】生成毛坯，点击【确定】完成毛坯模型	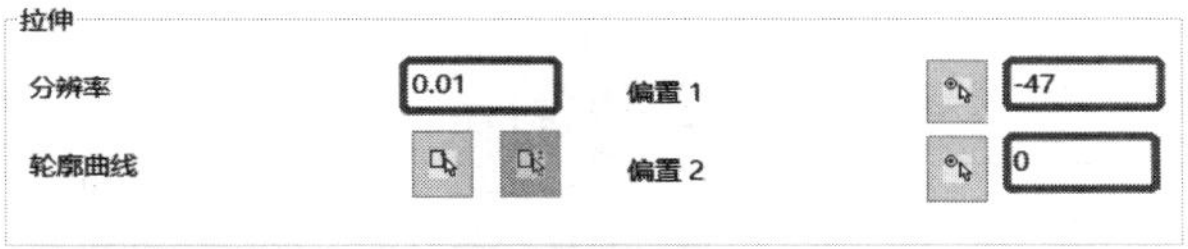 拉伸 分辨率　0.01　　偏置1　-47 轮廓曲线　　　　偏置2　0
（9）点击【新建加工区域】	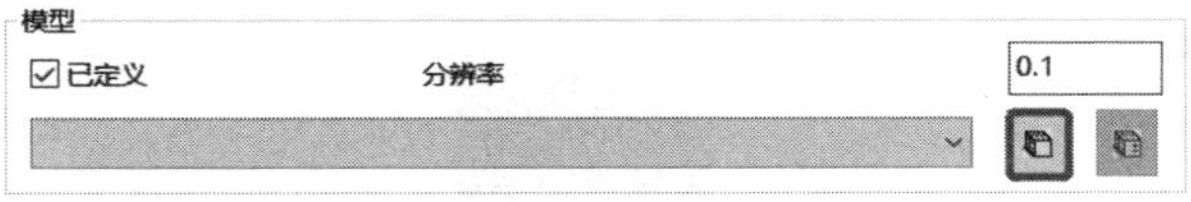 模型 ☑ 已定义　　分辨率　0.1
（10）在模式中点击选择【曲面选择】	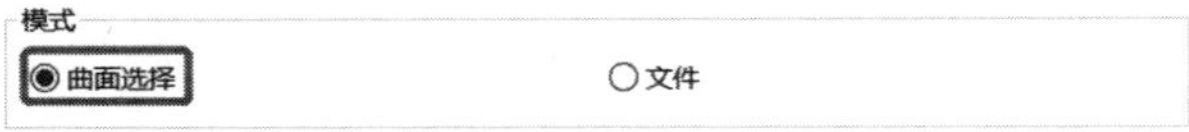 模式 ⦿ 曲面选择　　　○ 文件
（11）在曲面中点击选择【重新选择】	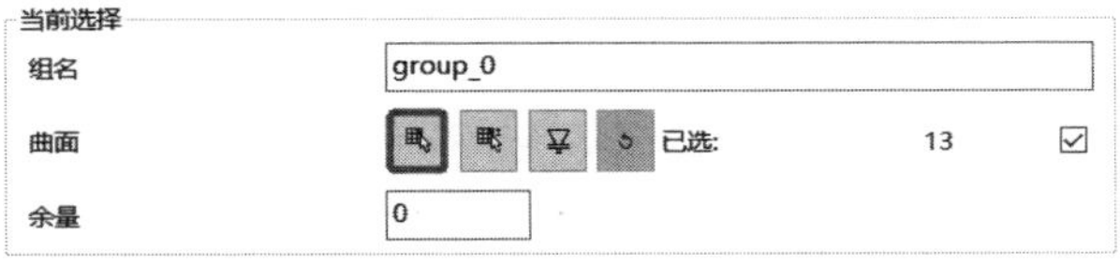 当前选择 组名　group_0 曲面　　　　　　已选：　13　☑ 余量　0
（12）按下快捷键A选择全部面，点击【确定】完成选择，再次点击【确定】完成加工区域选择	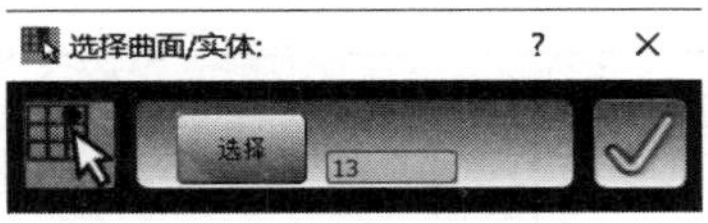 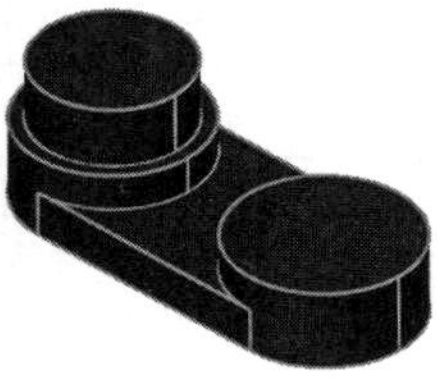 选择曲面/实体：　　？　✕ 选择　13
（13）在【零件数据】对话框界面取消材料【已定义】选项	 材料 ☐ 已定义

笔记

2. 新建端面加工（见表 2.3.2）

表2.3.2

操作步骤	图示讲解
在工单空白处单击鼠标右键点击【新建】，选择【2D 铣削】，点击【端面加工】	

3. 新建 D10 铣刀（见表 2.3.3）

表2.3.3

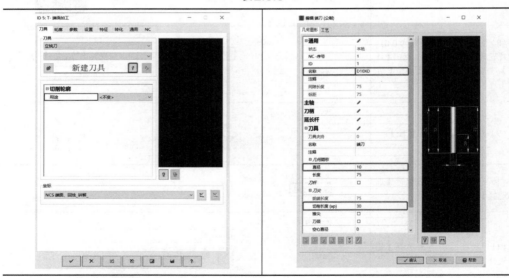

4. 定义轮廓选项（见表 2.3.4）

表2.3.4

操作步骤	图示讲解
（1）点击【重新选择】轮廓	 轮廓选择 轮廓
（2）点击选择【轮廓线】	 选择闭合轮廓线

笔记

续表

操作步骤	图示讲解
（3）按【C】键进行链选择，点击【在交叉处停止】选择轮廓	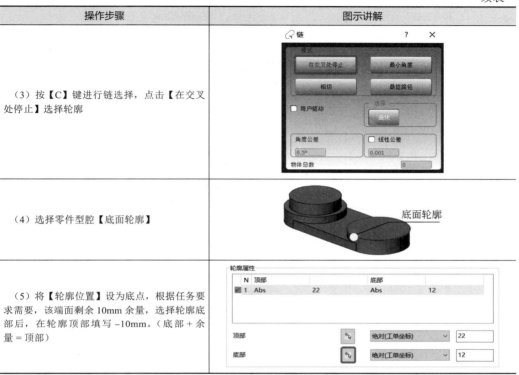
（4）选择零件型腔【底面轮廓】	底面轮廓
（5）将【轮廓位置】设为底点，根据任务要求需要，该端面剩余 10mm 余量，选择轮廓底部后，在轮廓顶部填写 −10mm。（底部 + 余量 = 顶部）	轮廓属性 N 顶部 / 底部 ☑ 1 Abs 22 Abs 12 顶部 绝对(工单坐标) 22 底部 绝对(工单坐标) 12

5. 参数选择（见表 2.3.5）

表2.3.5

操作步骤	图示讲解
	加工模式的选择
（1）加工模式点击选择为【Y 平行】，【加工角度】定义为 0	 加工模式 ○ X平行 ◉ Y平行 加工角度 　0
	加工模式详解

X 平行	*Y* 平行
沿 *X* 方向加工，沿 *Y* 方向进给	沿 *Y* 方向加工，沿（−*X*）方向进给
❶ 45°	❷ 45°

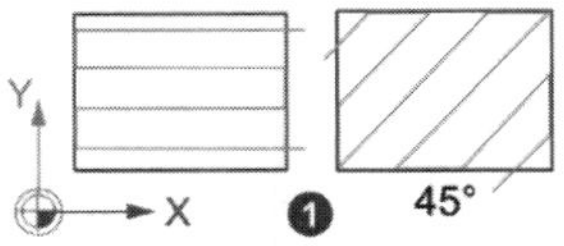

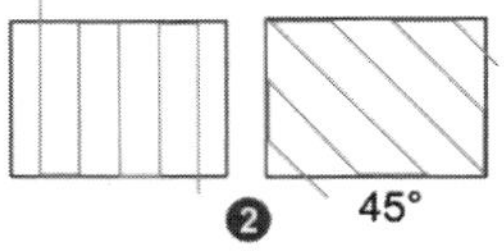

（2）进给模式点击选择为【平滑双向】，平滑双向在平时端面铣削中使用较多，加工效果较优	 进给模式 ○ 直接双向 ◉ 平滑双向 ○ 单向

笔记

续表

操作步骤	图示讲解
进给模式详解	
①直接双向	②平滑双向 ③单向

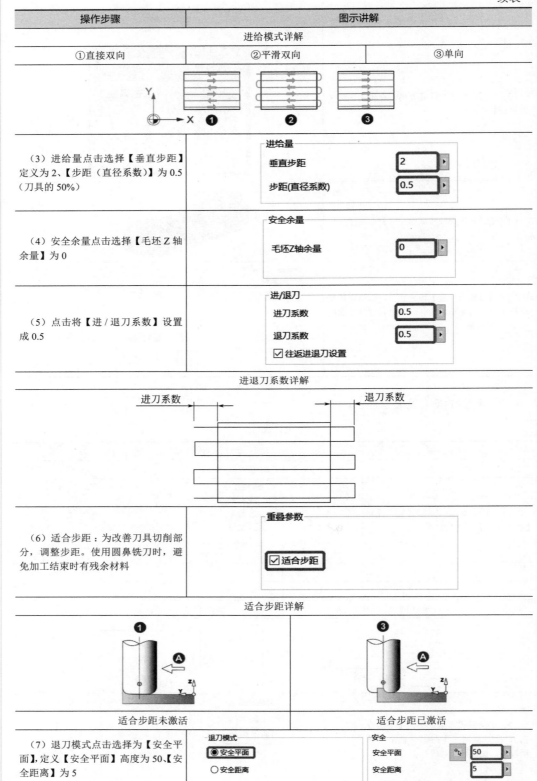

操作步骤	图示讲解
（3）进给量点击选择【垂直步距】定义为 2、【步距（直径系数）】为 0.5（刀具的 50%）	进给量 垂直步距　2 步距(直径系数)　0.5
（4）安全余量点击选择【毛坯 Z 轴余量】为 0	安全余量 毛坯Z轴余量　0
（5）点击将【进 / 退刀系数】设置成 0.5	进/退刀 进刀系数　0.5 退刀系数　0.5 ☑ 往返进退刀设置
进退刀系数详解	
	进刀系数　　　　　　　　退刀系数
（6）适合步距：为改善刀具切削部分，调整步距。使用圆鼻铣刀时，避免加工结束时有残余材料	重叠参数 ☑ 适合步距
适合步距详解	
	❶ ❸
适合步距未激活	适合步距已激活
（7）退刀模式点击选择为【安全平面】，定义【安全平面】高度为 50、【安全距离】为 5	退刀模式　　　　　　安全 ◉ 安全平面　　　　　安全平面　50 ○ 安全距离　　　　　安全距离　5

笔记

6. 生成程序（见表 2.3.6）

表2.3.6

程序计算步骤			
第一步	第二步	第三步	第四步
✔	♀▲工 1: T2 端面加工	 ▦▦	是(Y)
点击程序界面"确认"按钮	选择需要计算的程序	点击计算程序按钮或按"C"键计算	确认计算

7. 模拟仿真（见表 2.3.7）

表2.3.7

程序仿真步骤		
第一步	第二步	第三步
♀▲工 1: T2 端面加工	内部模拟...	▸▸
选择需要仿真的程序	选择内部模拟或使用快捷键"T"	点击开始仿真

仿真效果 [内部机床模拟（快捷键 Shift+T）]

二、端面加工案例二

1. 新建端面加工（见表 2.3.8）

表2.3.8

操作步骤	图示讲解
在工单列表空白处单击鼠标右键，选择新建【2D 铣削】下【端面加工】	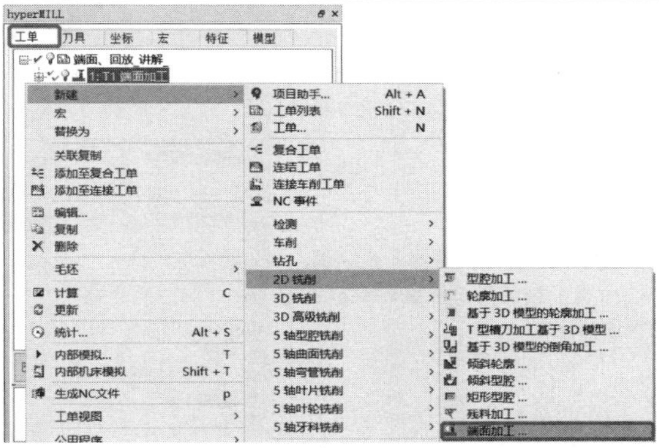 ![图示]

2. 选择 D10 铣刀（见表 2.3.9）

表2.3.9

操作步骤	图示讲解
在工单的【刀具】处选择之前创建的 D10 铣刀	

3. 定义轮廓选项（见表 2.3.10）

表2.3.10

操作步骤	图示讲解
（1）点击【重新选择】轮廓	
（2）点击选择【轮廓线】	
（3）按快捷键【C】键进行链选择，点击【在交叉处停止】选择轮廓	
（4）选择零件型腔【底面轮廓】	
（5）根据任务要求，选择轮廓底部，加工端面属于精加工，因此轮廓底部与轮廓顶部深度一致	

笔记

4. 参数设置（见表 2.3.11）

表2.3.11

操作步骤	图示讲解
（1）加工模式点击选择为【Y平行】，定义【加工角度】为0	 **加工模式** ○ X平行 ◉ Y平行 加工角度　0 ▸
（2）进给模式点击选择为【平滑双向】，平滑双向在平时端面铣削中使用较多，加工效果较优	 **进给模式** ○ 直接双向 ◉ 平滑双向 ○ 单向
（3）本次加工为精加工，【垂直步距】无效，但不能设置为0，【步距（直径系数）】设置为0.5	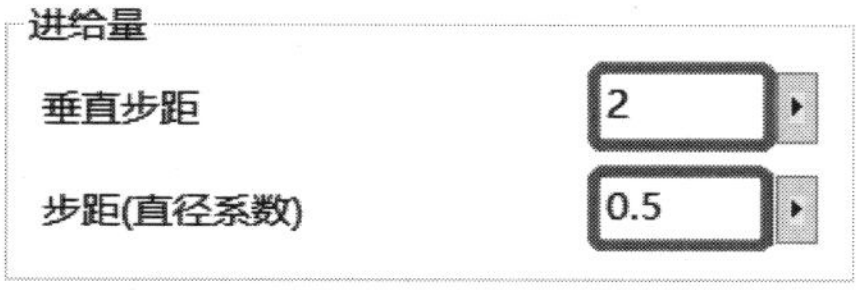 **进给量** 垂直步距　2 ▸ 步距(直径系数)　0.5 ▸
（4）本次加工为精加工，因此设置毛坯Z轴余量为0	 **安全余量** 毛坯Z轴余量　0 ▸
（5）本次加工将【进/退刀系数】设置成0.5	 **进/退刀** 进刀系数　0.5 ▸ 退刀系数　0.5 ▸ ☑ 往返进退刀设置
（6）适合步距：为改善刀具切削部分，调整步距。使用圆鼻铣刀时，避免加工结束时有残余材料	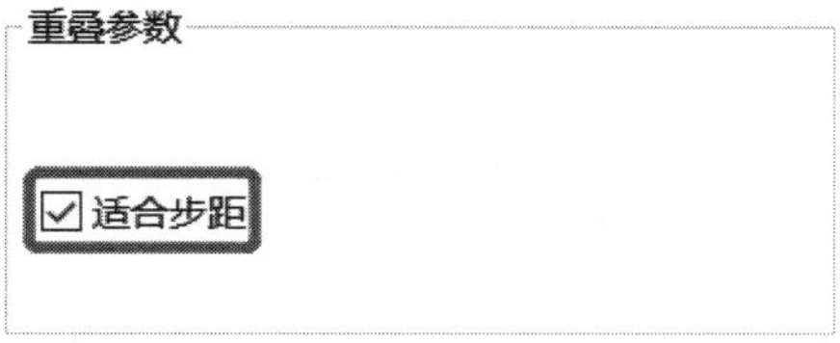 **重叠参数** ☑ 适合步距
（7）退刀模式点击选择为【安全平面】，定义【安全平面】高度为50、【安全距离】为5	 **退刀模式** ◉ 安全平面 ○ 安全距离　　　**安全** 安全平面　⌖ 50 ▸ 安全距离　5 ▸

笔记

5. 生成程序（见表 2.3.12）

表2.3.12

程序计算步骤			
第一步	第二步	第三步	第四步
✔	1: T2 端面加工	◰	是(Y)
点击程序界面"确认"按钮	选择需要计算的程序	点击计算程序按钮或按"C"键计算	确认计算

参考程序示例

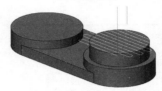

6. 模拟仿真（见表 2.3.13）

表2.3.13

程序仿真步骤		
第一步	第二步	第三步
1: T- 型腔加工	内部模拟...	▶▶
选择需要仿真的程序	选择内部模拟或使用快捷键"T"	点击开始仿真

仿真效果［内部机床模拟（快捷键 Shift+T）］

【专家点拨】

① 使用 hyperMILL 软件端面加工时，一般可以遵循"轻拉快跑"的原则，也就是小切削量，大进给速度的方式。

② 使用 hyperMILL 软件端面加工时，可以同时选择多个轮廓并定义不同深度，提升编程效率。

③ 使用 hyperMILL 软件加工端面类零件表面上时，为保证加工质量，需要设置进退刀，延伸刀路。

【扩展讲解】

端面加工 - 设置 - 加工精度。

笔记

加工精度：指定刀具路径生成所适用的计算精度。

【课后训练】

① 根据图 2.3.2 所示零件，加工其深色端面，制订合理的工艺路线，设置必要的加工参数，使用端面加工指令生成刀具路径。

② 使用 hyperMILL 软件内部机床验证程序的正确性。

图2.3.2

项目三
2D铣削的其他加工指令

任务一 倾斜轮廓加工

【教学目标】

能力目标

能够对倾斜轮廓进行分析，计算拔模角度。

针对开放和封闭的倾斜轮廓，能够合理制订切入切出方式。

能够通过调整步距的大小，保证表面质量。

知识目标

掌握 hyperMILL 倾斜轮廓的加工策略中各参数的含义。

掌握 hyperMILL 倾斜轮廓加工策略的适用范围。

素质目标

培养学员，将理论运用到实践的能力。

通过任务式学习，提升学生的自学能力。

激发学员的学习兴趣，培养团队合作和创新精神。

【任务导读】

倾斜轮廓在实际加工中较为常见，该倾斜轮廓指令定义简单直观，该指令与轮廓加工指令类似，不同点在于给定倾斜角度后即可进行倾斜加工，要求学员熟练掌握。

【任务描述】

图3.1.1

使用轮廓加工指令编制图 3.1.1 零件中倾斜轮廓一与倾斜轮廓二加工程序，已知倾斜轮廓一倾斜角度为30°、倾斜轮廓二倾斜角度为10°，需要正确定义指令参数，编制程序后进行内部仿真，验证程序正确性。

【任务实施】

一、倾斜轮廓加工案例一

1. 新建工单列表（见表 3.1.1）

表 3.1.1

操作步骤	图示讲解
（1）在工单选项空白处单击鼠标右键新建【工单列表】	
（2）在工单列表设置中点击新建【NCS 坐标】，点击需要创建坐标的平面	
（3）快捷键 Shift+S 使坐标在面上，最后点击【确定】完成设置	
（4）点击【工作平面】，将坐标设置于当前的坐标上	

对齐详解		
参考	工作平面	3 Points
从激活参考坐标系或工作平面调整加工坐标系原点和方位		通过三点指定加工坐标系方位。点 1= 原点，点 2=X 方向，点 3=Y 方向

操作步骤	图示讲解
（5）在工单列表中选择【零件数据】并点击【新建毛坯】	
（6）在毛坯模型中选择【拉伸】	
（7）点击【新建轮廓曲线】选择轮廓曲线，再点击【新建偏置】确定毛坯顶部	

笔记

续表

操作步骤	图示讲解
（8）按快捷键【C】键进行链选择，点击【在交叉处停止】选择轮廓	

链详解

在交叉处停止	最小角度	相切
将连续选择所选轮廓，直到轮廓线分岔	将连续选择所选轮廓。在分支上选择轮廓将忽略其路径剩余部分的部分间的最小角度。如果部分间分支的角度相等，将根据图元 ID 顺序进行自动选择	选择各部分彼此相切的轮廓。使用角度公差选项可指定允许与相切位置偏离的角度
（9）设置【轮廓线】，白点设为【偏置】	
（10）点击【新建加工区域】	模型 ☑已定义　　　分辨率　　　0.01
（11）在模式中点击选择【曲面选择】	模式 ◉曲面选择　　　　　○文件
（12）在曲面中点击选择【重新选择】	当前选择 组名　　group_0 曲面　　　　　　已选：　　0 余量　　0
（13）按下快捷键 A 选择全部面，点击【确定】完成选择，再次点击【确定】完成加工区域选择	选择曲面/实体：　？　× 选择　　0
（14）在【零件数据】对话框界面取消材料【已定义】选项	材料 ☑已定义

零件数据详解

毛坯模型	模型	材料
可用于工单列表中的多项工单的毛坯模型定义	铣削区域定义可用于工单列表中的多项工单	在创建新工单列表时，已定义选项在默认情况下激活。在工单列表内，选择为了加工用途所需的材料

 笔记

2. 新建倾斜轮廓（见表 3.1.2）

表3.1.2

操作步骤	图示讲解
在工单空白处单击鼠标右键点击【新建】，选择【2D 铣削】，点击【倾斜轮廓】	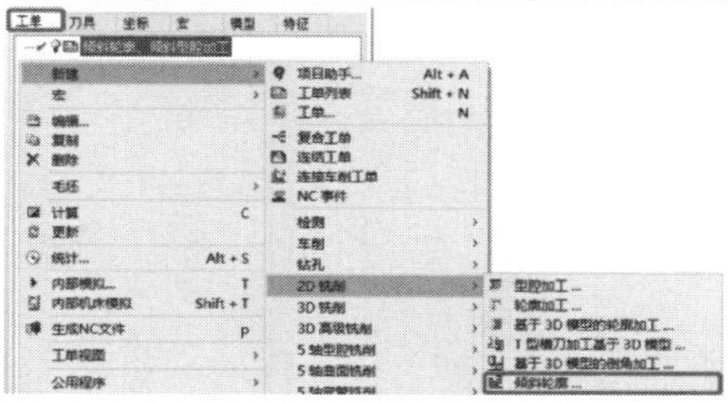 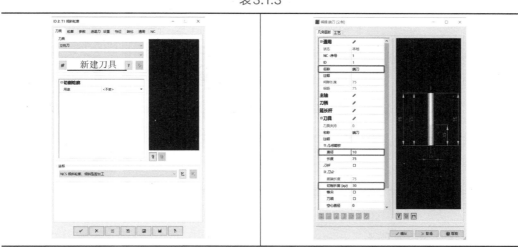

3. 新建 D10 铣刀（见表 3.1.3）

表3.1.3

4. 定义轮廓选项设置（见表 3.1.4）

表3.1.4

操作步骤	图示讲解
（1）点击重新选择【轮廓】	 轮廓选择 轮廓
（2）点击选择【轮廓线】	 选择轮廓： 选择 0
（3）选择轮廓	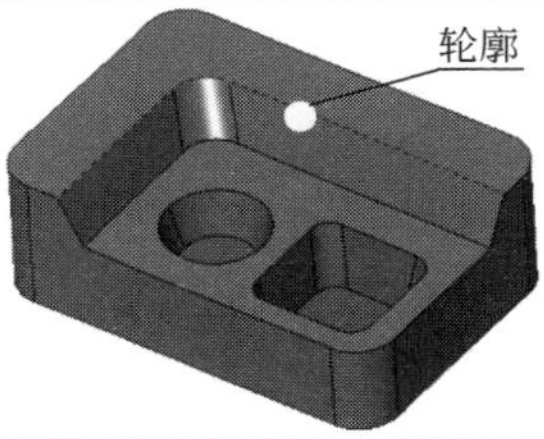 轮廓

笔记

续表

操作步骤	图示讲解
（4）将轮廓线位置设为顶部，将白点位置设为底部	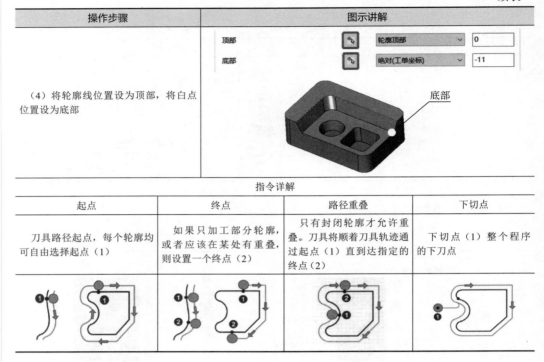

指令详解

起点	终点	路径重叠	下切点
刀具路径起点，每个轮廓均可自由选择起点（1）	如果只加工部分轮廓，或者应该在某处有重叠，则设置一个终点（2）	只有封闭轮廓才允许重叠。刀具将顺着刀具轨迹通过起点（1）直到达指定的终点（2）	下切点（1）整个程序的下刀点

5. 参数设置（见表 3.1.5）

表3.1.5

操作步骤	图示讲解
（1）刀具位置点击选择为【左】	 **刀具位置** ○在轮廓上 ◉左　　　　○右

刀具位置详解

①左补偿 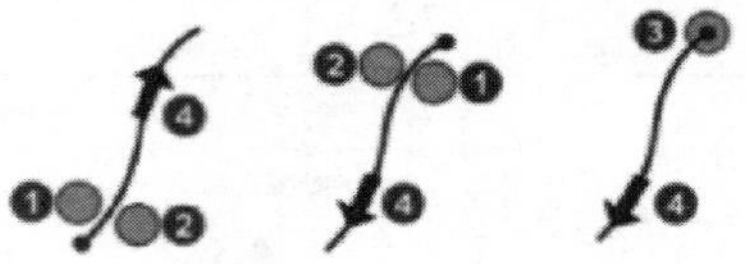	②右补偿	③在轮廓线上	④切削方向

| （2）路径补偿点击选择为【中心路径】 |  **路径补偿**
◉中心路径
○补偿路径 |

路径补偿详解

中心路径	补偿路径
软件中心路径	使用机床补偿

| （3）倾斜【侧壁角度】设为30° |  **倾斜**
侧壁角度　30 |

续表

操作步骤	图示讲解
（4）进给量【垂直步距】设为1	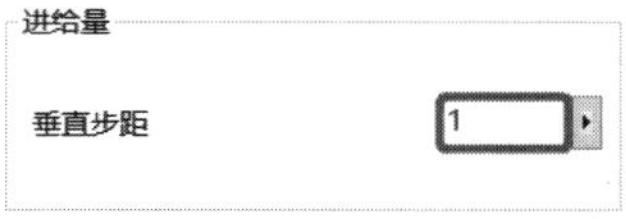 进给量 垂直步距　　　　　1　　▶

侧壁角度详解	进给量详解
	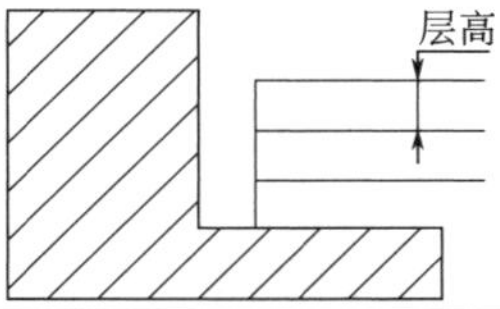

| （5）边角方式点击选择【滚转（标准）】 | 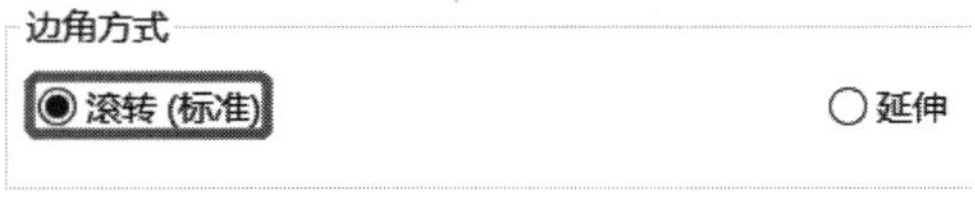 边角方式

◉ 滚转 (标准)　　　　　○ 延伸 |

边角方式详解	
滚转（标准）	延伸
圆弧形式围绕轨迹边角建立	尖角形式延伸轨迹边角

| （6）设置 XY、Z 轴余量均为0 | 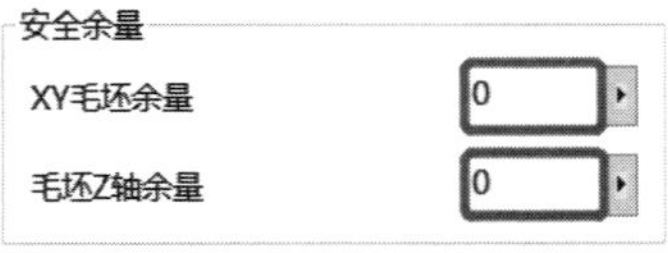 安全余量

XY毛坯余量　　　　0　　▶

毛坯Z轴余量　　　　0　　▶ |

安全余量详解	
粗加工一般情况下应留有一定的余量	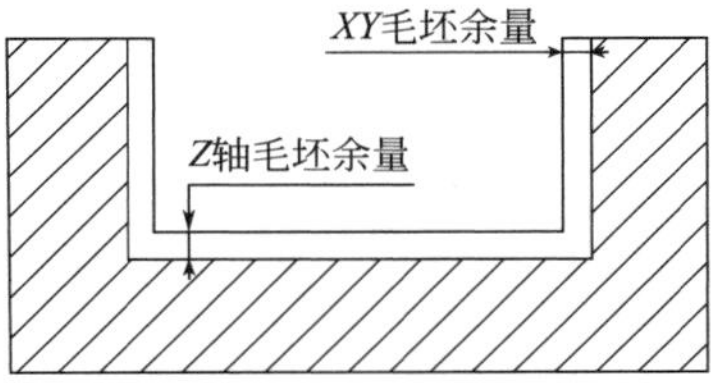

| （7）退刀模式点击选择为【安全距离】，定义【安全平面】高度为50,【安全距离】为5 | 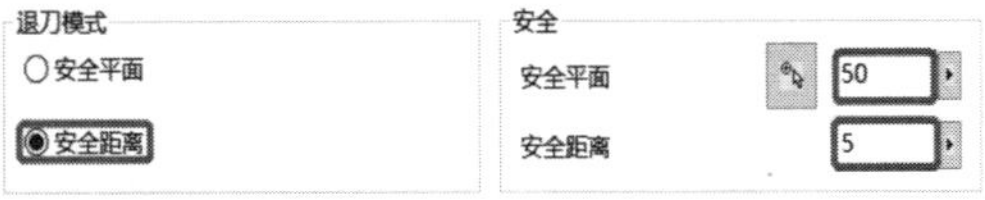 退刀模式　　　　　　　安全
○ 安全平面　　　　安全平面　　50　▶
◉ 安全距离　　　　安全距离　　5　▶ |

退刀与安全详解	
安全平面	安全距离
前往下一个切削区域所要回到的平面	切削层过程中向下进刀到下一加工层后，所要回到的平面

6. 进退刀设置（见表 3.1.6）

表3.1.6

操作步骤	图示讲解
（1）进刀点击选择【切线】，定义长度为7	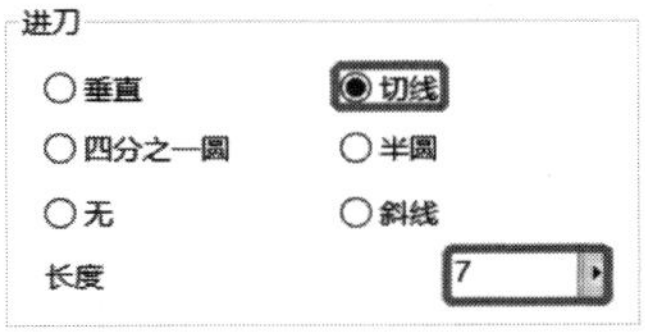 进刀 ○ 垂直　　　　◉ 切线 ○ 四分之一圆　○ 半圆 ○ 无　　　　　○ 斜线 长度　　　　　7　▶

笔记

操作步骤	图示讲解
（2）退刀点击选择【切线】，定义长度为7	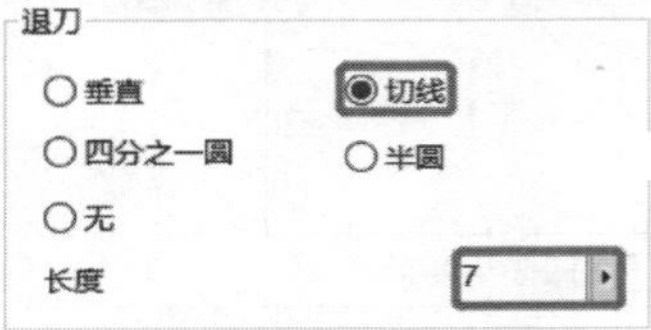 退刀 ○垂直　　◉切线 ○四分之一圆　○半圆 ○无 长度　　　7

进退刀（手动）指令详解	
垂直进退刀	切线进退刀

圆进退刀	半圆进退刀
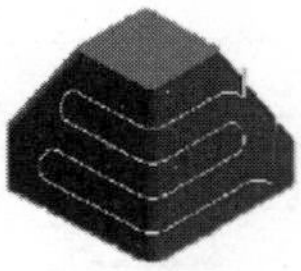	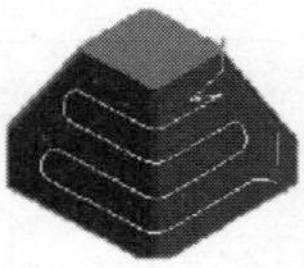

7. 生成程序（见表 3.1.7）

表 3.1.7

程序计算步骤			
第一步	第二步	第三步	第四步
 ✔	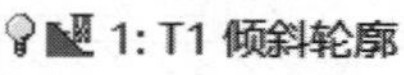 ♀📰 1: T1 倾斜轮廓	 📊	 是(Y)
点击程序界面"确认"按钮	选择需要计算的程序	点击计算程序按钮或按"C"键计算	确认计算

参考程序示例

8. 模拟仿真（见表 3.1.8）

表 3.1.8

程序仿真步骤		
第一步	第二步	第三步
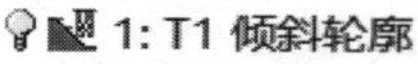 ♀📰 1: T1 倾斜轮廓	 内部模拟...	 ▶▶
选择需要仿真的程序	选择内部模拟或使用快捷键"T"	点击开始仿真

笔记

续表

程序仿真步骤
仿真效果［内部机床模拟（快捷键 Shift+T）］

二、倾斜轮廓加工案例二

1. 新建倾斜轮廓（见表 3.1.9）

表3.1.9

操作步骤	图示讲解
在工单空白处单击鼠标右键点击【新建】，选择【2D 铣削】，点击【倾斜轮廓】	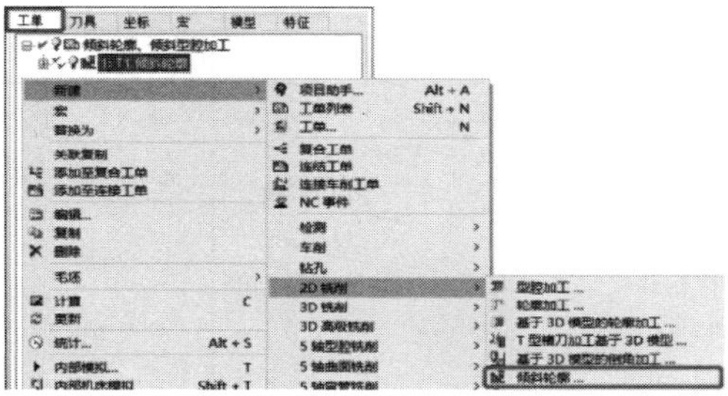

2. 选择 D10 铣刀（见表 3.1.10）

表3.1.10

操作步骤	图示讲解
在工单的刀具处选择之前创建的 D10 铣刀	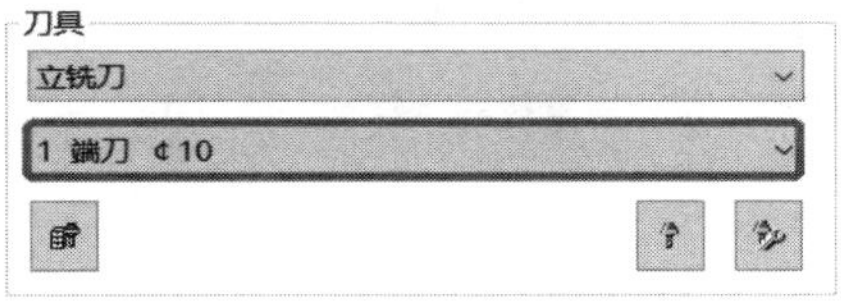

3. 定义轮廓选项设置（见表 3.1.11）

表3.1.11

操作步骤	图示讲解
（1）点击【重新选择】轮廓	 轮廓选择 轮廓
（2）点击选择【轮廓线】	 选择轮廓:

笔记

续表

操作步骤	图示讲解
（3）按【C】键进行链选择，点击【在交叉处停止】选择轮廓	
（4）选择轮廓	
（5）将轮廓线位置设为顶部，将右边白点位置设为底部。	

4. 参数设置（见表3.1.12）

表3.1.12

操作步骤	图示讲解
（1）刀具位置点击选择为【左】	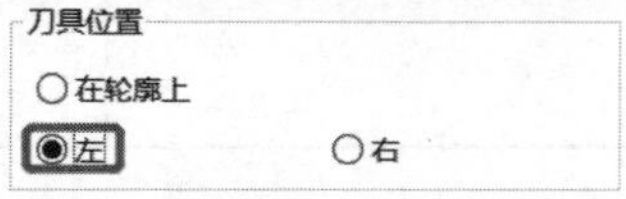 刀具位置 ○在轮廓上 ◉左 ○右
（2）路径补偿点击选择为【中心路径】	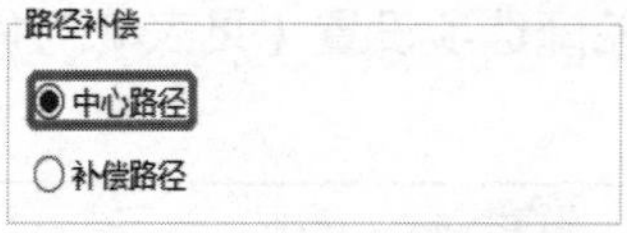 路径补偿 ◉中心路径 ○补偿路径
（3）倾斜【侧壁角度】设为10	 倾斜 侧壁角度 10
（4）进给量【垂直步距】设为1	 进给量 垂直步距 1

笔记

续表

操作步骤	图示讲解
（5）边角方式点击选择【滚转（标准）】	 边角方式 ◉ 滚转(标准)　　　　　　　　○ 延伸
（6）设置 XY、Z 轴余量均为 0	 安全余量 XY毛坯余量　　0 ▸ 毛坯Z轴余量　　0 ▸
（7）退刀模式点击选择为【安全距离】，定义【安全平面】高度为50，【安全距离】为5	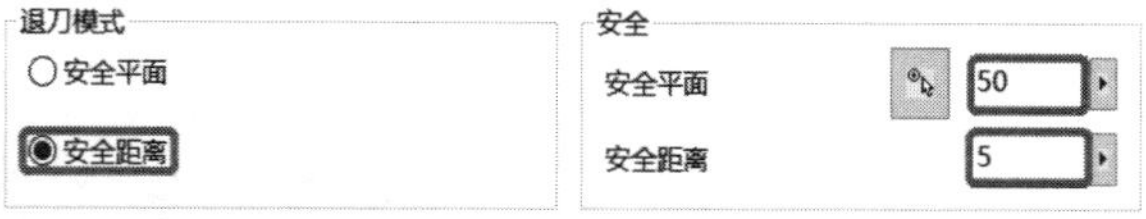 退刀模式 ○ 安全平面 ◉ 安全距离 安全 安全平面　　　50 ▸ 安全距离　　　5 ▸

5. 进退刀设置（见表 3.1.13）

表3.1.13

操作步骤	图示讲解
（1）进刀点击选择【四分之一圆】，定义【圆角】为3	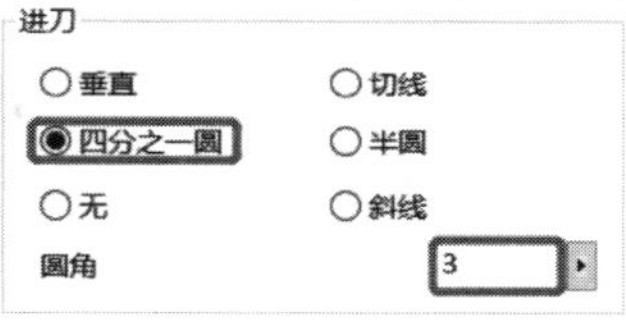 进刀 ○ 垂直　　　　　○ 切线 ◉ 四分之一圆　　○ 半圆 ○ 无　　　　　　○ 斜线 圆角　　　　　　3 ▸
（2）退刀点击选择【四分之一圆】，定义【圆角】为3	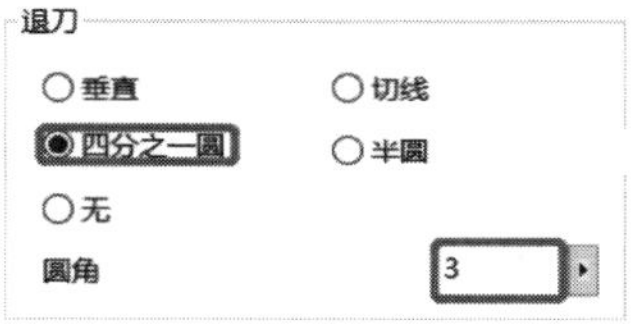 退刀 ○ 垂直　　　　　○ 切线 ◉ 四分之一圆　　○ 半圆 ○ 无 圆角　　　　　　3 ▸

6. 生成程序（见表 3.1.14）

表3.1.14

程序计算步骤			
第一步	第二步	第三步	第四步
 ✔	 ⚲📑 2: T1 倾斜轮廓	 📊	 是(Y)
点击程序界面"确认"按钮	选择需要计算的程序	点击计算程序按钮或按"C"键计算	确认计算

参考程序示例

7. 模拟仿真（见表3.1.15）

表3.1.15

程序仿真步骤		
第一步	第二步	第三步
 2: T1 倾斜轮廓	内部模拟...	▶▶
选择需要仿真的程序	选择内部模拟或使用快捷键"T"	点击开始仿真

仿真效果 [内部机床模拟（快捷键 Shift+T）]

【专家点拨】

① 在使用 hyperMILL 倾斜轮廓加工指令时，可以同时选择、定义多个轮廓，提升编程效率。

② 在实际加工过程中，往往在使用切线切入切出加工开放区域时，在不存在干涉的情况下，可将切入距离设置成 1.5 乘以刀具半径，保证下刀安全性。

③ 在使用安全距离可以减少程序较多的 G0 运动，使用时需验证程序，避免发生零件过切情况。

【课后训练】

① 根据图 3.1.2 所示零件，制订合理的工艺路线，建立合理的辅助曲线、设置必要的加工参数，使用倾斜轮廓生成深色区域刀具路径。

② 使用 hyperMILL 软件内部机床验证程序的正确性。

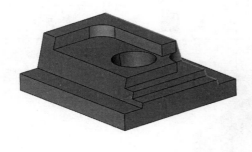
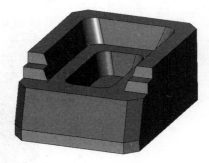

图3.1.2

笔记

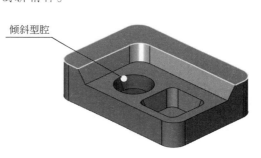

任务二　倾斜型腔加工

【教学目标】

能力目标

能够制订合理的工艺路线。

能正确分析倾斜型腔的特点，设置正确的加工参数。

能够合理制订切入切出方式。

能够通过调整步距的大小，保证表面质量。

知识目标

掌握 hyperMILL 倾斜型腔的加工策略中各参数的含义。

掌握 hyperMILL 倾斜型腔加工策略的适用范围。

素质目标

通过任务式学习，提升学生的自学能力。

激发学员的学习兴趣，培养团队合作和创新精神。

【任务导读】

倾斜区域是零件类型中较为常见的区域之一，倾斜型腔指令与型腔加工指令类似，不同点在于可以对倾斜区域进行区域式粗加工，是 hyperMILL 软件中基础的指令之一，要求学员熟练掌握。

倾斜型腔

图3.2.1

【任务描述】

使用倾斜区域指令编制图 3.2.1 零件中倾斜区域加工程序，已知该倾斜区域倾斜角度为 20°，需要正确定义指令参数，编制程序后进行内部仿真，验证程序正确性。

【任务实施】

1. 新建倾斜型腔（见表 3.2.1）

表3.2.1

操作步骤	图示讲解
在工单空白处单击鼠标右键点击【新建】，选择【2D 铣削】，点击【倾斜型腔】	

笔记

2. 选择 D10 铣刀（见表 3.2.2）

表3.2.2

操作步骤	图示讲解
在工单的刀具处选择之前创建的 D10 铣刀	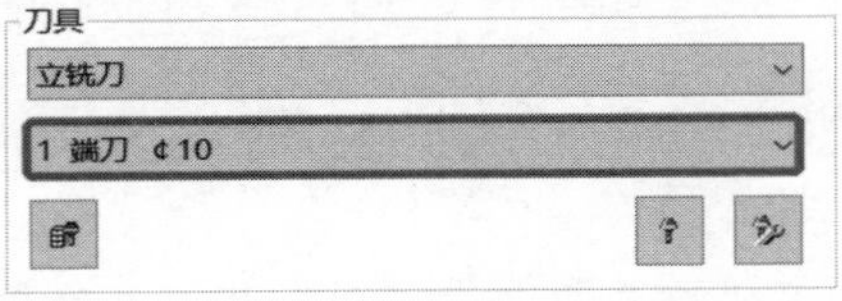 刀具 立铣刀 1 端刀 ⌀ 10

3. 定义轮廓选项设置（见表 3.2.3）

表3.2.3

操作步骤	图示讲解
（1）点击【重新选择】轮廓	轮廓选择 轮廓
（2）点击选择【轮廓线】	 选择轮廓 选择 0
（3）选择轮廓	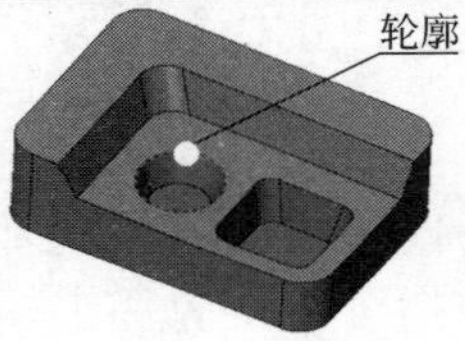 轮廓
（4）将轮廓线位置设为顶部，将白点位置设为底部	 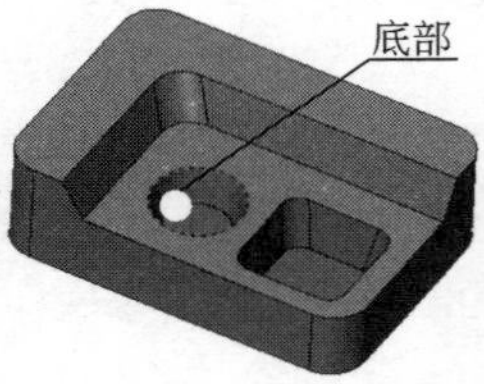 顶部 绝对(工单坐标) -11 底部 绝对(工单坐标) -21 底部

4. 参数设置（见表 3.2.4）

表3.2.4

操作步骤	图示讲解
（1）进给量【垂直步距】设为2，【步距（直径系数）】设为 0.5	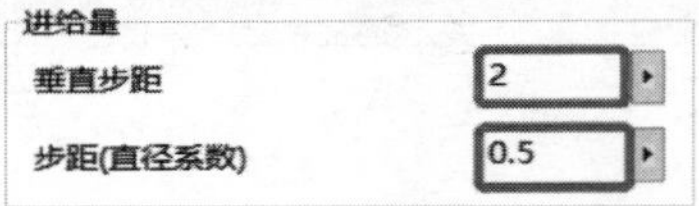 进给量 垂直步距 2 步距(直径系数) 0.5
步距详解	
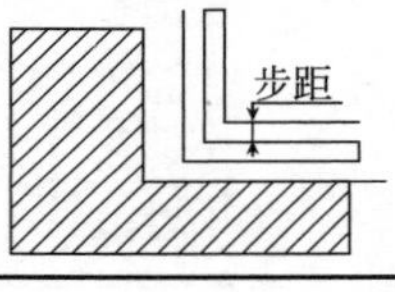	步距

笔记

续表

操作步骤	图示讲解
（2）设置 XY、Z 轴余量均为 0	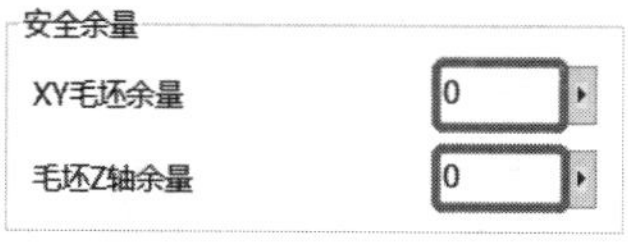 安全余量 XY毛坯余量　0 毛坯Z轴余量　0
（3）倾斜【侧壁角度】设为 20	 倾斜 侧壁角度　20
（4）切削模式点击选择【顺铣】	 切削模式 ◉ 顺铣　　　○ 逆铣

切削模式详解	
顺铣	逆铣
主轴正转，外轮廓逆时针切削，内轮廓顺时针切削	主轴正转，外轮廓顺时针切削，内轮廓逆时针切削

操作步骤	图示讲解
（5）退刀模式点击选择为【安全距离】，定义【安全平面】高度为50，【安全距离】为 5	 退刀模式 ○ 安全平面 ◉ 安全距离 　　　安全 安全平面　50 安全距离　5

5. 进退刀设置（见表 3.2.5）

表3.2.5

操作步骤	图示讲解
（1）退刀点击选择【无】	 退刀 ◉ 无　　　○ 垂直 ○ 圆
（2）下切进退刀点击选择【无】	 下切进退刀 ◉ 无　　　○ 螺旋 ○ 斜线

6. 生成程序（见表 3.2.6）

表3.2.6

程序计算步骤			
第一步	第二步	第三步	第四步
✔	 💡🔧3: T1 倾斜型腔		 是(Y)
点击程序界面"确认"按钮	选择需要计算的程序	点击计算程序按钮或按"C"键计算	确认计算

参考程序示例

7. 模拟仿真（见表 3.2.7）

表3.2.7

程序仿真步骤		
第一步	第二步	第三步
💡🖱 3: T1 倾斜型腔	内部模拟...	
选择需要仿真的程序	选择内部模拟或使用快捷键"T"	点击开始仿真

仿真效果［内部机床模拟（快捷键 Shift+T）］

【专家点拨】

① hyperMILL 软件中倾斜型腔加工适合于简单且带有一定斜度的腔体粗加工，并不适合编制复杂的轮廓。

② 对于封闭的腔体区域一般采用斜线或螺旋进刀，一般材料 2° 即可，材料硬度越高，角度越小。

【课后训练】

① 根据图 3.2.2 所示零件，已知该区域倾斜角度为 10°，请学员制订合理的工艺路线，设置必要的加工参数，使用倾斜型腔生成紫色区域刀具路径。

② 使用 hyperMILL 软件内部机床验证程序的正确性。

图3.2.2

任务三　矩形型腔加工

【教学目标】

能力目标

了解矩形型腔加工策略的含义。

知道矩形型腔加工策略的适用范围。

能够根据型腔的特征不同，选择合理的加工策略。

笔记

知识目标

了解 hyperMILL 矩形型腔加工策略中各参数的含义。

知道 hyperMILL 矩形型腔加工策略的适用范围。

素质目标

通过任务式学习，提升学生的自学能力。

激发学员的学习兴趣，培养团队合作和创新精神。

【任务导读】

矩形轮廓是零件十分常见的特征之一，对于该类零件简单矩形区域，一般选用 2D 矩形型腔加工指令进行加工。矩形型腔设置简单，但往往不常用于实际加工，要求同学了解即可。

【任务描述】

使用矩形型腔加工指令编制图 3.3.1 零件中矩形区域粗加工程序，设置正确指令参数，并使用内部机床进行仿真。

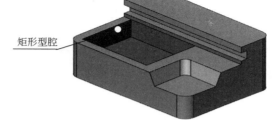

矩形型腔

图3.3.1

【任务实施】

1. 新建工单列表（见表 3.3.1）

表3.3.1

操作步骤	图示讲解
（1）在工单选项空白处单击鼠标右键新建【工单列表】	
（2）按快捷键【M】选择物体底面，勾选【复制】，Z 轴增量为 45，点击确认。	
（3）在工单列表设置中点击新建【NCS 坐标】，点击需要创建坐标的平面	NCS 倾斜轮廓、倾斜型腔加工
（4）快捷键 Shift+S 使坐标在面上，最后点击【确定】完成设置	

笔记

续表

操作步骤	图示讲解
（5）点击【工作平面】，将坐标设置于当前的坐标上	 对齐 参考　　工作平面　　3 Points
（6）在工单列表中选择【零件数据】并点击【新建毛坯】	 工单列表设置　注释　零件数据　镜像　后处理 毛坯模型 ☑ 已定义
（7）在毛坯模型中选择【几何范围】	 模式 ☐ 车削 ○ 拉伸　　　　○ 曲面　　　　○ 文件 ○ 旋转　　　　○ 从工单　　　● 几何范围 ○ 从工单链
（8）在几何范围中点击【立方体】	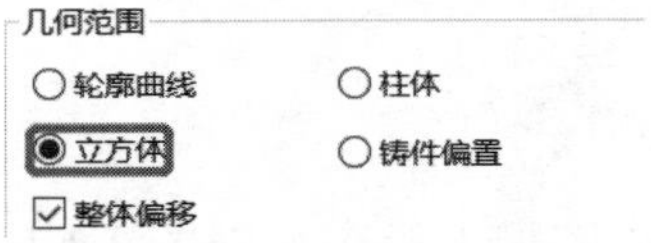 几何范围 ○ 轮廓曲线　　　○ 柱体 ● 立方体　　　　○ 铸件偏置 ☑ 整体偏移
（9）将【分辨率】设置为0.01，点击【计算】生成毛坯，点击【确定】完成毛坯模型	 分辨率　　　　　0.01
（10）点击【新建加工区域】	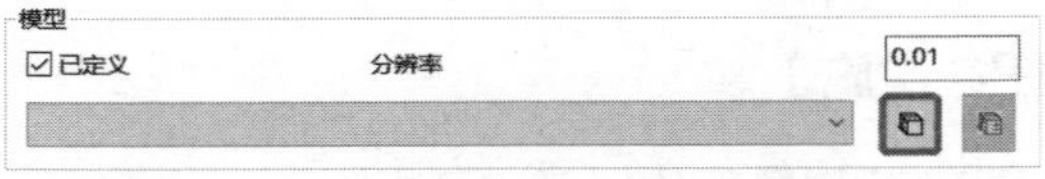 模型 ☑ 已定义　　　分辨率　　　　　0.01
（11）在模式中点击选择【曲面选择】	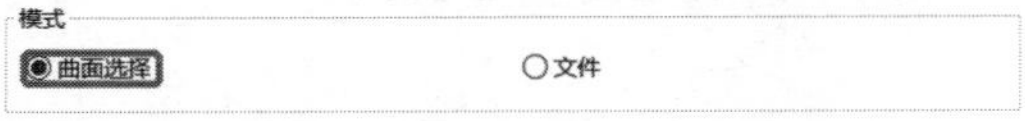 模式 ● 曲面选择　　　　　　○ 文件
（12）在曲面中点击选择【重新选择】	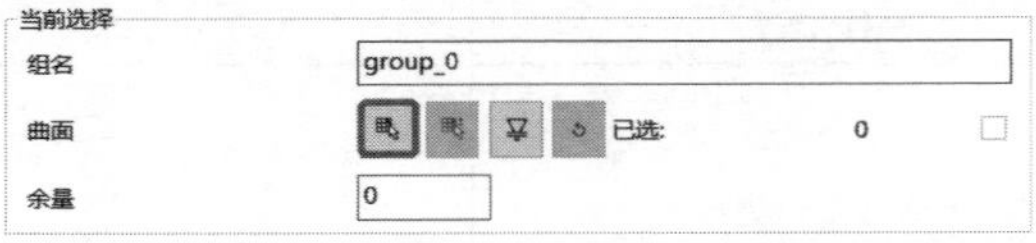 当前选择 组名　　　　group_0 曲面　　　　　　　　　　已选：　　0 余量　　　　0
（13）按下快捷键A选择全部面，点击【确定】完成选择，再次点击【确定】完成加工区域选择	  选择曲面/实体：　　　?　　✕ 选择　　0
（14）在【零件数据】对话框界面取消材料【已定义】选项	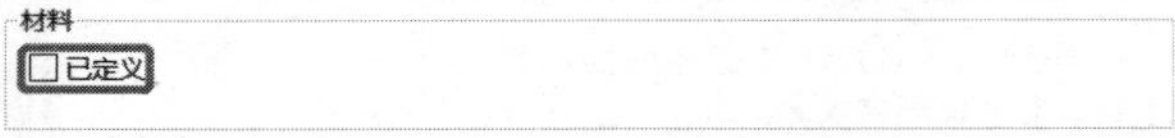 材料 ☐ 已定义

2. 新建矩形型腔（见表3.3.2）

表3.3.2

操作步骤	图示讲解
在工单空白处单击鼠标右键点击【新建】，选择【2D铣削】，点击【矩形型腔】	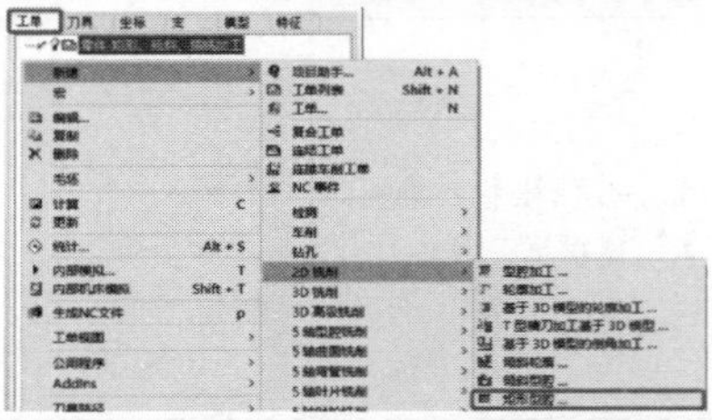

笔记

3. 选择 D10 铣刀（见表 3.3.3）

表3.3.3

操作步骤	图示讲解
在工单的刀具处选择之前创建的 D10 铣刀	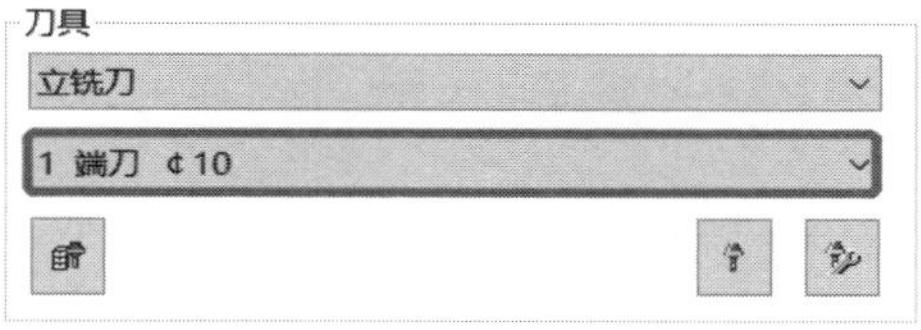 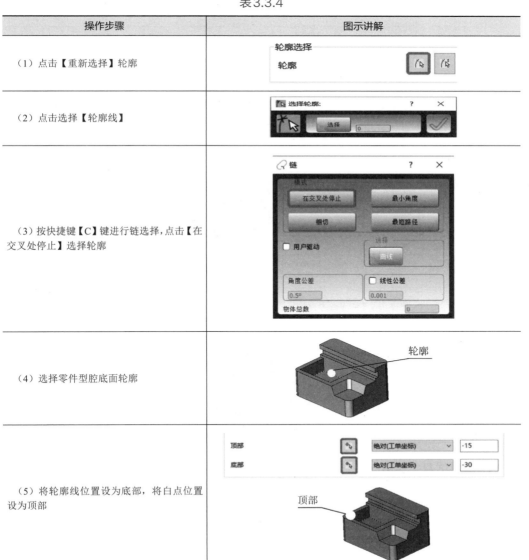

4. 定义轮廓选项（见表 3.3.4）

表3.3.4

操作步骤	图示讲解
（1）点击【重新选择】轮廓	
（2）点击选择【轮廓线】	
（3）按快捷键【C】键进行链选择，点击【在交叉处停止】选择轮廓	
（4）选择零件型腔底面轮廓	
（5）将轮廓线位置设为底部，将白点位置设为顶部	

笔记

5. 参数设置（见表 3.3.5）

表 3.3.5

操作步骤	图示讲解
（1）进给量【垂直步距】设为 5，【步距（直径系数）】设为 0.5	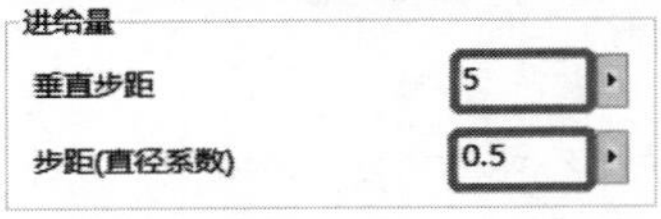 进给量 垂直步距　5 步距(直径系数)　0.5
（2）设置 XY、Z 轴余量均为 0	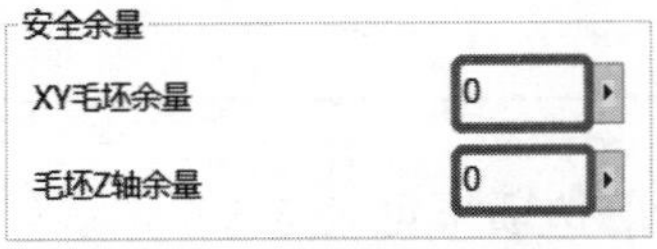 安全余量 XY毛坯余量　0 毛坯Z轴余量　0
（3）切削模式点击选择为【顺铣】	 切削模式 ◉ 顺铣　　　○ 逆铣
（4）【安全平面】高度设为 50，【安全距离】设为 5	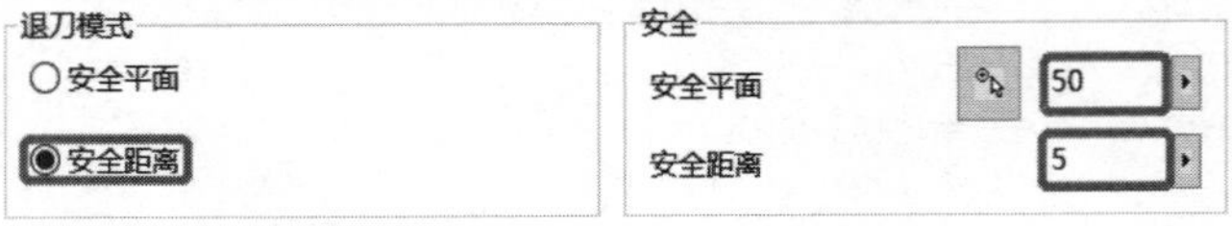 退刀模式 ○ 安全平面 ◉ 安全距离　　安全 安全平面　50 安全距离　5
（5）圆弧进退刀【进刀半径】设为 3	 圆弧进退刀 进刀半径　3

6. 生成程序（见表 3.3.6）

表 3.3.6

程序计算步骤			
第一步	第二步	第三步	第四步
 ✔	 💡▭ 1: T2 矩形型腔	 🖼	 是(Y)
点击程序界面"确认"按钮	选择需要计算的程序	点击计算程序按钮或按"C"键计算	确认计算

参考程序示例

7. 模拟仿真（见表 3.3.7）

表 3.3.7

程序仿真步骤		
第一步	第二步	第三步
 💡▭ 1: T2 矩形型腔	 内部模拟...	 ▶▶

笔记

续表

程序仿真步骤		
选择需要仿真的程序	选择内部模拟或使用快捷键"T"	点击开始仿真

仿真效果［内部机床模拟（快捷键 Shift+T）］

【专家点拨】

① 在使用矩形型腔进行切削时无法设置下刀方式，因此在使用该指令的过程中要关注下刀速率防止断刀。

② 矩形型腔无法设置圆角过渡，只能留下刀具半径圆角，因此往往会留下"抱刀"痕迹，对实际加工不利。

【课后训练】

① 根据图 3.3.2 所示零件深色处特征，制订合理的工艺路线，设置必要的加工参数，使用矩形型腔指令生成刀具路径。

② 使用 hyperMILL 软件内部机床验证程序的正确性。

图3.3.2

任务四　残料加工

【教学目标】

能力目标

能够选用合适的刀具，对轮廓进行残料加工。
能够对轮廓进行分析，设置合理的加工参数。
正确选用刀具的大小，进行粗精加工。

知识目标

掌握残料加工的应用场合。
掌握残料加工的下刀方式。

素质目标

通过任务式学习，提升学生的自学能力。

笔记

激发学员的学习兴趣，培养团队合作和创新精神。

【任务导读】

在实际加工的过程中粗加工往往会选择较大的刀具，以此提升粗加工效率，但是当刀具大于零件圆角时角落处往往会有残料，残料加工指令即可解决该种情况。

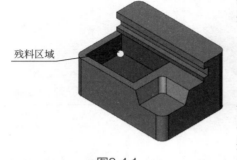

残料区域

图3.4.1

【任务描述】

前面学习了矩形加工，实际加工完成后四周留有 $R5$（刀具半径）圆角，已知精加工刀具为 D4，直接进行精加工会有断刀风险，因此需要读者使用残料加工指令将图 3.4.1 区域圆角 $R5$ 加工至 $R2$。

【任务实施】

1. 新建残料加工（见表 3.4.1）

表3.4.1

操作步骤	图示讲解
（1）在工单空白处单击鼠标右键点击【新建】，选择【2D 铣削】，点击【残料加工】	
（2）参考工单选择为【矩形型腔】并点击【OK】	
（3）点击【是】将参考工单数据覆盖现有参数	OPEN MIND 信息：ID 2: 2: T- 残料加工　× 用参考工单数据覆盖现有参数吗? 是(Y)　否(N)

 笔记

2. 新建 D4 铣刀（见表 3.4.2）

表3.4.2

 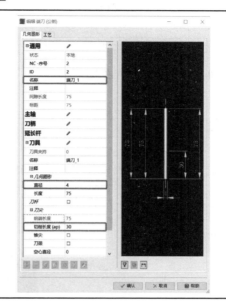

3. 参数设置（见表 3.4.3）

表3.4.3

操作步骤	图示讲解
（1）进给量【垂直步距】设为 1，【步距（垂直系数）】设为 0.5	 进给量 垂直步距　1 步距(直径系数)　0.5
（2）设置 XY 毛坯余量为 0.3	 安全余量 XY 毛坯余量　0.3
（3）加工优先顺序点击选择【平面】	 加工优先顺序 ○深度 ◉平面
加工优先顺序详解	
深度	平面
一个轮廓完全加工完后加工下一个轮廓	在同一平面，对多个轮廓同时加工，加工完成后，前往下一个平面进行多个轮廓同时加工
（4）切削模式点击选择【顺铣】	 切削模式 ◉顺铣 ○逆铣

笔记

续表

操作步骤	图示讲解
（5）切削模式点击选择为【安全距离】，定义【安全平面】高度为50，【安全距离】为5	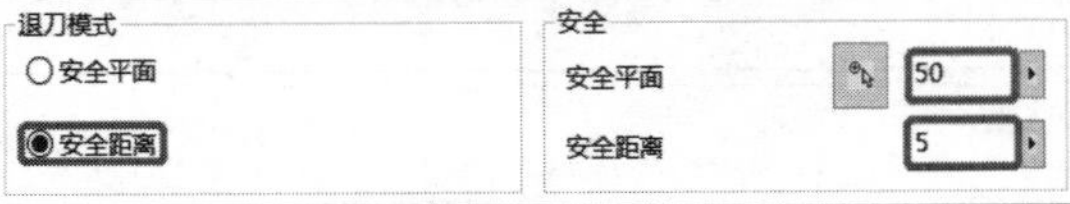 退刀模式 ○安全平面 ●安全距离　安全　安全平面 50　安全距离 5

4. 生成程序（见表 3.4.4）

表3.4.4

程序计算步骤			
第一步	第二步	第三步	第四步
 ✔	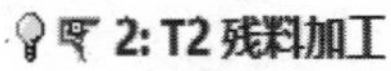 ♀🏳 2: T2 残料加工	▦	 是(Y)
点击程序界面"确认"按钮	选择需要计算的程序	点击计算程序按钮或按"C"键计算	确认计算

参考程序示例

5. 模拟仿真（见表 3.4.5）

表3.4.5

程序仿真步骤		
第一步	第二步	第三步
 ♀🏳 2: T2 残料加工	 内部模拟...	 ▸▸
选择需要仿真的程序	选择内部模拟或使用快捷键"T"	点击开始仿真

仿真效果［内部机床模拟（快捷键 Shift+T）］

【专家点拨】

① 残料加工指令在实际加工过程中应用较广，能较好地去除粗加工未去除余量，提高精加工表面质量，但只能加工垂直轮廓。

② 残料加工指令会自动判断下刀点，正确设置合理参数后切削安全性较高，使

笔记

用盘刀开粗后需考虑盘刀刀具圆角，避免发生撞刀。

③ 分层加工时，留够精加工余量，加工时零件的内应力均衡，可防止变形过大。

【课后训练】

① 学员采用 D10 铣刀使用型腔加工与轮廓加工编制图 3.4.2 零件深色处特征，其次学员使用 D4 铣刀采用残料加工指令进行清角加工，制订合理的工艺路线，设置必要的加工参数，完成编制。

② 使用 hyperMILL 软件内部机床验证程序的正确性。

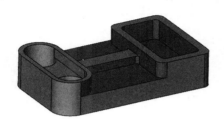

图3.4.2

笔记

项目四

3D铣削的粗加工、倒角加工

任务一　3D任意毛坯粗加工

【教学目标】

能力目标

知道顺铣、逆铣的特点，合理选择顺逆铣；

能够分析加工优先顺序的刀具路径，根据零件特点来选择；

能够了解指令参数的含义，并正确设置。

知识目标

掌握 hyperMILL3D 任意毛坯粗加工中各参数的设置；

掌握 hyperMILL3D 任意毛坯粗加工策略的适用范围；

能够使用 hyperMILL 软件进行仿真验证。

素质目标

培养学员熟练掌握型腔加工指令并能够应用于实际加工；

通过任务式学习，提升学生的自学能力；

激发学员的学习兴趣，培养团队合作和创新精神。

【任务导读】

3D 任意毛坯粗加工指令具有任何形状的预制毛坯的 Z 轴常量加工。加工平行于指定轮廓或平行于轴进行。3D 任意毛坯粗加工在 3D 加工指令中最为基本、常用，内部参数简单、直观，要求同学熟练掌握。

【任务描述】

使用 3D 任意毛坯粗加工指令编制图 4.1.1 零件中型腔区域一与型腔区域二粗加工程序，设置正确指令参数，并使用内部机床进行仿真。

图4.1.1

【任务实施】

一、3D任意毛坯粗加工案例一

1. 新建工单列表（见表 4.1.1）

表 4.1.1

操作步骤	图示讲解
（1）在工单选项空白处单击鼠标右键新建【工单列表】	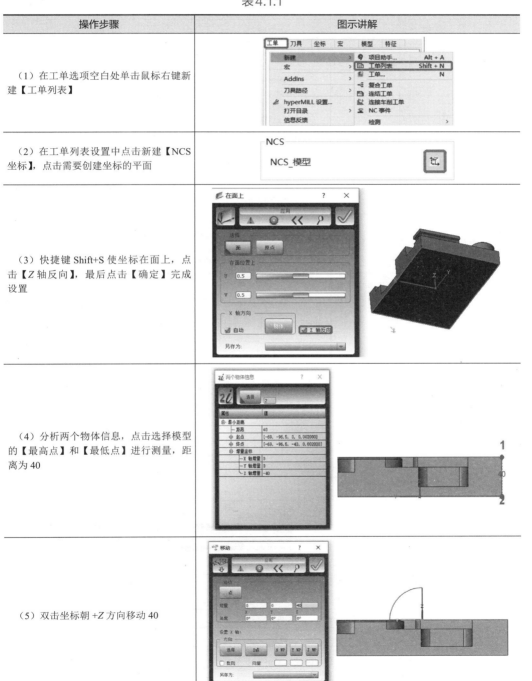
（2）在工单列表设置中点击新建【NCS 坐标】，点击需要创建坐标的平面	
（3）快捷键 Shift+S 使坐标在面上，点击【Z 轴反向】，最后点击【确定】完成设置	
（4）分析两个物体信息，点击选择模型的【最高点】和【最低点】进行测量，距离为 40	
（5）双击坐标朝 +Z 方向移动 40	

笔记

续表

操作步骤	图示讲解
（6）点击【工作平面】，将坐标设置于当前的坐标上	 **对齐** 参考 　 **工作平面** 　 3 Points

<table>
<tr><td colspan="3" align="center">对齐详解</td></tr>
<tr><td align="center">参考</td><td align="center">工作平面</td><td align="center">3 Points</td></tr>
<tr><td colspan="2">从激活参考坐标系或工作平面调整加工坐标系原点和方位</td><td>通过三点指定加工坐标系方位。点1=原点，点 2=X 方向，点 3=Y 方向</td></tr>
</table>

操作步骤	图示讲解
（7）在工单列表中选择【零件数据】并点击【新建毛坯】	 工单列表设置　注释　**零件数据**　镜像　后置处理 **毛坯模型** ☑ 已定义
（8）在毛坯模型中选择【几何范围】	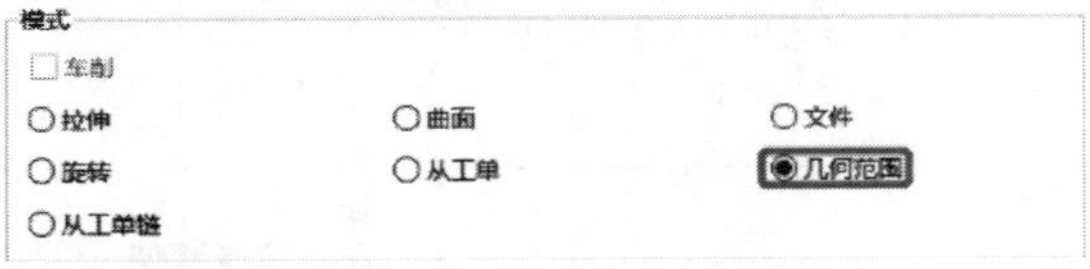 **模式** ☐ 车削 ○ 拉伸　　　　○ 曲面　　　　○ 文件 ○ 旋转　　　　○ 从工单　　　● 几何范围 ○ 从工单链
（9）在几何范围中点击【立方体】	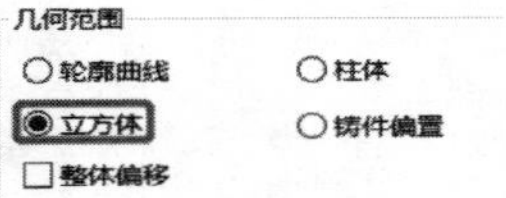 **几何范围** ○ 轮廓曲线　　　　○ 柱体 ● 立方体　　　　　○ 锯件偏置 ☐ 整体偏移
（10）将【分辨率】设置为 0.01，点击【计算】生成毛坯，点击【确定】完成毛坯模型	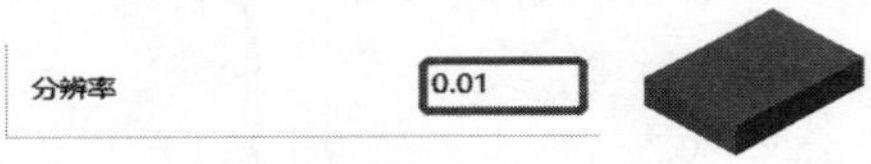 分辨率　　　　0.01
（11）点击【新建加工区域】	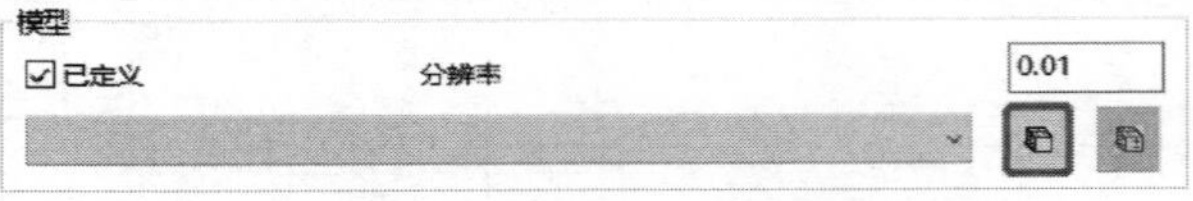 **模型** ☑ 已定义　　　分辨率　　　　0.01
（12）在模式中点击选择【曲面选择】	 **模式** ● 曲面选择　　　　　　　　○ 文件
（13）在曲面中点击选择【重新选择】	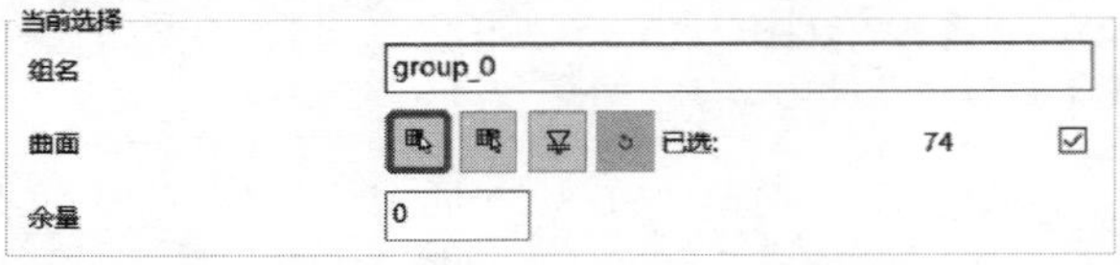 **当前选择** 组名　　　group_0 曲面　　　　　　　　已选：　74　☑ 余量　　　0
（14）按下快捷键 A 选择全部面，点击【确定】完成选择，再次点击【确定】完成加工区域选择	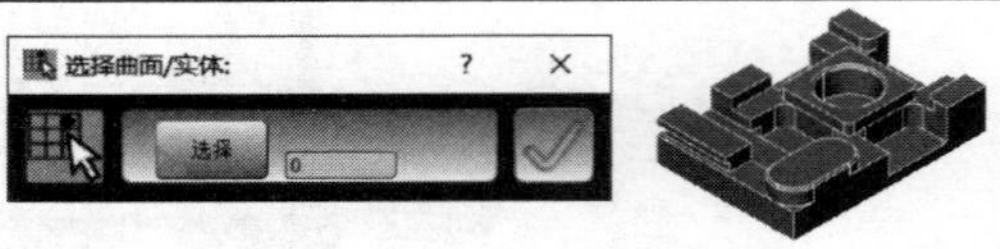 选择曲面/实体： 选择　0
（15）在【零件数据】对话框界面取消材料【已定义】选项	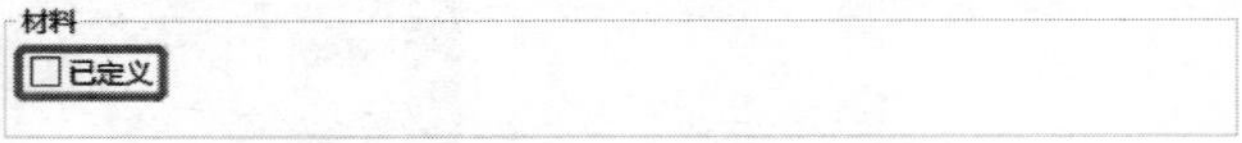 **材料** ☐ 已定义

<table>
<tr><td colspan="3" align="center">零件数据详解</td></tr>
<tr><td align="center">毛坯模型</td><td align="center">模型</td><td align="center">材料</td></tr>
<tr><td>可用于工单列表中的多项工单的毛坯模型定义</td><td>铣削区域定义可用于工单列表中的多项工单</td><td>在创建新工单列表时，已定义选项在默认情况下激活。在工单列表内，选择为了加工用途所需的材料</td></tr>
</table>

笔记

2. 新建 3D 任意毛坯粗加工（见表 4.1.2）

表 4.1.2

操作步骤	图示讲解
在工单空白处单击鼠标右键点击【新建】，选择【3D 铣削】，点击【3D 任意毛坯粗加工】	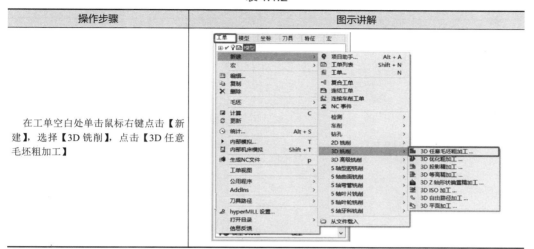

3. 新建 D10 铣刀（见表 4.1.3）

表 4.1.3

 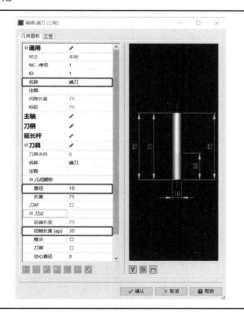

4. 策略设置（见表 4.1.4）

表 4.1.4

操作步骤	图示讲解
（1）加工优先顺序选择为【型腔】	 加工优先顺序 ○平面 ◉型腔

笔记

续表

操作步骤	图示讲解
加工优先顺序详解	

平面	型腔
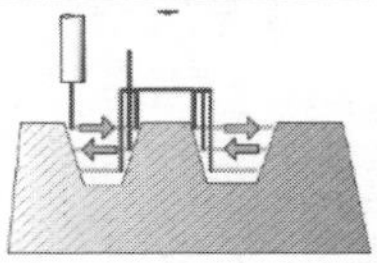	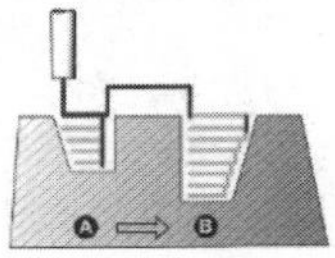

| （2）平面模式点击选择为【优化】 | 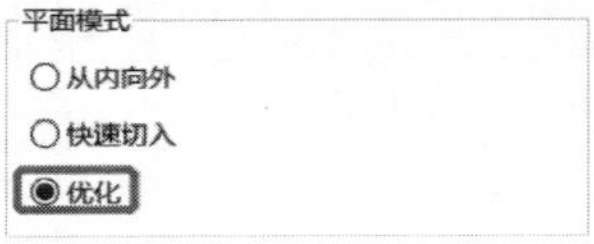 平面模式
○ 从内向外
○ 快速切入
⦿ 优化 |

平面模式详解		
由内向外	快速切入	优化
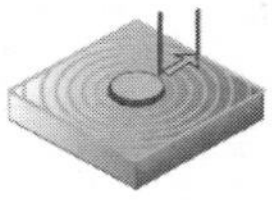	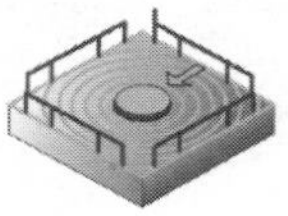	

| （3）切削模式点击选择为【顺铣】 |  切削模式
⦿ 顺铣
○ 逆铣 |

切削模式详解	
顺铣	逆铣
主轴正转，外轮廓逆时针切削，内轮廓顺时针切削	主轴正转，外轮廓顺时针切削，内轮廓逆时针切削

5. 参数设置（见表4.1.5）

表4.1.5

操作步骤	图示讲解
（1）按图选择零件【最高点】与【最低点】	 ☑ 最高点　　0 ☑ 最低点　　-30 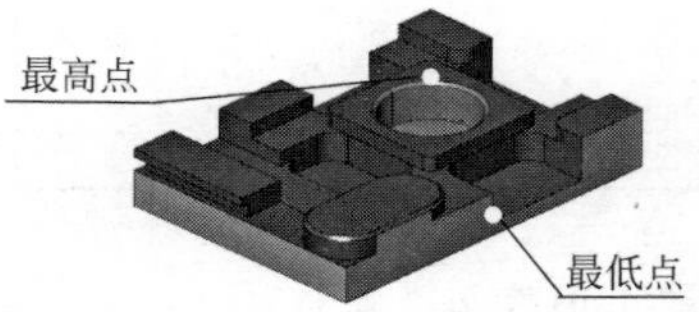 最高点 最低点
（2）进给量点击选择为【步距（直径系数）】并设置为0.5，【垂直步距】设置为2，【余量】设置为0.5，【附加XY余量】设置为0	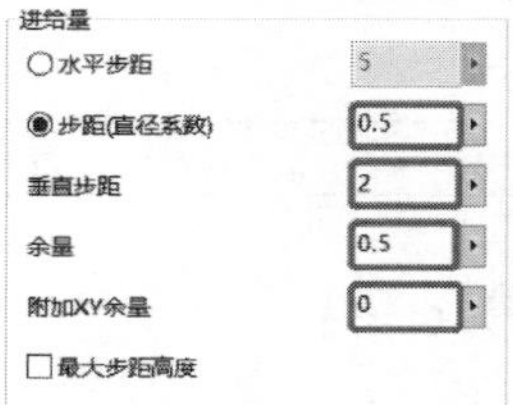 进给量 ○ 水平步距　　5 ⦿ 步距(直径系数)　　0.5 垂直步距　　2 余量　　0.5 附加XY余量　　0 ☐ 最大步距高度

笔记

续表

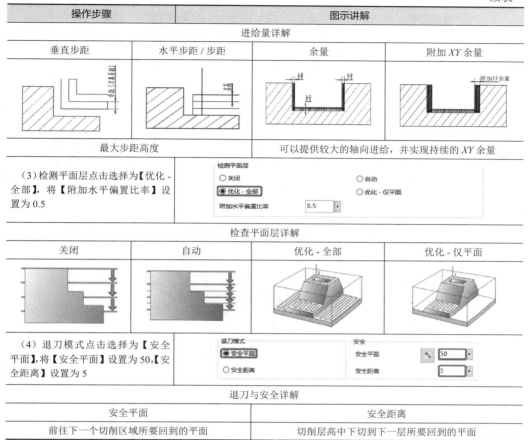

操作步骤	图示讲解

进给量详解

垂直步距	水平步距 / 步距	余量	附加 XY 余量

最大步距高度	可以提供较大的轴向进给，并实现持续的 XY 余量

（3）检测平面层点击选择为【优化 - 全部】，将【附加水平偏置比率】设置为0.5	检测平面层 ○关闭　　○自动 ◉优化 - 全部　　○优化 - 仅平面 附加水平偏置比率　0.5

检查平面层详解

关闭	自动	优化 - 全部	优化 - 仅平面

（4）退刀模式点击选择为【安全平面】，将【安全平面】设置为50,【安全距离】设置为5	退刀模式 ◉安全平面　　安全 ○安全距离　　安全平面　50 　　安全距离　5

退刀与安全详解

安全平面	安全距离
前往下一个切削区域所要回到的平面	切削层高中下切到下一层所要回到的平面

6. 边界定义设置（见表 4.1.6）

表4.1.6

操作步骤	图示讲解
（1）点击【重新选择】	边界 已选：　　　0
（2）点击选择	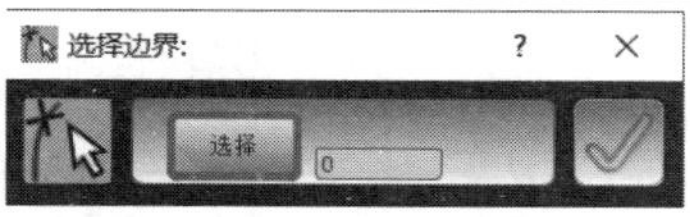 选择边界：　　？　✕ 选择　0
（3）按【C】键进行链选择，模式为【在交叉处停止】	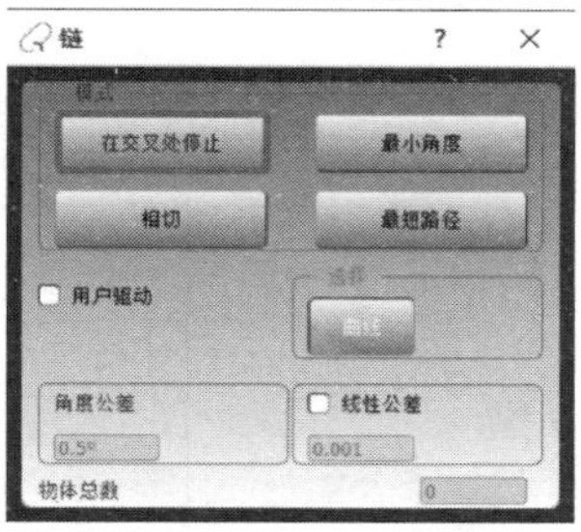 链　　　　？　✕ 模式 在交叉处停止　　最小角度 相切　　最短路径 □用户驱动 角度公差　□线性公差 0.5°　　0.001 物体总数　　0

续表

操作步骤	图示讲解
链选择详解	

在交叉处停止	最小角度	相切
将连续选择所选轮廓，直到轮廓线分岔	将连续选择所选轮廓。在分支上选择轮廓将忽略其路径剩余部分的部分间的最小角度。如果部分间分支的角度相等，将根据图元 ID 顺序进行自动选择	选择各部分彼此相切的轮廓。使用角度公差选项可指定允许与相切位置偏离的角度

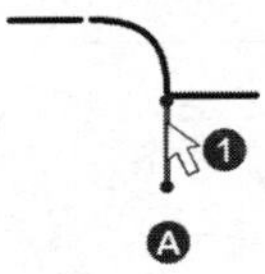

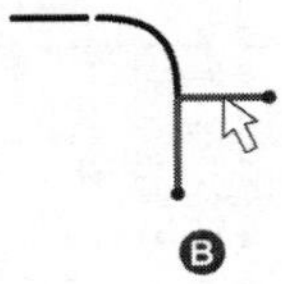

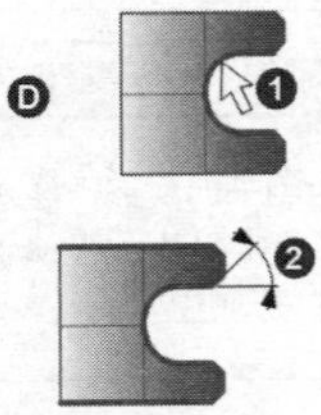

（4）选择零件加工区域【边界】	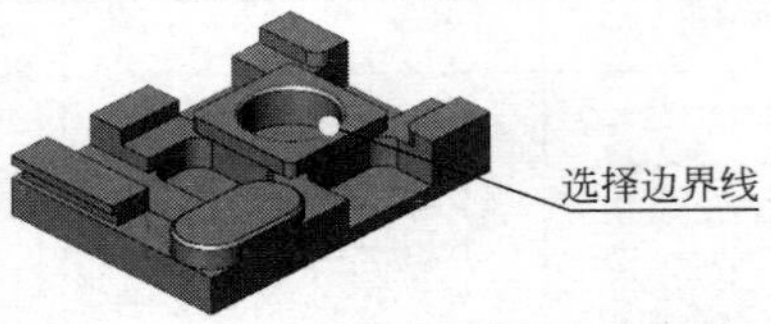 选择边界线
（5）刀具参考点击选择为【边界线内】	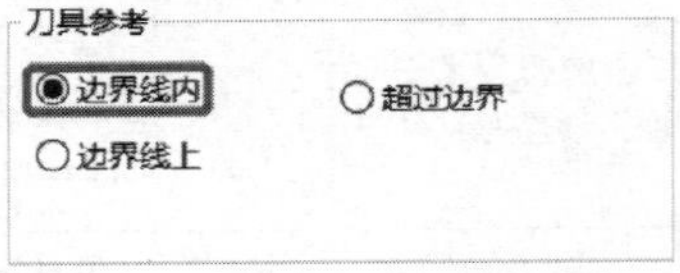 刀具参考 ◉ 边界线内　　○ 超过边界 ○ 边界线上

刀具参考详解		
边界线外	边界线上	边界线内

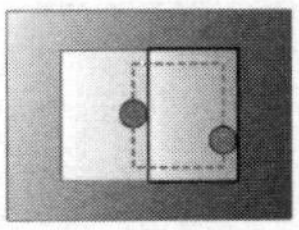

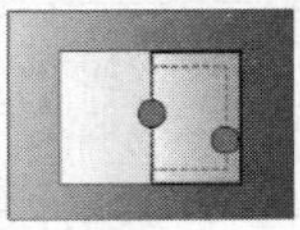

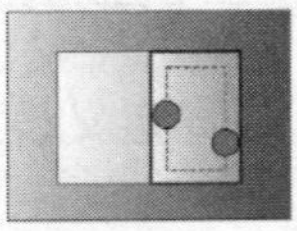

7. 进退刀设置（见表 4.1.7）

表 4.1.7

操作步骤	图示讲解
下切进退刀点击选择【螺旋】,将【角度】设置为 1，【螺旋半径】设置为 5	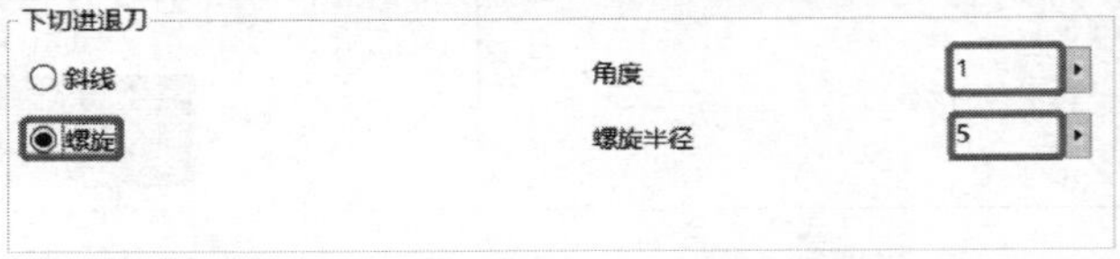 下切进退刀 ○ 斜线　　　　　　角度　　　　 1 ◉ 螺旋　　　　　　螺旋半径　　 5
下切进退刀详解	
螺旋	斜线

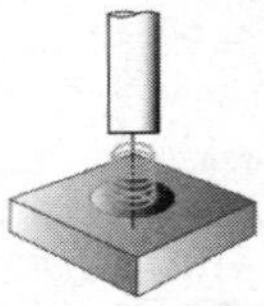

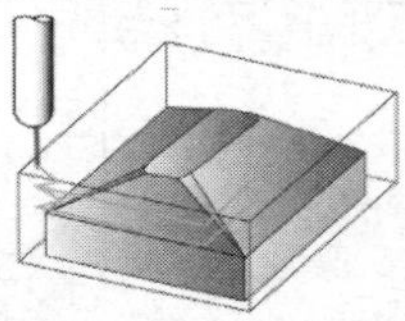

笔记

8. 生成程序（见表 4.1.8）

表4.1.8

程序计算步骤			
第一步	第二步	第三步	第四步
 ✔	T1 3D 任意毛坯粗加工	▣	是(Y)
点击程序界面"确认"按钮	选择需要计算的程序	点击计算程序按钮或按"C"键计算	确认计算

参考程序示例

9. 模拟仿真（见表 4.1.9）

表4.1.9

程序仿真步骤		
第一步	第二步	第三步
T1 3D 任意毛坯粗加工	内部模拟	▶▶
选择需要仿真的程序	选择内部模拟或使用快捷键"T"	点击开始仿真

仿真效果[内部机床仿真（快捷键 Shift+T）]

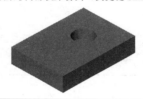

二、3D 任意毛坯粗加工案例二
1. 新建 3D 任意毛坯粗加工（见表 4.1.10）

表4.1.10

操作步骤	图示讲解
在工单空白处单击鼠标右键点击【新建】，选择【3D 铣削】，点击【3D 任意毛坯粗加工】	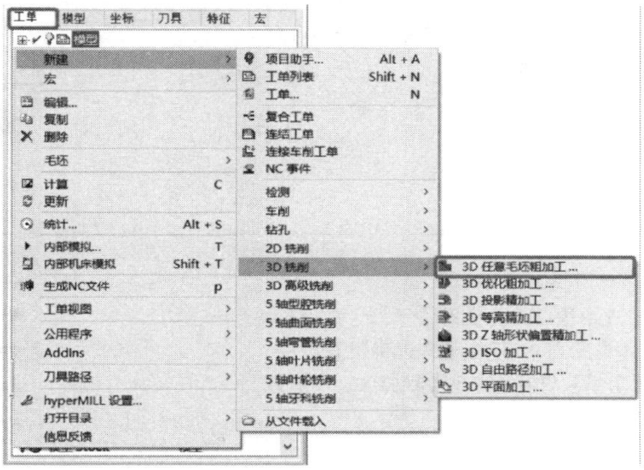

笔记

2. 选择 D10 刀具（见表 4.1.11）

表4.1.11

操作步骤	图示讲解
在工单的刀具处选择之前创建的 D10 铣刀	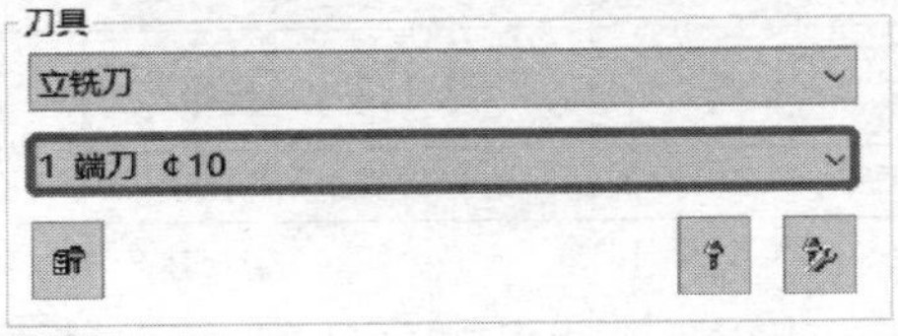 刀具 立铣刀 1 端刀 ⌀ 10

3. 策略设置（见表 4.1.12）

表4.1.12

操作步骤	图示讲解
（1）加工优先顺序点击选择为【型腔】	 加工优先顺序 ○平面 ◉型腔
（2）平面模式点击选择为【优化】	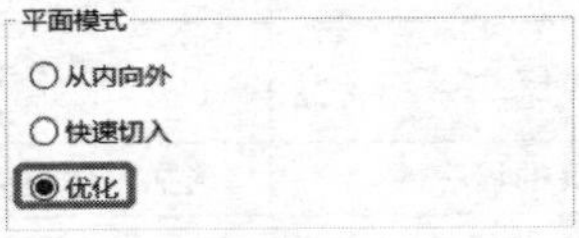 平面模式 ○从内向外 ○快速切入 ◉优化
（3）切削模式点击选择为【顺铣】	 切削模式 ◉顺铣 ○逆铣

4. 参数设置（见表 4.1.13）

表4.1.13

操作步骤	图示讲解
（1）点击【最高点】和【最低点】进行最高点和最低点选择	 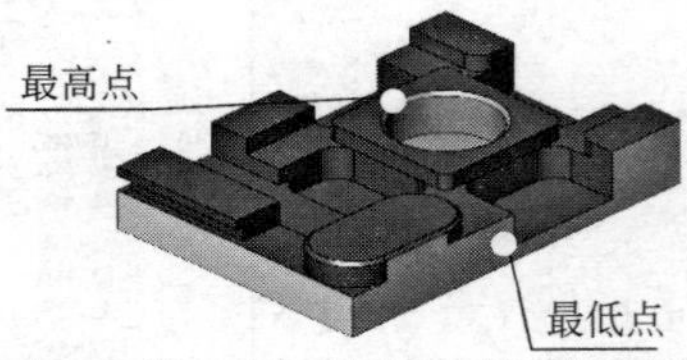 ☑最高点　　0 ☑最低点　　-30 最高点 最低点
（2）进给量点击选择为【步距（直径系数）】并设置为 0.5，将【垂直步距】设置为 2，【余量】设置为 0.5，【附加 XY 余量】设置为 0	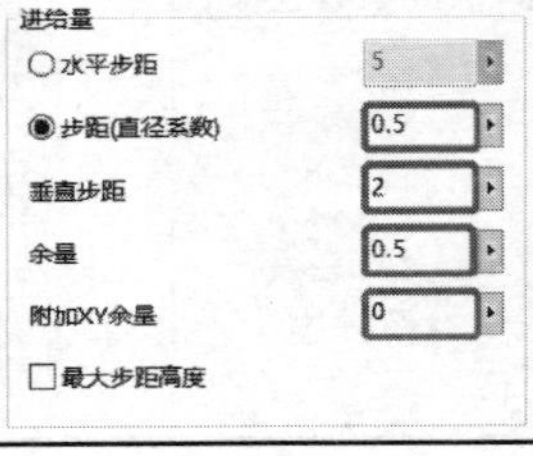 进给量 ○水平步距　　5 ◉步距(直径系数)　0.5 垂直步距　　2 余量　　0.5 附加XY余量　0 ☐最大步距高度

笔记

续表

操作步骤	图示讲解
（3）检测平面层点击选择为【优化 - 全部】，将【附加水平偏置比率】设置为0.5	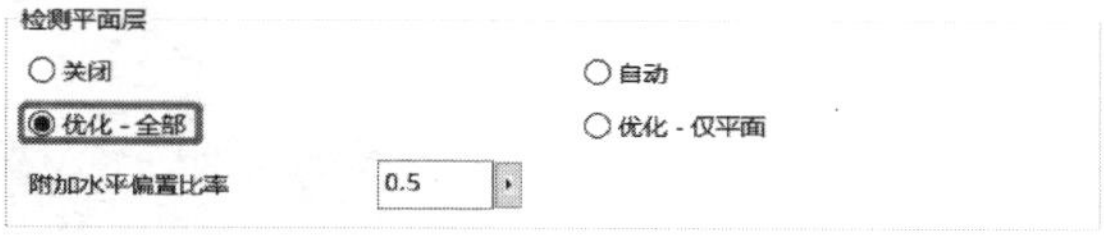 检测平面层 ○关闭　　　　　　　　　○自动 ◉优化 - 全部　　　　　　○优化 - 仅平面 附加水平偏置比率　　　0.5
（4）退刀模式点击选择【安全平面】，将【安全平面】设置为50，【安全距离】设置为5	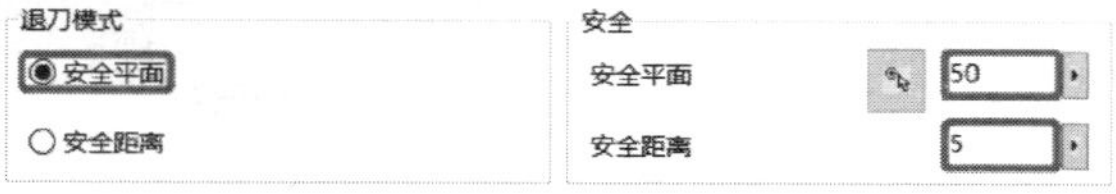 退刀模式　　　　　　　　　安全 ◉安全平面　　　　　　　　安全平面　50 ○安全距离　　　　　　　　安全距离　5

5. 进退刀设置（见表 4.1.14）

表4.1.14

操作步骤	图示讲解
下切进退刀点击选择为【螺旋】进退刀，将【角度】设置为1，【螺旋半径】设置为5	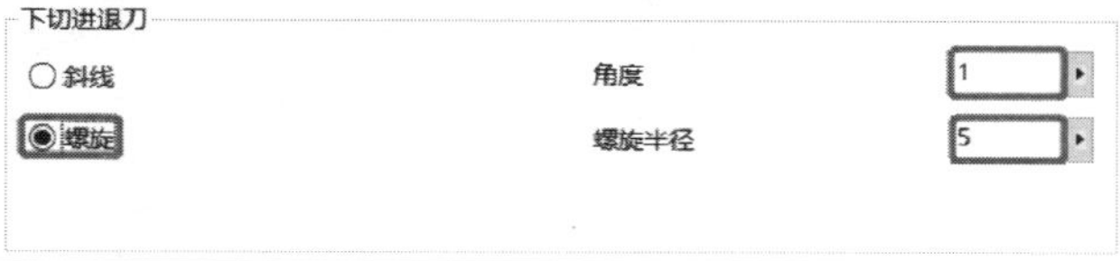 下切进退刀 ○斜线　　　　　　　　角度　　1 ◉螺旋　　　　　　　　螺旋半径　5

6. 生成程序（见表 4.1.15）

表4.1.15

程序计算步骤			
第一步	第二步	第三步	第四步
 ✔	T1 3D 任意毛坯粗加工	 🖼	是(Y)
点击程序界面"确认"按钮	选择需要计算的程序	点击计算程序按钮或按"C"键计算	确认计算

参考程序示例

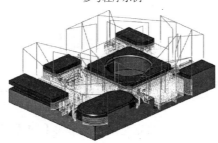

7. 模拟仿真（见表 4.1.16）

表4.1.16

程序仿真步骤		
第一步	第二步	第三步
T1 3D 任意毛坯粗加工	内部模拟	▶▶
选择需要仿真的程序	选择内部模拟或使用快捷键"T"	点击开始仿真

笔记

程序仿真步骤
仿真效果［内部机床模拟（快捷键 Shift+T）］

【专家点拨】

① 在使用 3D 任意毛坯粗加工时，若零件是开放区域类型的则"边界"中的刀具参考最好选择"超过边界"。

② 在使用 hyperMILL 软件编制零件加工程序时，若型腔特征较多，建议"加工优先顺序"选择型腔，可避免不必要的跳刀。

③ 在编制任何一个零件的加工程序前，必须要分析零件样图与零件模型，并编制合理的加工工艺。

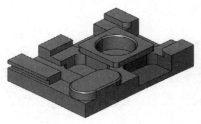

图4.1.2

【课后训练一】

① 根据图 4.1.2 所示零件深色处特征，制订合理的工艺路线，设置必要的加工参数，使用 3D 任意毛坯粗加工生成刀具路径。

② 使用 hyperMILL 软件内部机床验证程序的正确性。

【专家提醒】

① 使用边界线指令建立辅助轮廓边界，保证刀路合理性、提升刀路质量。如表 4.1.17 所示。

② 在编制刀具路径程序时，刀具的大小需要选择恰当刀具参数并结合实际刀具的大小、材质而定。

③ 刀路在边界线的内部或者外部完全是根据表 4.1.17【刀具参考】功能来实现的。

表4.1.17

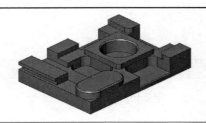	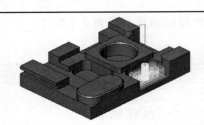
选择边界线	刀路效果图

笔记

【课后训练二】

① 根据图 4.1.3 所示零件深色处特征，制订合理的工艺路线，设置必要的加工参数，使用 3D 任意毛坯粗加工生成刀具路径。
② 使用 hyperMILL 软件内部机床验证程序的正确性。

图4.1.3

任务二　基于3D模型的轮廓加工

【教学目标】

能力目标

能够正确地选择边界轮廓。
能够明白定义轮廓深度参数中的几种类型的特点及应用场合。
能够根据加工零件的轮廓位置不同，选择合适的刀具位置。
能够使用仿真软件，对编制的刀路进行模拟仿真。

知识目标

掌握 hyperMILL 基于 3D 模型的轮廓加工中各参数的设置。
掌握 hyperMILL 基于 3D 模型的轮廓加工策略的适用范围。
掌握使用 hyperMILL 基于 3D 模型的轮廓加工的技巧。

素质目标

培养学员熟练掌握基于 3D 模型的轮廓加工指令并能够应用于实际加工。
通过任务式学习，提升学生的自学能力。
激发学生的学习兴趣，培养团队合作和创新精神。

【任务导读】

台阶类零件是数控加工中较为常见的零件类型，对于该类零件垂直侧面铣削一般选用轮廓加工指令，轮廓加工指令定义方式简单直观，是 hyperMILL 软件中最为基础和常用的指令，要求学生必须熟练掌握。

笔记

【任务描述】

使用轮廓加工编制图4.2.1零件中轮廓一与轮廓二加工程序，正确设置指令参数，编制完后进行内部仿真，验证程序正确性。

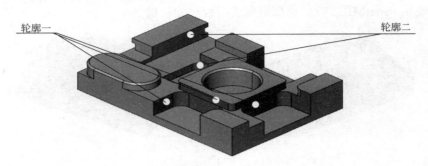

图4.2.1

【任务实施】

一、基于3D模型的轮廓加工案例一

1. 新建基于3D模型的轮廓加工（见表4.2.1）

表4.2.1

操作步骤	图示讲解
在工单空白处单击鼠标右键点击【新建】，选择【2D铣削】，点击【基于3D模型的轮廓加工】	

2. 选择D10铣刀（见表4.2.2）

表4.2.2

操作步骤	图示讲解
在工单的刀具处选择之前创建的D10铣刀	

笔记

3. 建立边界轮廓（见表 4.2.3）

表4.2.3

操作步骤	图示讲解
（1）刀具选择模式为【轮廓】	 模式　　　　　　　　　　　　　　　　　　　　轮廓

模式选择详解	
轮廓	曲面
选择工件轮廓边界	选择工件侧壁曲面

操作步骤	图示讲解
（2）点击重新选择	 轮廓选择 轮廓
（3）点击选择	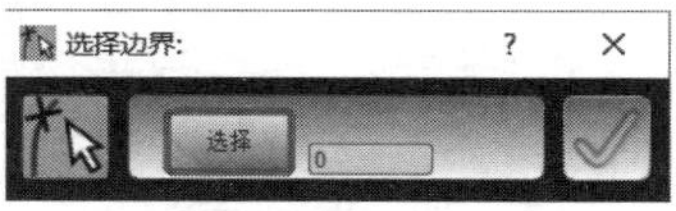 选择边界：　　　？　　× 选择　　0
（4）按【C】键进行链选择，选择依次四条轮廓线	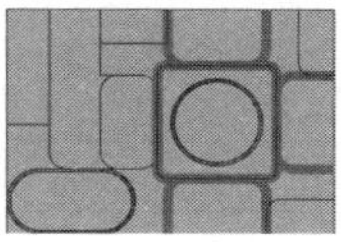
（5）点击【新建顶部】和【新建底部】，进行顶部和底部选择	 顶部　　绝对(工单定向坐标)　-0 底部　　绝对(工单定向坐标)　-30 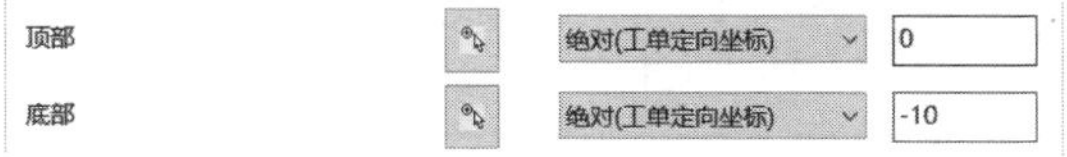 顶部　　绝对(工单定向坐标)　0 底部　　绝对(工单定向坐标)　-10 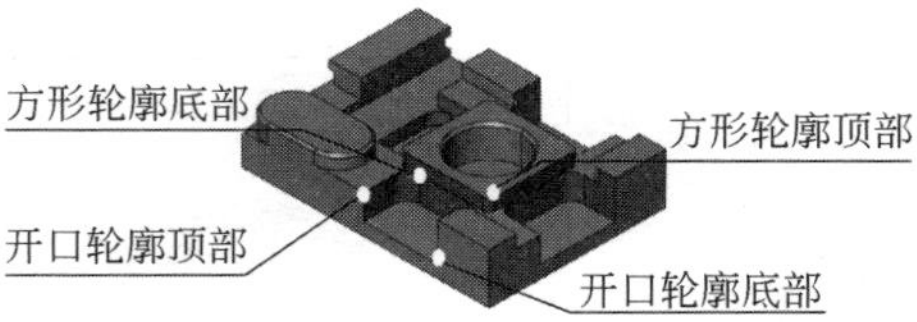 方形轮廓底部　　　方形轮廓顶部 开口轮廓顶部　　　开口轮廓底部

定义轮廓深度参数详解			
首选起始点	终点	路径重叠	下切点
刀具路径起点，每个轮廓均可自由选择起点①	如果只加工部分轮廓，或者应该在某处有重叠，则设置一个终点②	只有封闭轮廓才允许重叠。刀具将顺着刀具轨迹通过起点①直到达指定的终点②	下切点①为整个程序段初始的下刀点
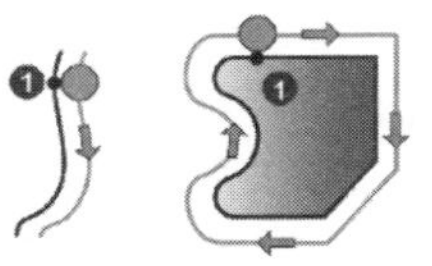	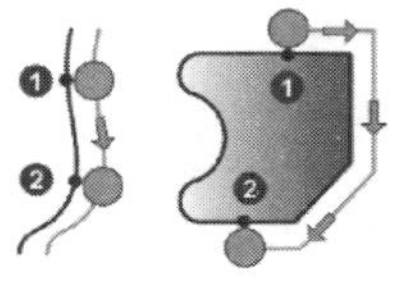	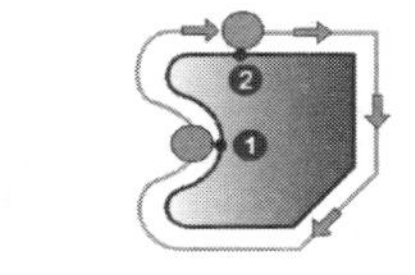	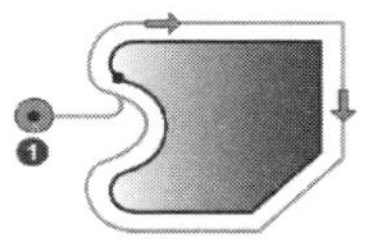
附加余量：为轮廓单独定义侧向余量或 Z 向余量			

笔记

4. 策略设置（见表 4.2.4）

表4.2.4

操作步骤	图示讲解
（1）刀具位置点击选择为【自动顺铣】	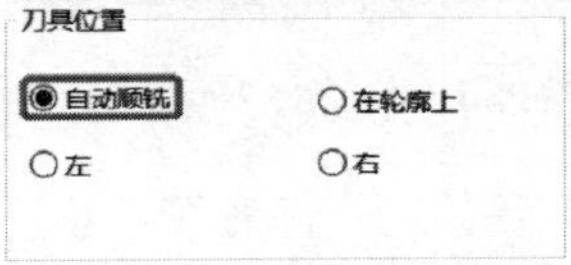 刀具位置 ◉ 自动顺铣　　○ 在轮廓上 ○ 左　　○ 右

刀具位置详解			
自动顺铣		轮廓方向则以使用顺铣开始加工为原则自动调整	
①左补偿	②右补偿	③在轮廓线上	④切削方向

操作步骤	图示讲解
（2）加工优先顺序点击选择为【深度】	 加工优先顺序 ◉ 深度　　○ 平面　　○ 整体平面

加工优先顺序详解		
深度	平面	全局平面
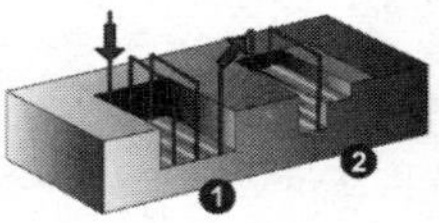	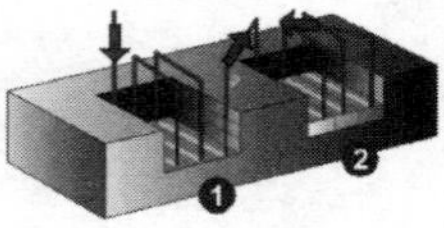	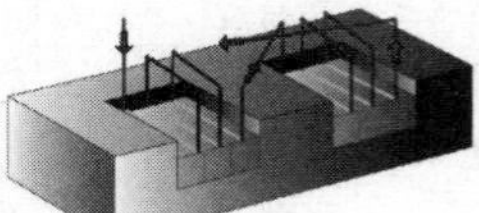

操作步骤	图示讲解
（3）边角方式点击选择为【滚转（标准）】	 边角方式 ◉ 滚转 (标准)　　○ 延伸　　○ 环

边角方式详解		
滚转（标准）	延伸	环
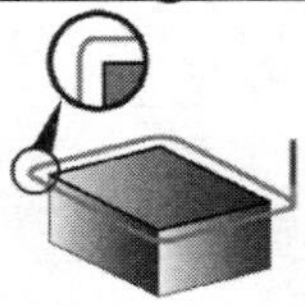	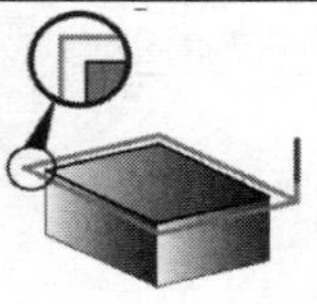	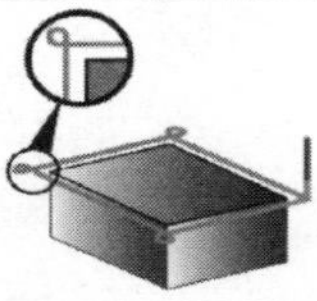

5. 参数设置（见表 4.2.5）

表4.2.5

操作步骤	图示讲解
（1）路径补偿点击选择【中心路径】	 路径补偿 ◉ 中心路径 ○ 补偿路径

路径补偿详解	
中心路径	补偿路径
软件中心路径	使用机床补偿

笔记

续表

操作步骤	图示讲解
（2）安全余量【XY毛坯余量】设置为0，【毛坯Z轴余量】设置为0.3	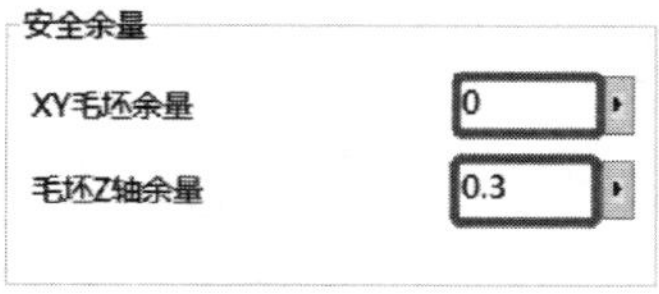 安全余量 XY毛坯余量　0 毛坯Z轴余量　0.3
（3）垂直进给模式点击选择为【固定步距】	 垂直进给模式 ◉ 固定步距 ○ 拟合步距

垂直进给模式详解	
固定步距	拟合步距
进给项下定义的垂直进给值将保留	进给项下定义的垂直步距值在自动调节时确保所有的Z轴距离相同

操作步骤	图示讲解
（4）进给【垂直步距】设置为5	 进给 垂直步距　5
（5）水平进给模式点击选择为【固定步距】	 水平进给模式 ◉ 固定步距 ○ 拟合步距
（6）侧向进给区域【整体进给】设置为0，【水平步距】设置为5	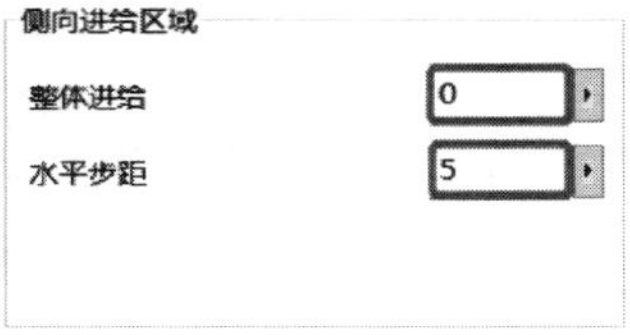 侧向进给区域 整体进给　0 水平步距　5

侧向进给区域详解	
水平步距	整体进给
XY平面内的步距，作为切刀的直径系数	对于按相同的毛坯余量的预加工轮廓，可通过平行于轮廓的多次水平步距处理将该余量去除

附加选项详解
优先螺旋

操作步骤	图示讲解
（7）退刀模式点击选择为【安全平面】，将【安全平面】设置为50，【轴向安全值】设置为5	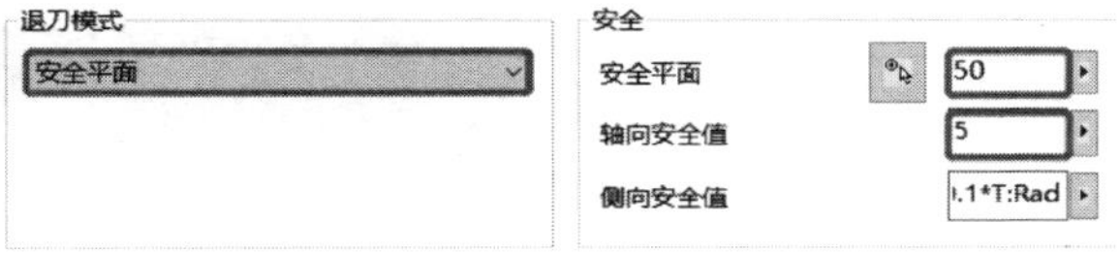 退刀模式 安全平面 安全 安全平面　50 轴向安全值　5 侧向安全值　0.1*T:Rad

笔记

6. 进退刀设置（见表 4.2.6）

表4.2.6

操作步骤	图示讲解
（1）进／退刀模式点击选择为【自动】	 进／退刀模式 ◉ 自动　　　　　　　○ 手动
（2）将【进／退长度】设置为4，【侧向距离】设置为1，【垂直距离】设置为0.2	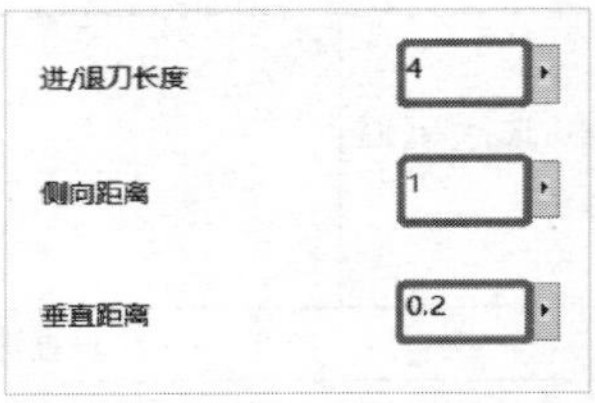 进/退刀长度　4 侧向距离　1 垂直距离　0.2

7. 生成程序（见表 4.2.7）

表4.2.7

程序计算步骤			
第一步	第二步	第三步	第四步
 ✔	3D 模型的轮廓加工	▣	是(Y)
点击程序界面"确认"按钮	选择需要计算的程序	点击计算程序按钮或按"C"键计算	确认计算

参考程序示例

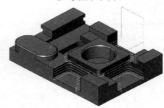

8. 模拟仿真（见表 4.2.8）

表4.2.8

程序仿真步骤		
第一步	第二步	第三步
3D 模型的轮廓加工	内部模拟	▶▶
选择需要仿真的程序	选择内部模拟或使用快捷键"T"	点击开始仿真

仿真效果［内部机床模拟（快捷键 Shift+T）］

笔记

二、基于3D模型的轮廓加工案例二

1. 新建基于 3D 模型的轮廓加工（见表 4.2.9）

表4.2.9

操作步骤	图示讲解
在工单空白处单击鼠标右键点击【新建】，选择【2D 铣削】，点击【基于 3D 模型的轮廓加工】	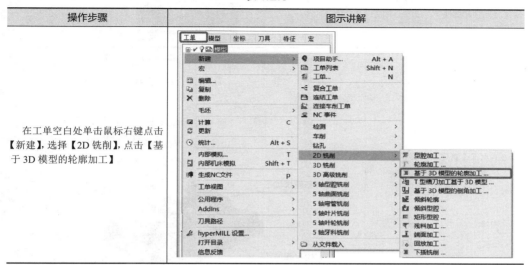

2. 选择 D10 铣刀（见表 4.2.10）

表4.2.10

操作步骤	图示讲解
在工单的刀具处选择之前创建的 D10 铣刀	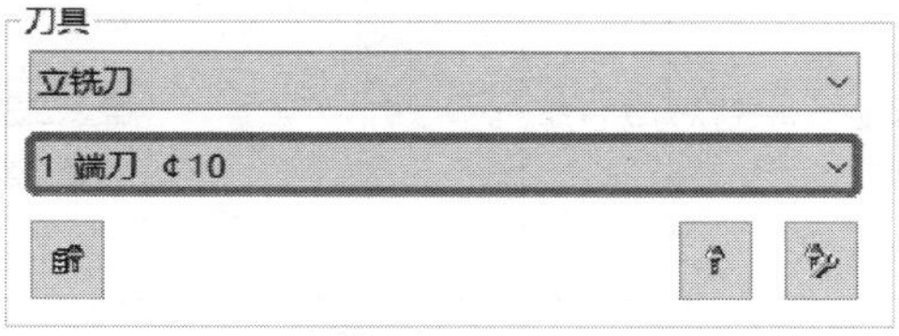 刀具 立铣刀 1 端刀 ⌀ 10

3. 建立边界轮廓（见表 4.2.11）

表4.2.11

操作步骤	图示讲解
（1）模式点击选择为【轮廓】	 模式　　　　　轮廓
（2）点击重新选择	 轮廓选择 轮廓
（3）点击选择	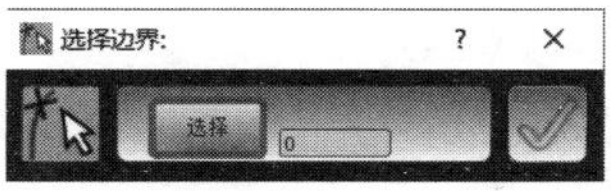 选择边界：　？　✕ 选择　0

笔记

操作步骤	图示讲解
（4）按【C】键进行链选择，依次选择四条轮廓线	
（5）点击【新建顶部】和【新建底部】，进行顶部和底部选择	 顶部　绝对(工单定向坐标)　-0 底部　绝对(工单定向坐标)　-30 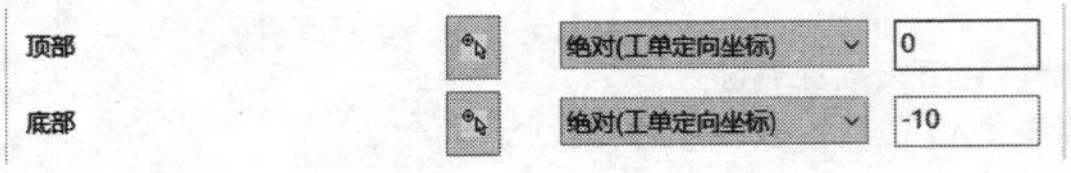 顶部　绝对(工单定向坐标)　0 底部　绝对(工单定向坐标)　-10 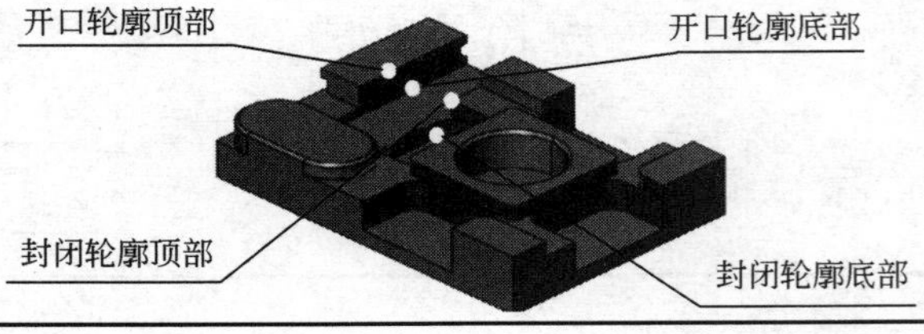 开口轮廓顶部　开口轮廓底部　封闭轮廓顶部　封闭轮廓底部

4. 策略设置（见表 4.2.12）

表4.2.12

操作步骤	图示讲解
（1）刀具位置点击选择为【自动顺铣】	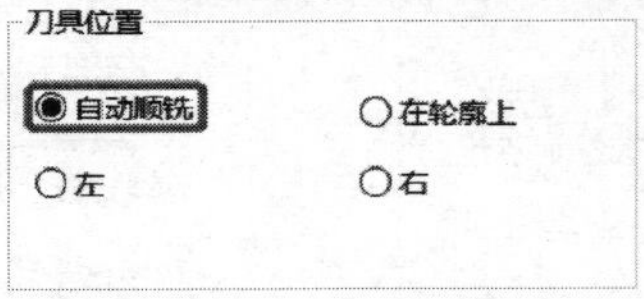 刀具位置 ◉自动顺铣　○在轮廓上 ○左　○右
（2）加工优先顺序点击选择为【深度】	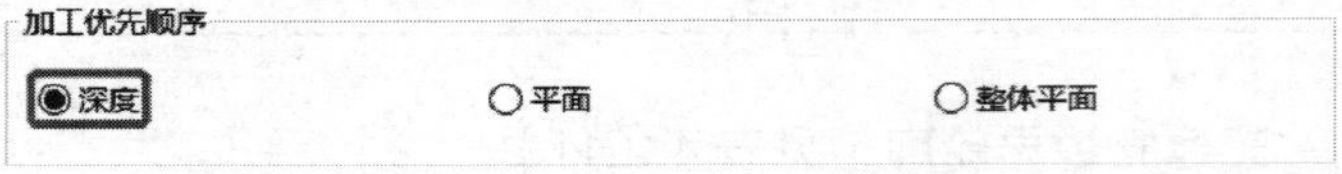 加工优先顺序 ◉深度　○平面　○整体平面
（3）边角方式点击选择为【滚转（标准）】	 边角方式 ◉滚转(标准)　○延伸　○环

5. 参数设置（见表 4.2.13）

表4.2.13

操作步骤	图示讲解
（1）路径补偿点击选择为【中心路径】	 路径补偿 ◉中心路径 ○补偿路径

笔记

续表

操作步骤	图示讲解
（2）安全余量【XY毛坯余量】设置为0，【毛坯Z轴余量】设置为0.3	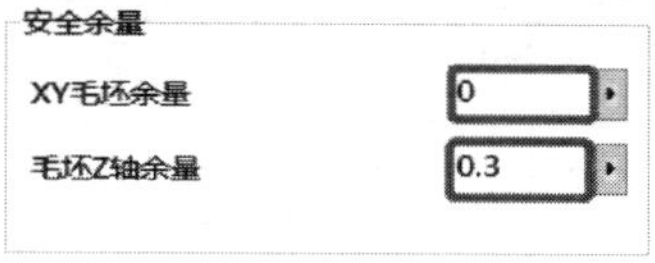 安全余量 XY毛坯余量　0 毛坯Z轴余量　0.3

6. 参数设置（见表4.2.14）

表4.2.14

操作步骤	图示讲解
（1）垂直进给模式点击选择为【固定步距】	 垂直进给模式 ◉ 固定步距 ○ 拟合步距
（2）进给【垂直步距】设置为5	 进给 垂直步距　5
（3）水平进给模式点击选择为【固定步距】	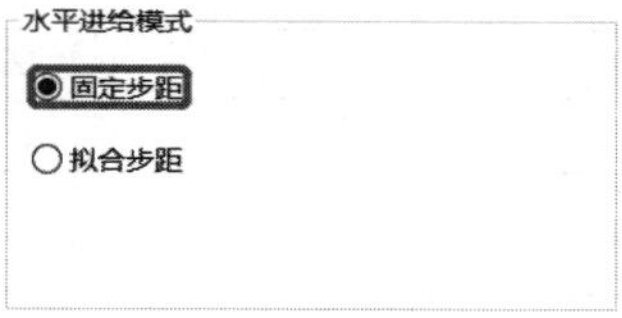 水平进给模式 ◉ 固定步距 ○ 拟合步距
（4）侧向进给区域【整体进给】设置为0，【水平步距】设置为5	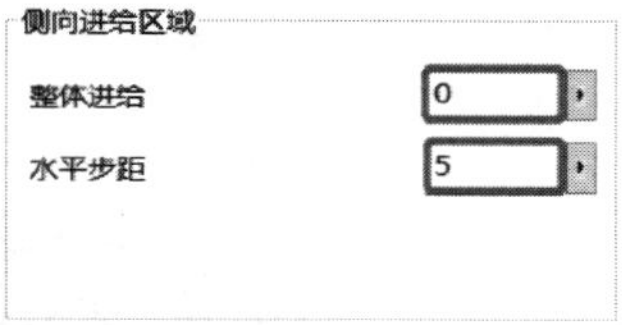 侧向进给区域 整体进给　0 水平步距　5
（5）退刀模式点击选择为【安全平面】，将【安全平面】设置为50，【轴向安全值】设置为5	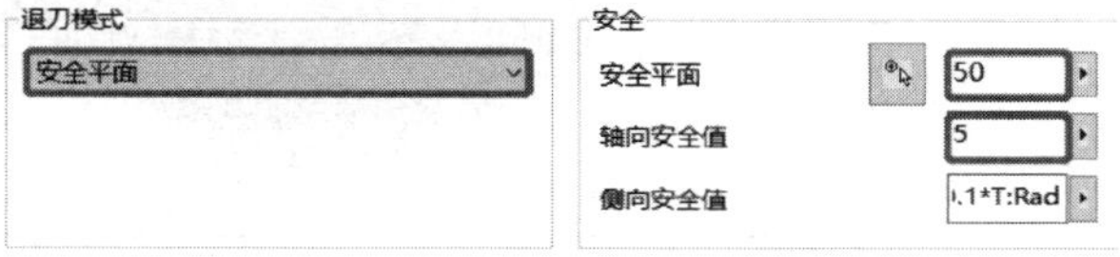 退刀模式　安全平面 安全 安全平面　50 轴向安全值　5 侧向安全值　.1*T:Rad

7. 进退刀设置（见表4.2.15）

表4.2.15

操作步骤	图示讲解
（1）进/退刀模式点击选择为【自动】	 进/退刀模式 ◉ 自动　　○ 手动
（2）【进/退长度】为4，【侧向距离】为1，【垂直距离】为0.2	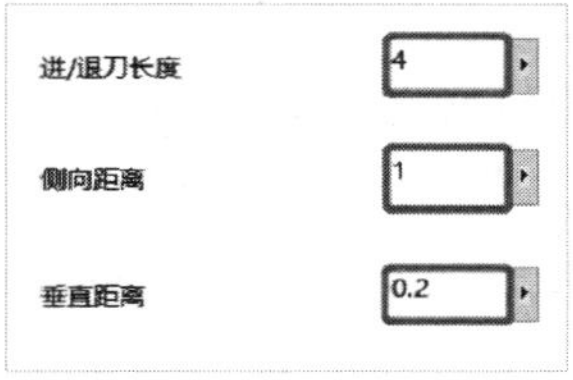 进/退刀长度　4 侧向距离　1 垂直距离　0.2

笔记

8. 生成程序（见表 4.2.16）

表4.2.16

程序计算步骤			
第一步	第二步	第三步	第四步
✔	3D 模型的轮廓加工	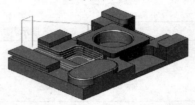	是(Y)
点击程序界面"确认"按钮	选择需要计算的程序	点击计算程序按钮或按"C"键计算	确认计算

参考程序示例

9. 模拟仿真（见表 4.2.17）

表4.2.17

程序仿真步骤		
第一步	第二步	第三步
3D 模型的轮廓加工	内部模拟	▶▶
选择需要仿真的程序	选择内部模拟或使用快捷键"T"	点击开始仿真

仿真效果 [内部机床模（快捷键 Shift+T）]

【专家点拨】

① 在使用 hyperMILL 基于 3D 模型的轮廓加工指令时，可以同时选择、定义多个轮廓，压缩程序设置工作量。

② 在使用 hyperMILL 基于 3D 模型的轮廓加工指令时，可以将退刀模式选为安全距离，同时设置一个合理的轴向安全值（不需要很大）搭配退刀模式使用，能提高加工效率。

③ 在编制封闭轮廓曲线时，可以选用重叠指令，以最高程度地消除轮廓切削痕迹，根据不同轮廓，选用不同退刀方式，以寻求最好的表面质量。

④ 在编制任何一个零件的加工程序前，必须要仔细分析零件图样和零件模型，并编制合理工艺。

笔记

【课后训练】

① 根据图 4.2.2 所示零件，制订合理的工艺路线，设置必要的加工参数，使用基于 3D 的轮廓加工指令生成深色区域的刀具轨迹路径。

② 使用 hyperMILL 软件内部机床验证程序的正确性。

图4.2.2

任务三 基于3D模型的倒角加工

【教学目标】

能力目标

能够根据加工要点，判定选择在曲线上侧或下侧倒角。

能够理解模型倒角的含义。

能够分析去毛刺倒角和模型倒角的区别。

能够根据刀具的大小来计算倒角深度。

知识目标

掌握 hyperMILL 基于 3D 模型的倒角加工中各参数的设置。

掌握 hyperMILL 基于 3D 模型的倒角加工策略中模型倒角和去毛刺倒角的应用范围。

掌握使用 hyperMILL 基于 3D 模型的倒角加工的技巧。

素质目标

培养学员熟练掌握基于 3D 模型的倒角加工指令并能够应用于实际加工。

通过任务式学习，提升学生的自学能力。

激发学生的学习兴趣，培养团队合作和创新精神。

【任务导读】

基于 3D 模型的倒角加工指令可安全快速地加工倒角。可以区别模型倒角和去毛刺／锐边倒角加工策略。模型倒角：倒角长度由模型几何体定义。去毛刺／锐边倒角：倒角高度在"参数"选项卡中定义。

【任务描述】

使用基于3D模型的倒角加工编制图4.3.1零件中 C2 倒角并完成剩下的轮廓去除毛刺程序。

笔记

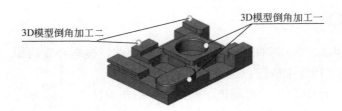

图4.3.1

【任务实施】

一、基于3D模型的倒角加工案例一

1. 新建基于3D模型的倒角加工（见表4.3.1）

表4.3.1

操作步骤	图示讲解
在工单空白处单击鼠标右键点击【新建】，选择【2D铣削】，点击【基于3D模型的倒角加工】	

2. 新建φ6倒角刀（见表4.3.2）

表4.3.2

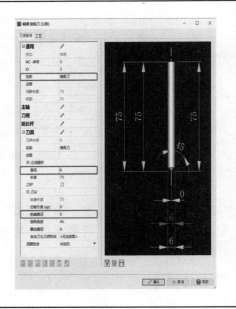

笔记

3. 定义轮廓选项设置（见表 4.3.3）

表4.3.3

操作步骤	图示讲解
（1）点击重新选择	 轮廓选择 轮廓
（2）点击选择	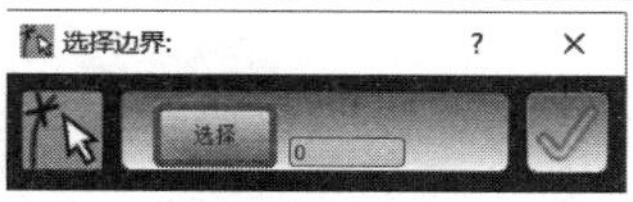 选择边界： ? × 选择 0
（3）按【C】键进行链选择	 链 ? × 模式 在交叉处停止 最小角度 相切 最短路径 □用户驱动 选项 角度公差 □线性公差 0.5° 0.001 物体总数 0
（4）选择倒角轮廓	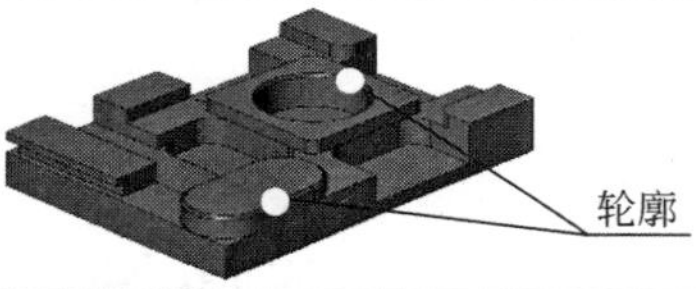 轮廓

4. 策略设置（见表 4.3.4）

表4.3.4

操作步骤	图示讲解
（1）倒角模式点击选择为【模型倒角】	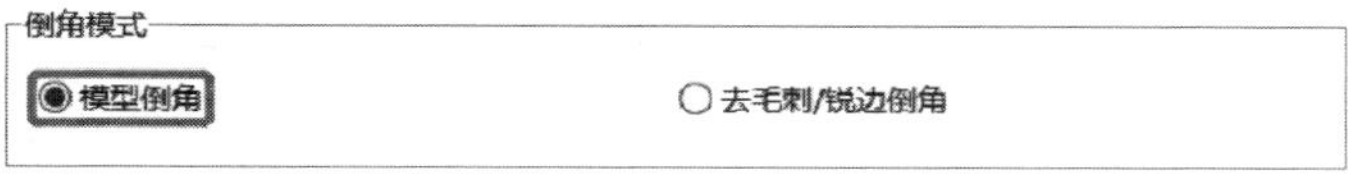 倒角模式 ◉模型倒角 ○去毛刺/锐边倒角
倒角模式详解	

模型倒角	去毛刺 / 锐边倒钝

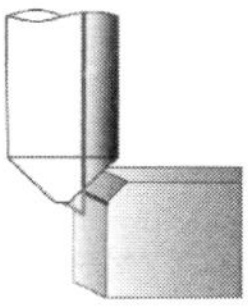

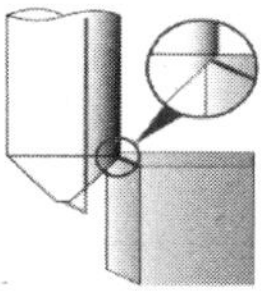

操作步骤	图示讲解
（2）刀具位置点击选择为【自动顺铣】	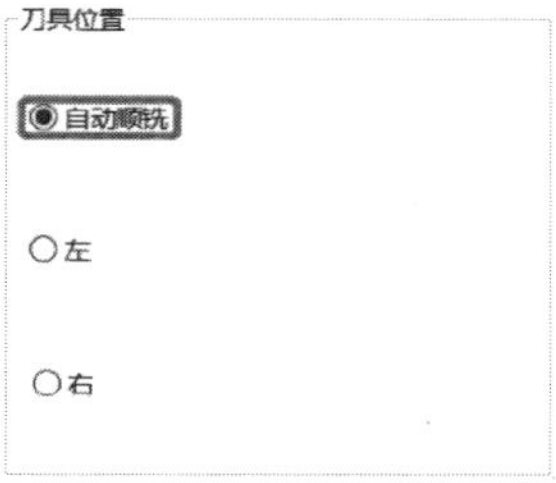 刀具位置 ◉自动顺铣 ○左 ○右

笔记

5. 参数设置（见表 4.3.5）

表4.3.5

操作步骤	图示讲解
（1）路径补偿点击选择为【中心路径】	 路径补偿 ●中心路径 ○补偿路径

路径补偿详解	
中心路径	补偿路径
软件中心路径	使用机床补偿

操作步骤	图示讲解
（2）安全余量【XY 毛坯余量】和【毛坯 Z 轴余量】均设为 0	 安全余量 XY毛坯余量　0 毛坯Z轴余量　0
（3）切削直径【额定直径】设置为 1	 切削直径 额定直径　1
（4）进给模式点击选择为【单一路径】模式	 进给模式 ●单一路径　　○垂直步距　　○横向增量

进给模式详解		
单一路径	垂直布局	横向增量
当选择此功能时刀具路径数量不可调节	当选择此功能时可调节刀具路径 Z 轴方向的数量	当选择此功能时可调节刀具路径 XY 方向的数量

操作步骤	图示讲解
（5）退刀模式点击选择为【安全平面】，将【安全平面】设置为 50，【轴向安全值】设置为 5	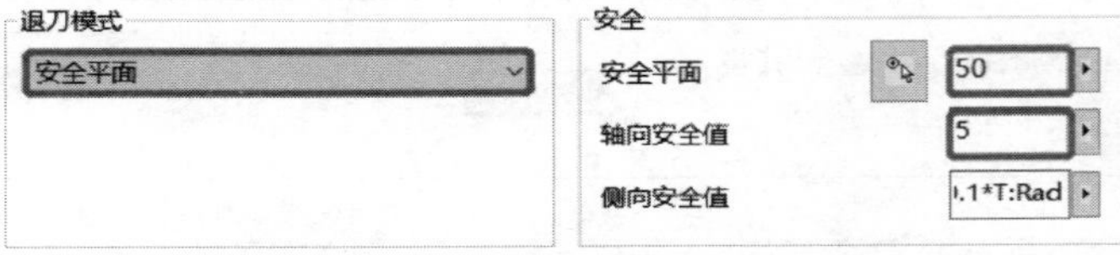 退刀模式　安全平面 安全　安全平面　50　轴向安全值　5　侧向安全值　0.1*T:Rad

6. 进退刀设置（见表 4.3.6）

表4.3.6

操作步骤	图示讲解
进刀点击选择为【四分之一圆】，将【圆角】设置为 3	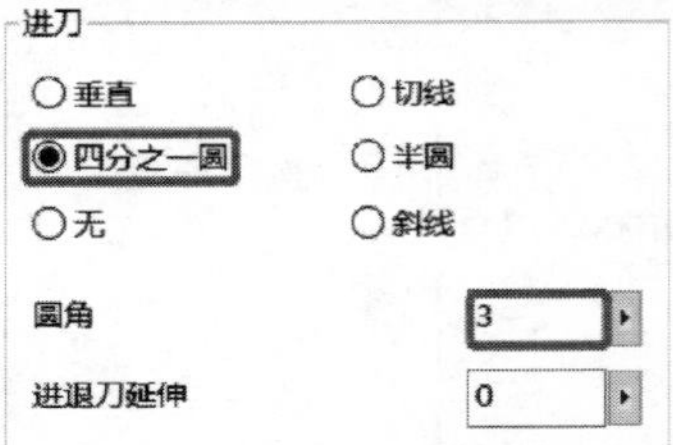 进刀 ○垂直　　○切线 ●四分之一圆　○半圆 ○无　　○斜线 圆角　3 进退刀延伸　0

笔记

续表

操作步骤	图示讲解
进退刀详解	
垂直进退刀	切线进退刀
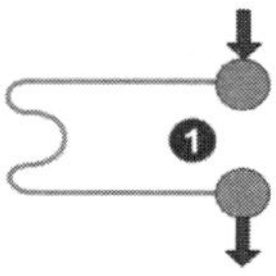 ❶	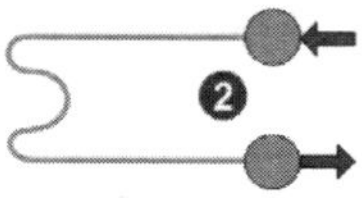 ❷
四分之一圆进退刀	半圆进退刀
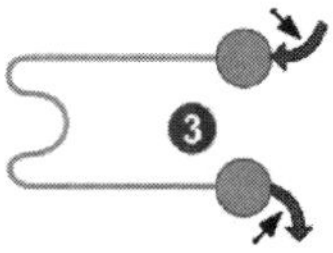 ❸	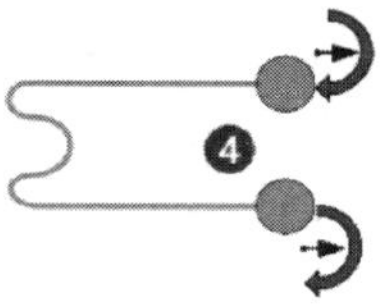 ❹

7. 生成程序（见表4.3.7）

表4.3.7

程序计算步骤			
第一步	第二步	第三步	第四步
 ✔	3D 模型的倒角加工	 🖩	是(Y)
点击程序界面"确认"按钮	选择需要计算的程序	点击计算程序按钮或按"C"键计算	确认计算

参考程序示例

8. 模拟仿真（见表4.3.8）

表4.3.8

程序仿真步骤		
第一步	第二步	第三步
3D 模型的倒角加工	内部模拟	 ⏩
选择需要仿真的程序	选择内部模拟或使用快捷键"T"	点击开始仿真

仿真效果 [内部机床模拟（快捷键 Shift+T）]

笔记

二、基于3D模型的倒角加工案例二

1. 新建基于 3D 模型的倒角加工（见表 4.3.9）

表 4.3.9

操作步骤	图示讲解
在工单列表空白处单击鼠标右键，选择新建【2D 铣削】下【基于 3D 模型的倒角加工】	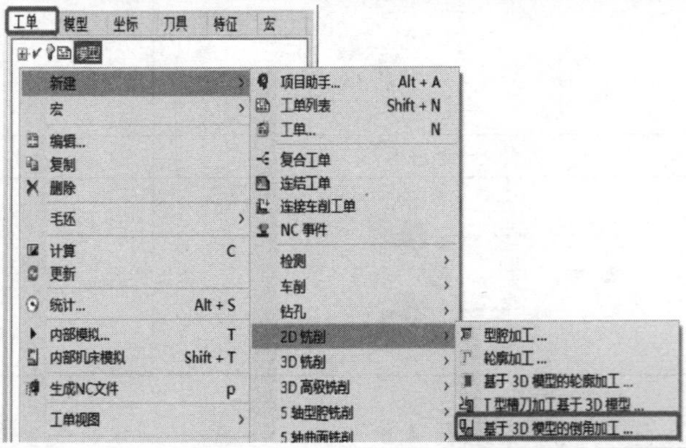

2. 选择 φ6 倒角刀（见表 4.3.10）

表 4.3.10

操作步骤	图示讲解
在工单的刀具处选择之前创建的 φ6 倒角刀	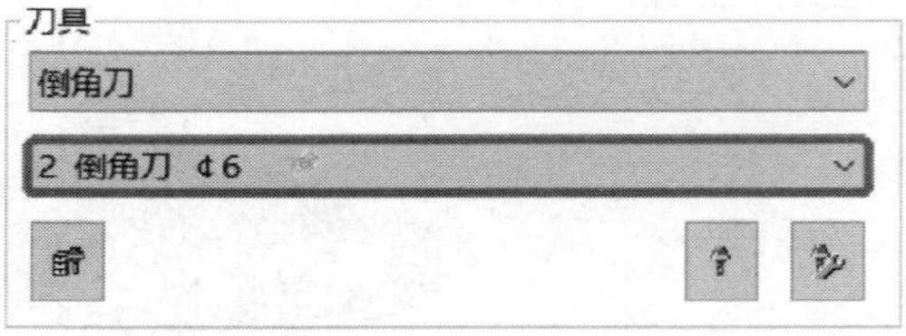

3. 定义轮廓选项（见表 4.3.11）

表 4.3.11

操作步骤	图示讲解
（1）点击重新选择	
（2）点击选择	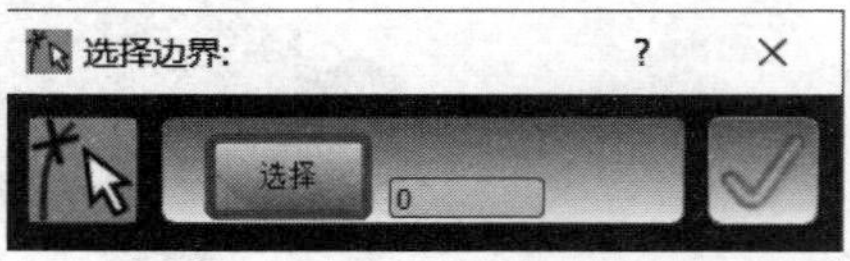

笔记

续表

操作步骤	图示讲解
（3）按【C】键进行链选择	
（4）选择倒角轮廓	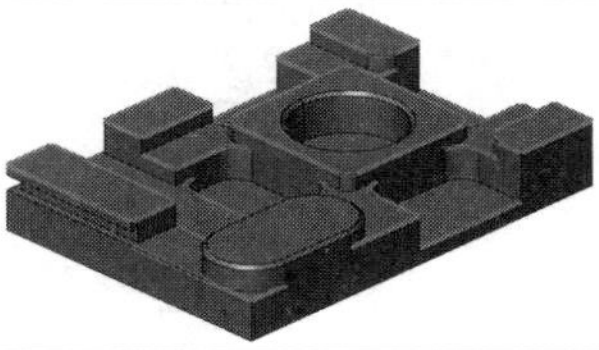

4. 策略设置（见表 4.3.12）

表4.3.12

操作步骤	图示讲解
（1）倒角模式点击选择为【去毛刺/锐边倒角】	 倒角模式 ○模型倒角 ◉去毛刺/锐边倒角
（2）刀具位置点击选择为【自动顺铣】	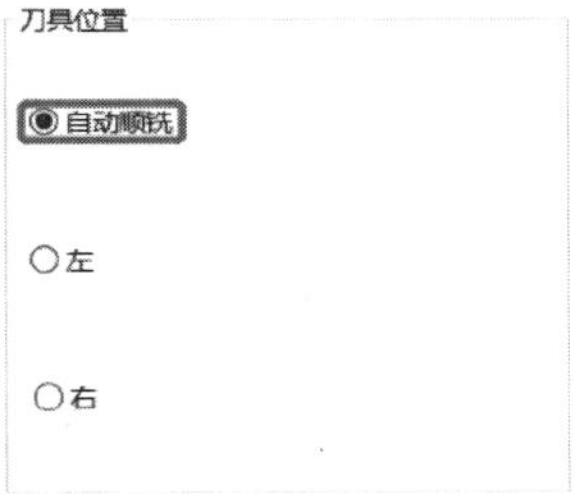 刀具位置 ◉自动顺铣 ○左 ○右

5. 参数设置（见表 4.3.13）

表4.3.13

操作步骤	图示讲解
（1）路径补偿点击选择为【中心路径】	 路径补偿 ◉中心路径 ○补偿路径
（2）安全余量【XY 毛坯余量】和【毛坯 Z 轴余量】均设为 0	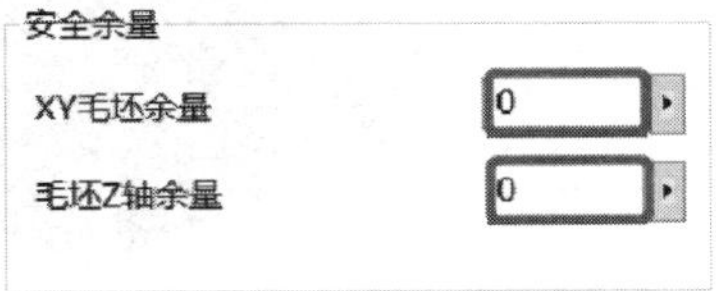 安全余量 XY毛坯余量 0 ▸ 毛坯Z轴余量 0 ▸

笔记

续表

操作步骤	图示讲解
（3）切削直径【额定直径】设置为4	 切削直径 额定直径　4
（4）倒角尺寸【倒角高度】设置为0.2	 倒角尺寸 倒角高度　0.2
（5）进给模式点击选择为【单一路径】	 进给模式 ◉单一路径　　○垂直步距　　○横向增量
（6）退刀模式点击选择为【安全平面】，将【安全平面】设置为50，【轴向安全值】设置为5	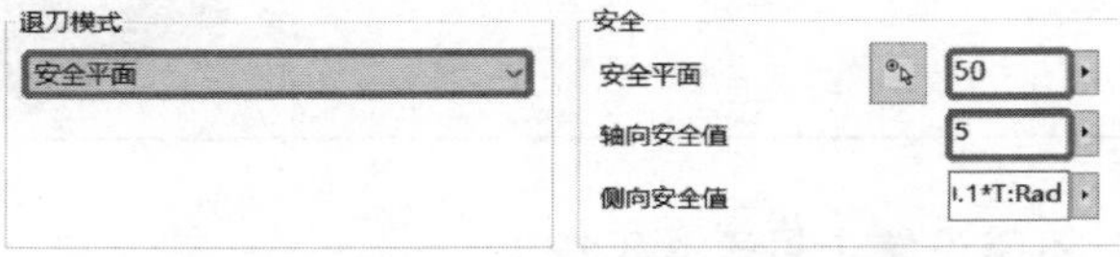 退刀模式 安全平面 安全 安全平面　50 轴向安全值　5 侧向安全值　0.1*T:Rad

6. 进退刀设置（见表4.3.14）

表4.3.14

操作步骤	图示讲解
进/退刀模式点击设置为【自动】	 进/退刀模式 ◉自动　　○手动

7. 生成程序（见表4.3.15）

表4.3.15

程序计算步骤			
第一步	第二步	第三步	第四步
✔	3D 模型的倒角加工	▣	是(Y)
点击程序界面"确认"按钮	选择需要计算的程序	点击计算程序按钮或按"C"键计算	确认计算

参考程序示例

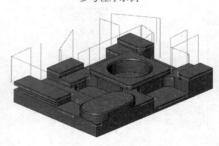

笔记

8. 模拟仿真（见表 4.3.16）

表4.3.16

程序仿真步骤		
第一步	第二步	第三步
3D 模型的倒角加工	**内部模拟**	▶▶
选择需要仿真的程序	选择内部模拟或使用快捷键"T"	点击开始仿真

仿真效果 [内部机床模拟（快捷键 Shift+T）]

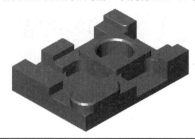

【专家点拨】

① 使用 hyperMILL 软件基于 3D 模型的倒角加工时，不论是"模型倒角"策略还是"去毛刺 / 锐边倒角"策略，只要涉及倒角的策略都建议将刀路往下（Z 轴方向）延一点，目的是将倒角 / 毛刺倒得完整。

② 使用 hyperMILL 软件基于 3D 模型的倒角加工时，通常去毛刺可以采用直接下刀的方式下刀，较大的倒角（例如 C1、C2 等）建议大家给一个进退刀，倒角太大若直接下刀会对刀具产生很大的损害。

③ 使用 hyperMILL 软件基于 3D 模型的倒角加工时，若出于对刀具保护可以转换成"垂直步距"或横向增量。

【课后训练】

① 根据图 4.3.2 所示零件，制订合理的工艺路线，设置必要的加工参数，使用基于 3D 模型倒角加工指令生成深色倒角区域的刀具轨迹路径。

② 使用 hyperMILL 软件内部机床验证程序的正确性。

图4.3.2

笔记

项目五

3D铣削的精加工

【教学目标】

能力目标

能够在正确的位置创建工件坐标系。

能够根据加工区域的特点，选择合理的加工刀具。

能够创建正确的加工边界，设置合适的加工步距。

知识目标

掌握 hyperMILL 软件 3D 等高精加工策略。

掌握加工路线之间的连接方式。

掌握垂直步距和残料高度的区别。

素质目标

任务驱动，培养学生阅读能力、自学能力。

激发学生的学习兴趣，培养团队合作和创新精神。

培养学生熟练掌握 3D 等高精加工指令并能够应用于实际加工。

【任务导读】

3D 等高精加工常用于带有斜度、曲面类零件的陡峭侧面精加工，是基于斜率分析功能的情况下采用 Z 轴恒定的一种加工方式，能较好地处理曲面与曲面之间的刀路过渡，要求学生熟练掌握。

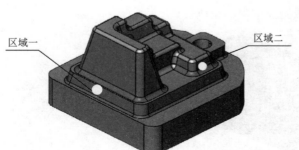

图5.1.1

【任务描述】

使用 3D 等高精加工指令编制图 5.1.1 零件中区域一与区域二加工程序，需要正确定义指令参数，编制程序后进行内部仿真，验证程序正确性。

【任务实施】

一、3D等高精加工案例一

1. 新建工单列表（见表5.1.1）

表5.1.1

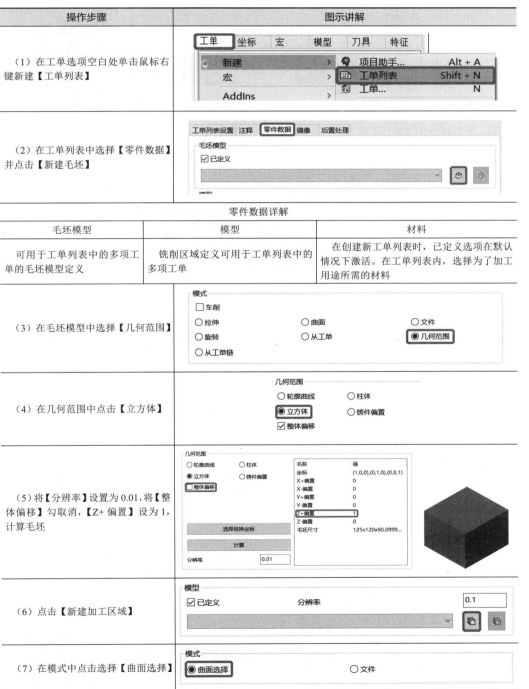

操作步骤	图示讲解
（1）在工单选项空白处单击鼠标右键新建【工单列表】	工单　坐标　宏　模型　刀具　特征 新建 >　　项目助手...　Alt + A 宏 >　　工单列表　Shift + N AddIns >　　工单...　N
（2）在工单列表中选择【零件数据】并点击【新建毛坯】	工单列表设置　注释　零件数据　镜像　后置处理 毛坯模型 ☑已定义

零件数据详解

毛坯模型	模型	材料
可用于工单列表中的多项工单的毛坯模型定义	铣削区域定义可用于工单列表中的多项工单	在创建新工单列表时，已定义选项在默认情况下激活。在工单列表内，选择为了加工用途所需的材料

操作步骤	图示讲解
（3）在毛坯模型中选择【几何范围】	模式 □车削 ○拉伸　○曲面　○文件 ○旋转　○从工单　◉几何范围 ○从工单链
（4）在几何范围中点击【立方体】	几何范围 ○轮廓曲线　○柱体 ◉立方体　○铸件偏置 ☑整体偏移
（5）将【分辨率】设置为0.01，将【整体偏移】勾取消，【Z+偏置】设为1，计算毛坯	几何范围 ○轮廓曲线 ○柱体 ◉立方体 ○铸件偏置 ☑整体偏移 名称：坐标 值：(1,0,0),(0,1,0),(0,0,1)　X+偏置 0　X-偏置 0　Y+偏置 0　Y-偏置 0　Z+偏置 1　Z-偏置 0　毛坯尺寸 125x120x90.0999 选择转换坐标　计算　分辨率 0.01
（6）点击【新建加工区域】	模型 ☑已定义　分辨率 0.1
（7）在模式中点击选择【曲面选择】	模式 ◉曲面选择　○文件

笔记

续表

操作步骤	图示讲解
（8）在曲面中点击选择【重新选择】	
（9）按下快捷键【A】选择全部面，点击【确定】完成选择，再次点击【确定】完成加工区域选择	
（10）在【零件数据】对话框界面取消材料【已定义】选项	
（11）快捷键【Shift+B】按图拾取边界创建四条直线	
（12）点击【延长/缩短曲线】选择上面创建的直线进行延长直至相交	
（13）点击选择【自动裁剪】将多余直线裁剪掉	

续表

操作步骤	图示讲解
（14）点击选择【有界平面】拾取裁剪好的直线创建平面	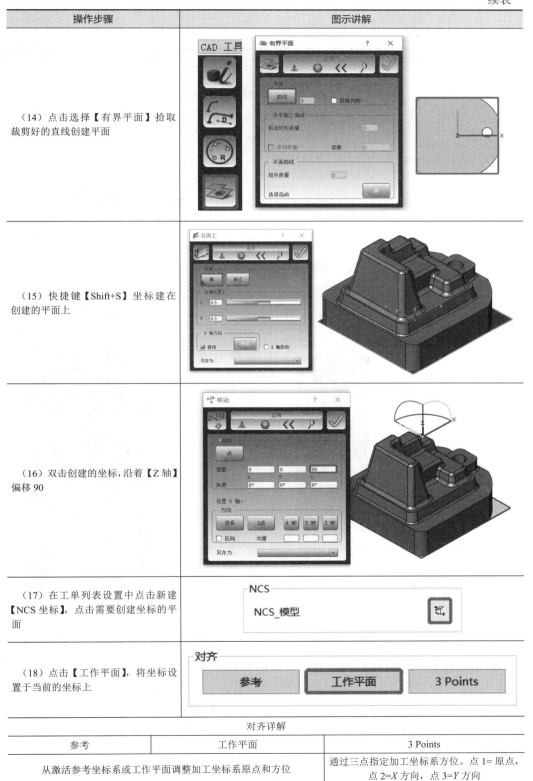
（15）快捷键【Shift+S】坐标建在创建的平面上	
（16）双击创建的坐标，沿着【Z轴】偏移90	
（17）在工单列表设置中点击新建【NCS坐标】，点击需要创建坐标的平面	NCS NCS_模型
（18）点击【工作平面】，将坐标设置于当前的坐标上	对齐 参考 　工作平面　 3 Points

对齐详解		
参考	工作平面	3 Points
从激活参考坐标系或工作平面调整加工坐标系原点和方位		通过三点指定加工坐标系方位。点1=原点，点2=X方向，点3=Y方向

笔记

2. 新建等高精加工（见表 5.1.2）

表5.1.2

操作步骤	图示讲解
在工单空白处单击鼠标右键点击【新建】，选择【3D 铣削】，点击【3D 等高精加工】	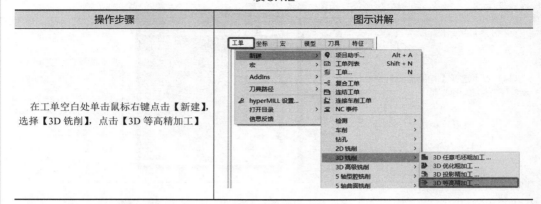

3. 新建 D12R1 圆鼻铣刀（见表 5.1.3）

表5.1.3

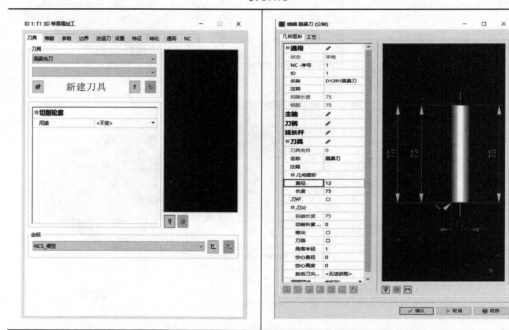

4. 策略设置（见表 5.1.4）

表5.1.4

操作步骤	图示案例
链接策略详解	
在各层之间以斜线形、修圆角式垂直步距方式逐层加工	

笔记

续表

操作步骤	图示案例
（1）加工优先顺序点击选择为【优先螺旋】	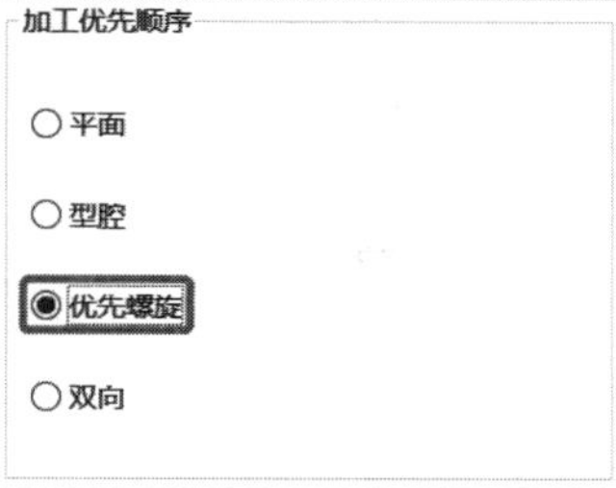 加工优先顺序 ○ 平面 ○ 型腔 ◉ 优先螺旋 ○ 双向

操作步骤	图示案例
（2）本次加工不选择【链接策略】	 链接策略 □ 斜线连接

指令详解

平面	型腔	优先螺旋	双向
加工区域逐层进行	按顺序加工轮廓型腔或岛屿	通过螺旋环绕式加工	加工层间交替方向
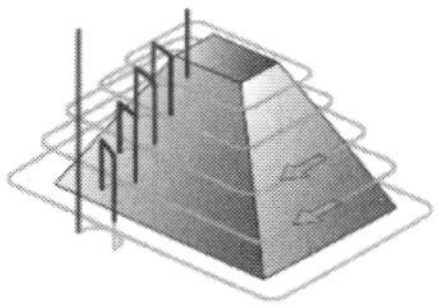	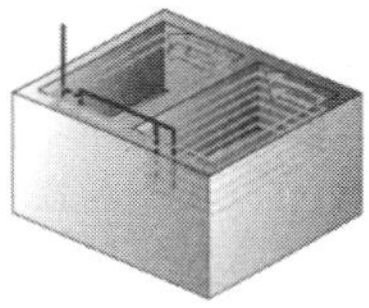	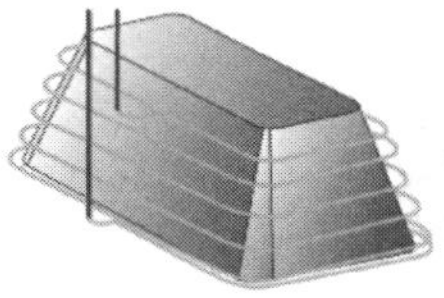	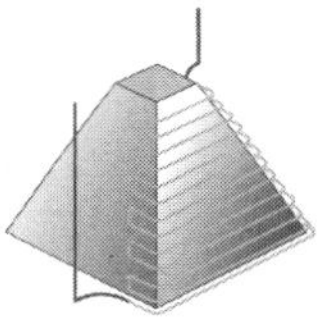

操作步骤	图示案例
（3）点击选择切削模式为【顺铣】	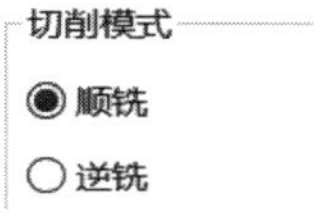 切削模式 ◉ 顺铣 ○ 逆铣

切削模式解释

顺铣	逆铣
主轴正转，外轮廓顺时针切削，内轮廓逆时针切削	主轴正转，外轮廓逆时针切削，内轮廓顺时针切削

（4）本次加工不点击选择【由下向上铣削】	 □ 由下向上铣削

指令解释

由上向下铣削（默认）	由下向上铣削

5. 参数设置（见表5.1.5）

表5.1.5

操作步骤	图示讲解
（1）点击顶部和底部的【重新选择】	 加工区域 顶部　-48 底部　-60

笔记

操作步骤	图示讲解
（2）分别选择【轮廓顶部】和【轮廓底部】	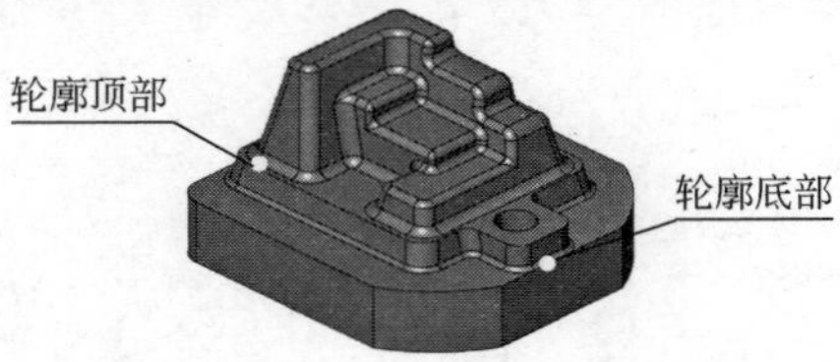 轮廓顶部　　　　轮廓底部
（3）设置【安全余量】中的【余量】、【附加XY余量】均为0	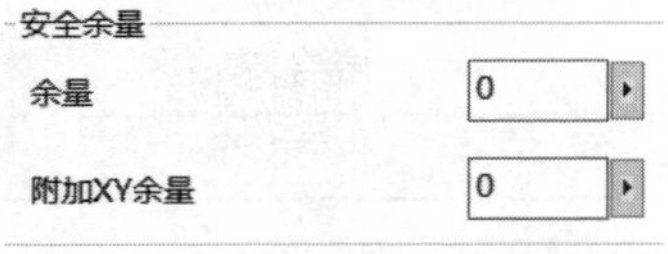 安全余量 余量　0　▶ 附加XY余量　0　▶

指令解释	
余量	额外余量 XY
工件表面法线方向上的剩余材料	额外的水平毛坯余量

操作步骤	图示讲解
（4）垂直进给模式点击选择为【常量垂直步距】，设置垂直步距为0.3	 垂直进给模式 ●常量垂直步距　　垂直步距　0.3　▶ ○残留高度

指令解释	
常量垂直步距	残留高度
加工时以固定的进给深度走刀 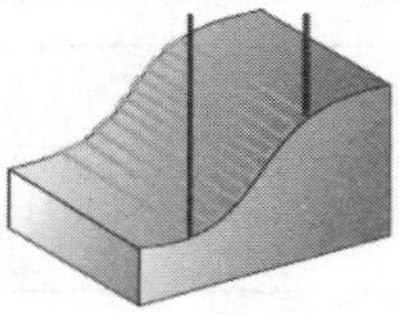	加工时不超过预先定义的残留高度 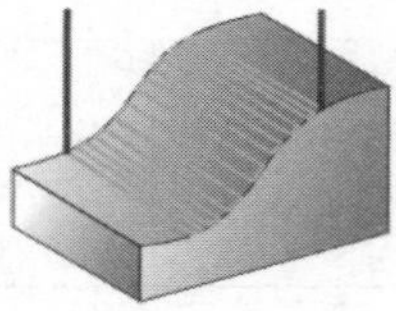

操作步骤	图示讲解
（5）检测平面层点击选择为【自动】	 检测平面层 ○关闭　　　●自动

指令解释	
关闭	自动
使用已定义的垂直步距处理每个加工层	如果所定义的垂直步距大于工件两个曲面之间的距离，系统将自动插入中间层，同时赋予整个工件的平面曲面一个较小的垂直步距

操作步骤	图示讲解
（6）退刀模式点击选择为【安全距离】，【安全平面】设为50、【轴向安全值】设为5	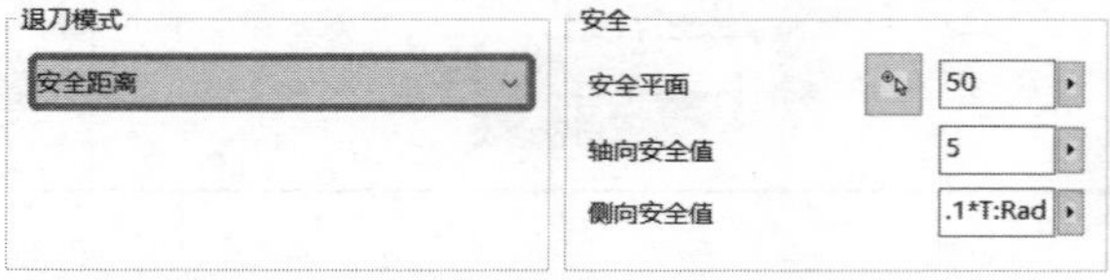 退刀模式　　　　　　安全 安全距离　　　　　▼　安全平面　🔲 50　▶ 　　　　　　　　　　轴向安全值　5　▶ 　　　　　　　　　　侧向安全值　.1*T:Rad ▶

指令解释	
安全平面	轴向安全间隙/侧向安全间隙：从加工部件曲面起轴向①或侧向②方向上的最小距离
前往下一个切削区域所要回到的平面	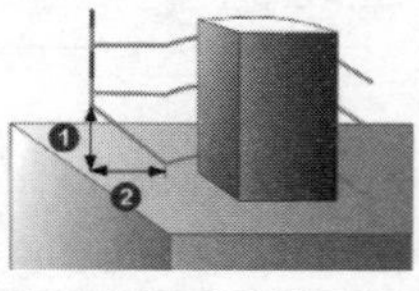

笔记

6. 边界设置（见表 5.1.6）

表5.1.6

操作步骤	图示讲解
（1）策略点击选择为【边界曲线】	 策略 ⦿边界曲线　　　○加工面
指令解释	
边界曲线	加工曲面
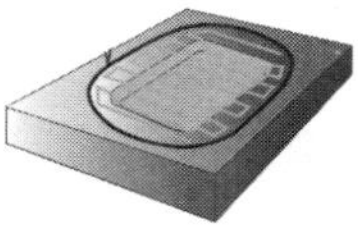	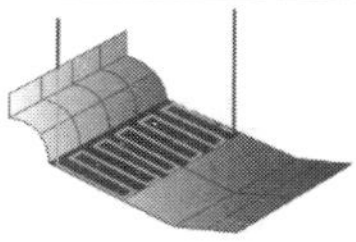
（2）点击【边界】中的【重新选择】	边界
（3）按图拾取【边界曲线】	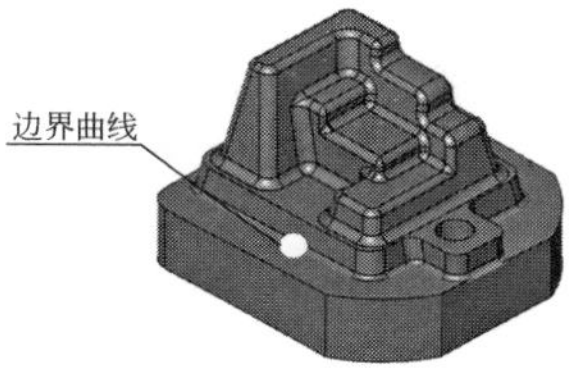 　边界曲线
（4）【偏置】设为4	 边界　已选：1 ☑　偏置 4
（5）点击停止曲面中的【重新选择】	 停止曲面　偏置 0　已选：0
（6）按图拾取【停止曲面】	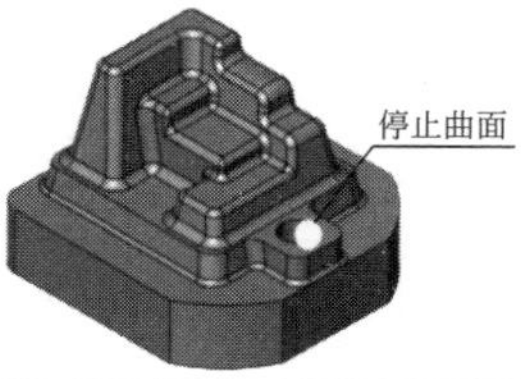 　停止曲面
停止曲面详解	
加工路径不触碰停止曲面	
（7）进/退刀模式点击选择为【手动】	 进/退刀模式 ○自动　⦿手动
（8）进刀和退刀点击选择均为【垂直】，【长度】均为1	 进刀 ⦿垂直 ○切线 ○圆 ○斜线 长度 1　退刀 ⦿垂直 ○切线 ○圆 长度 1

笔记

续表

操作步骤	图示讲解
	进退刀（手动）指令详解
①垂直进退刀	②切线进退刀
③圆进退刀	④半圆进退刀

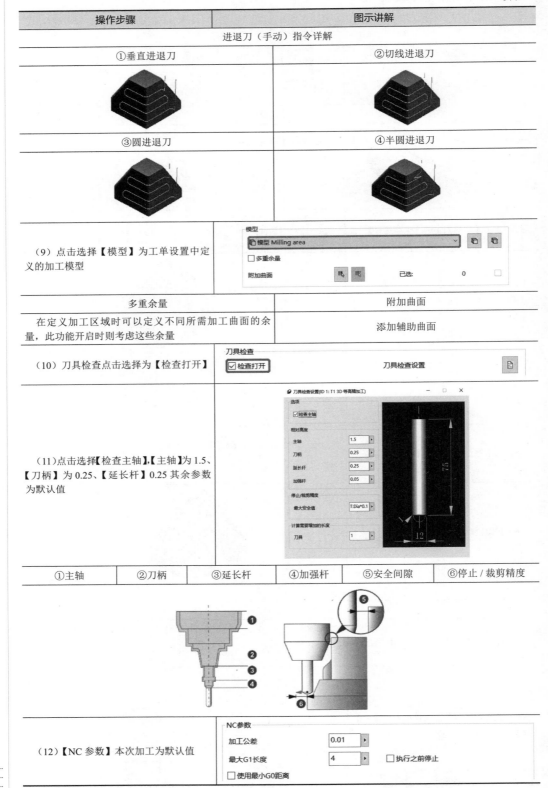

（9）点击选择【模型】为工单设置中定义的加工模型

模型
模型 Milling area
□多重余量
附加曲面　　　　　　　　已选：　0

多重余量	附加曲面
在定义加工区域时可以定义不同所需加工曲面的余量，此功能开启时则考虑这些余量	添加辅助曲面

（10）刀具检查点击选择为【检查打开】

刀具检查
☑检查打开　　　　　　刀具检查设置

（11）点击选择【检查主轴】，【主轴】为1.5、【刀柄】为0.25、【延长杆】0.25 其余参数为默认值

刀具检查设置(ID 1: T1 3D 等高精加工)
选项　☑检查主轴
相对高度　主轴 1.5　刀柄 0.25　延长杆 0.25　加强杆 0.05
停止/裁剪精度　最大安全值 T:Dia*0.1
计算需要增加的长度　刀具 1

①主轴	②刀柄	③延长杆	④加强杆	⑤安全间隙	⑥停止/裁剪精度

（12）【NC 参数】本次加工为默认值

NC参数
加工公差 0.01
最大G1长度 4　□执行之前停止
□使用最小G0距离

笔记

7. 生成程序（见表 5.1.7）

表5.1.7

程序计算步骤			
第一步	第二步	第三步	第四步
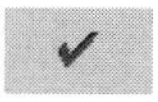 ✔	**T1 3D 等高精加工**	 🖼	是(Y)
点击程序界面"确认"按钮	选择需要计算的程序	点击计算程序按钮或按"C"键计算	确认计算

参考程序示例

8. 模拟仿真（见表 5.1.8）

表5.1.8

程序仿真步骤		
第一步	第二步	第三步
T1 3D 等高精加工	**内部模拟**	 ▶▶
选择需要仿真的程序	选择内部模拟或使用快捷键"T"	点击开始仿真

仿真效果 [内部机床模拟（快捷键 Shift+T）]

二、3D 等高精加工案例二

1. 新建 3D 等高精加工（见表 5.1.9）

表5.1.9

操作步骤	图示讲解
在工单列表空白处单击鼠标右键，选择【新建】，点击【3D 铣削】，选择【3D 等高精加工】	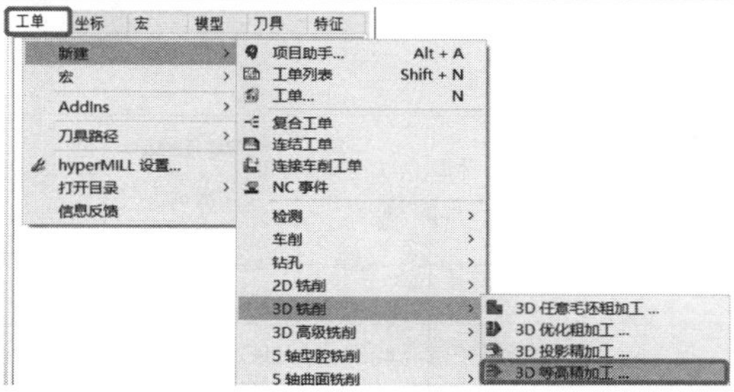 工单 坐标 宏 模型 刀具 特征 新建 ▶ 项目助手... Alt + A 宏 ▶ 工单列表 Shift + N 工单... N AddIns ▶ 复合工单 刀具路径 ▶ 连结工单 hyperMILL 设置... 连接车削工单 打开目录 NC 事件 信息反馈 检测 ▶ 车削 ▶ 钻孔 ▶ 2D 铣削 ▶ 3D 铣削 ▶ 3D 任意毛坯粗加工 ... 3D 高级铣削 ▶ 3D 优化粗加工 ... 5 轴型腔铣削 ▶ 3D 投影精加工 ... 5 轴曲面铣削 ▶ 3D 等高精加工 ...

笔记

2. 选择 D12 圆鼻铣刀（见表 5.1.10）

表5.1.10

操作步骤	图示讲解
在工单的刀具处选择之前创建的 D12 圆鼻铣刀	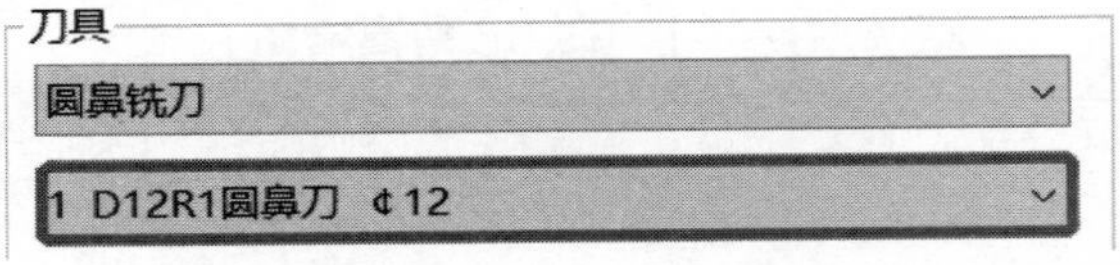 **刀具** 圆鼻铣刀　　　　　　　　　　　　　∨ 1 D12R1圆鼻刀　∅ 12　　　　　　　∨

3. 策略设置（见表 5.1.11）

表5.1.11

操作步骤	图示讲解
（1）加工优先顺序点击选择为【双向】	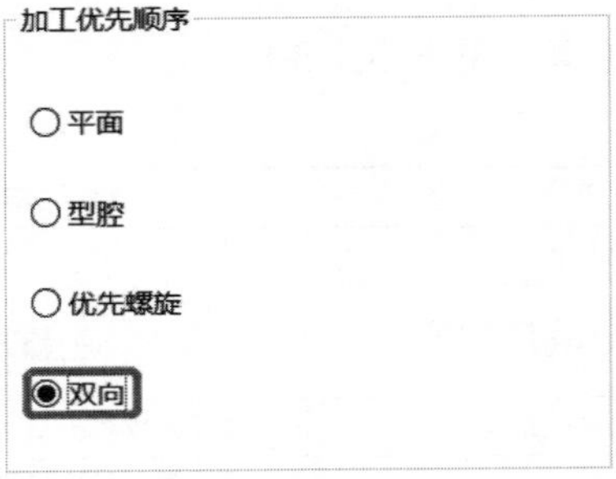 **加工优先顺序** ○ 平面 ○ 型腔 ○ 优先螺旋 ◉ 双向
（2）进给模式点击选择为【平滑】	 **进给模式** ○ 快速　　　◉ 平滑 ○ 直接 进给率　　　J:F　▶

	进给模式详解	
快速	直接	平滑
在两个层之间移动时，两个层间的进刀和退刀设置之间会执行向安全距离或安全平面方向的快速运移	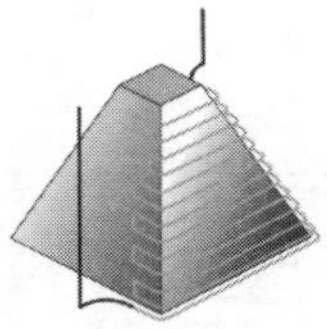	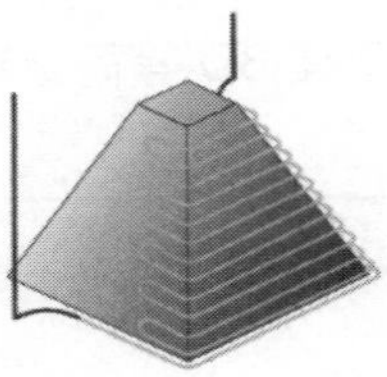

操作步骤	图示讲解
（3）本次加工中，零件圆角大于刀具半径，因此无须设置内部圆角	 **刀具路径倒圆角** ☐ 内部圆角

内部圆角详解
对轮廓型腔或岛屿的内部加工路径进行光滑修圆处理，可以不同的进给率加工内部圆角

笔记

4. 参数设置（见表 5.1.12）

表5.1.12

操作步骤	图示讲解
（1）点击顶部和底部的【重新选择】	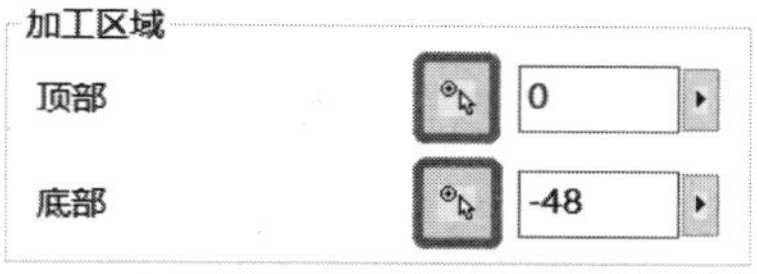 加工区域 顶部　　0 底部　　-48
（2）按图分别选择【轮廓顶部】和【轮廓底部】	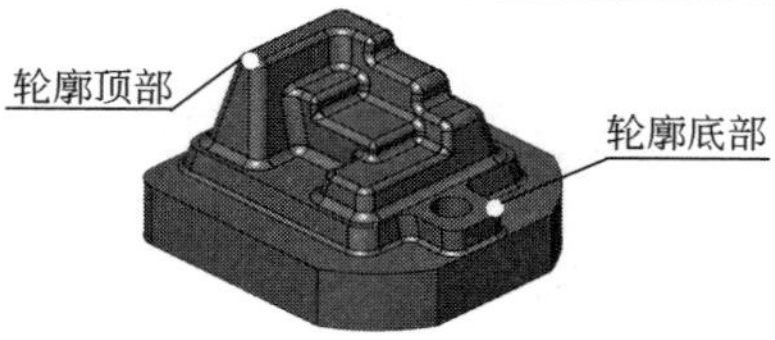 轮廓顶部　　　　轮廓底部
（3）点击设置【安全余量】中的【余量】、【附加XY余量】均为0	 安全余量 余量　　　　0 附加XY余量　　0
（4）垂直进给模式点击选择为【常量垂直步距】，步距设置为0.3	 垂直进给模式 ◉常量垂直步距　　　　垂直步距　0.3 ○残留高度
（5）检测平面层点击选择为【自动】	 检测平面层 ○关闭　　◉自动
（6）退刀模式点击选择为【安全距离】，【安全平面】为50、【轴向安全值】为5、【侧向安全值】为默认值	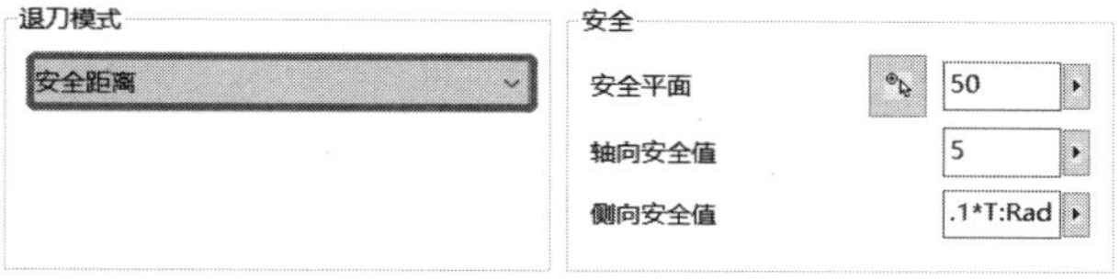 退刀模式　　　　　　　　　安全 安全距离　　　　　　　　　安全平面　50 　　　　　　　　　　　　　轴向安全值　5 　　　　　　　　　　　　　侧向安全值　.1*T:Rad

5. 边界设置（见表 5.1.13）

表5.1.13

操作步骤	图示讲解
（1）策略点击选择为【加工面】	 策略 ○边界曲线　　　　◉加工面
（2）点击加工面的【重新选择】	加工面
（3）按图点击选择【加工面】	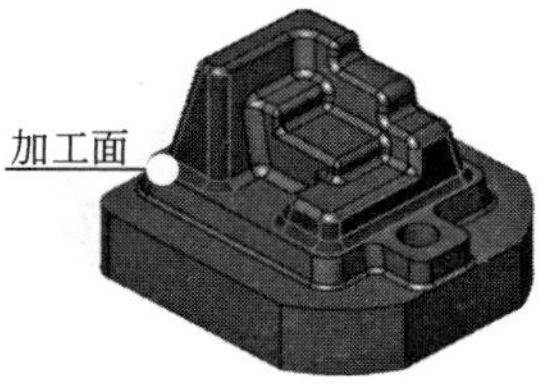 加工面

笔记

续表

操作步骤	图示讲解
（4）停止曲面点击选择为【使用全部其它曲面】	 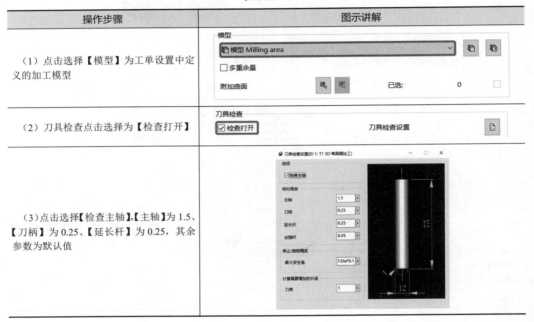 停止曲面 ● 使用全部其它曲面 ○ 手动选择　　　偏置　　　0 ▶

停止曲面详解	
使用全部其它曲面详解	手动选择详解
默认零件除加工面外所有曲面为停止曲面	手动选择停止曲面

6. 设置（见表 5.1.14）

表5.1.14

操作步骤	图示讲解
（1）点击选择【模型】为工单设置中定义的加工模型	模型 🗏 模型 Milling area ▼ □ 多重余量 附加曲面　　　已选：　　0 □
（2）刀具检查点击选择为【检查打开】	刀具检查 ☑ 检查打开　　　刀具检查设置
（3）点击选择【检查主轴】,【主轴】为1.5、【刀柄】为0.25、【延长杆】为0.25，其余参数为默认值	刀具检查设置(ID 1: T1 3D 等高精加工) 选项 ☑ 检查主轴 相对高度 主轴 1.5　刀柄 0.25　延长杆 0.25　加强杆 0.05 停止/裁剪精度 最大安全值 T:Dia*0.1 计算需要增加的长度 刀具 1

7. 生成程序（见表 5.1.15）

表5.1.15

程序计算步骤			
第一步	第二步	第三步	第四步
✔	**T1 3D 等高精加工**	🖼	是(Y)
点击程序界面"确认"按钮	选择需要计算的程序	点击计算程序按钮或按"C"键计算	确认计算

参考程序示例

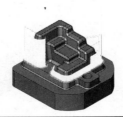

笔记

8. 模拟仿真（见表 5.1.16）

表5.1.16

程序仿真步骤		
第一步	第二步	第三步
T1 3D 等高精加工	**内部模拟**	▶▶
选择需要仿真的程序	选择内部模拟或使用快捷键"T"	点击开始仿真

仿真效果 [内部机床模拟（快捷键 Shift+T）]

【专家点拨】

① hyperMILL 软件中 3D 等高加工指令非常强大，应用范围广，在半精加工加工腔体与岛屿时效果优异，该指令能很好地处理各个曲面之间的衔接。

② 岛屿或腔体间距离较远时选择"腔体"，降低 G0 运动距离，减少机床重复定位误差；对于易发震的区域，如需余量支持时可以选用"平面"的加工方式；对于要求较高的区域时，可以在策略中选择优先螺旋，该功能能很好地处理层与层之间的衔接问题，提高加工表面效果；对于曲面要求不高，如半精加工时优先选择"双向"，提高加工效率。

③ 3D 等高精加工加工曲率较平坦的区域时可选用"残留高度"选项，能较好地提升加工质量。

【课后训练】

① 根据图 5.1.2 所示零件，制订合理的工艺路线、建立合理的辅助曲线、设置必要的加工参数，使用 3D 等高精加工生成深色区域刀具路径。

② 使用 hyperMILL 软件内部机床验证程序的正确性。

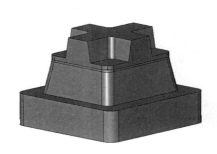

图5.1.2

笔记

任务二 3D完全精加工

【教学目标】

能力目标

能够区别产品零件中的平坦和陡峭区域。

能够分析在平坦区域中，型腔和双向加工方式的不同。

能够创建正确的加工边界，设置合适的加工步距。

能够对生成的刀具路径进行分析，并且进行优化。

知识目标

掌握 hyperMILL 软件 3D 完全精加工策略。

掌握平坦区域的加工方法及参数设置。

掌握陡峭区域的加工方法及参数设置。

素质目标

任务驱动，培养学生阅读能力、自学能力。

激发学生的学习兴趣，培养团队合作和创新精神。

培养学生熟练掌握 3D 完全精加工指令并能够应用于实际加工。

【指令导读】

3D 完全精加工能按角度对加工曲面的平坦区域与陡峭区域进行区分加工，能使用加工边界或选择加工曲面进行划分加工区域，使用方式明确，应用范围广，要求学生熟练掌握。

【任务描述】

使用 3D 完全精加工指令以 45°划分图 5.2.1 所示零件曲面，将其划分为平坦区域与陡峭区域进行加工，需要正确定义指令参数，编制程序后进行内部仿真，验证程序正确性。

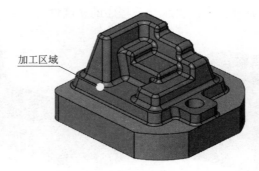

图5.2.1

笔记

【任务实施】

一、3D完全精加工案例一

1. 新建 3D 完全精加工（见表 5.2.1）

表5.2.1

操作步骤	图示讲解
在工单列表空白处单击鼠标右键，选择【新建】，点击【3D 高级铣削】，选择【30 完全精加工】	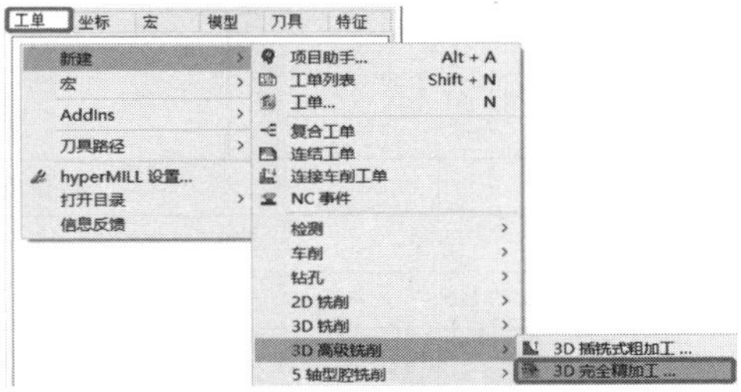 

2. 新建 R4 球头刀（见表 5.2.2）

表5.2.2

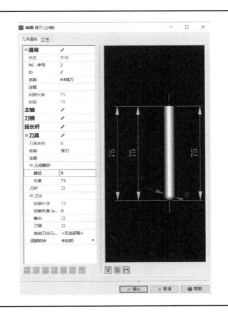

3. 策略设置（见表 5.2.3）

表5.2.3

操作步骤	图示讲解
（1）斜率分析加工点击选择为【平坦区域】，【斜率角度】为 45°	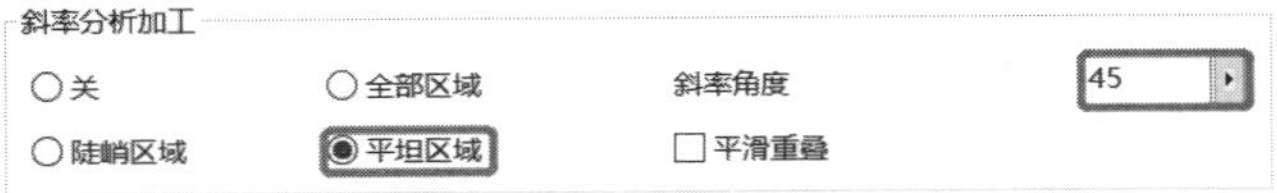 斜率分析加工 ○关　　○全部区域　　斜率角度　　45 ○陡峭区域　　●平坦区域　　□平滑重叠

笔记

续表

操作步骤	图示讲解
指令详解	

关闭	全部区域	斜率角度
不进行斜率分析	加工陡峭区域与陡峭模式	陡峭、平坦区域的定界通过斜率来确定
陡峭区域	平坦区域	平滑重叠
只加工斜率大于定义的斜率的陡峭区域	只加工斜率小于定义的斜率的平坦区域	自动增加陡峭与平坦区域的重叠量

操作步骤	图示讲解
（2）平坦区域点击选择为【型腔】	 平坦区域 ◉ 型腔　　○ 双向

指令解释	
型腔	双向
加工始终以同一个方向进行 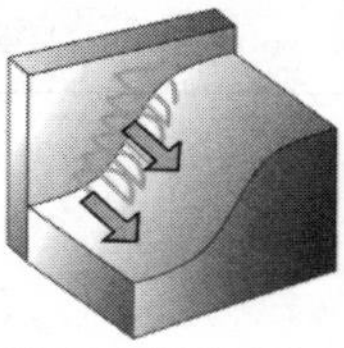	加工时交替改换方向 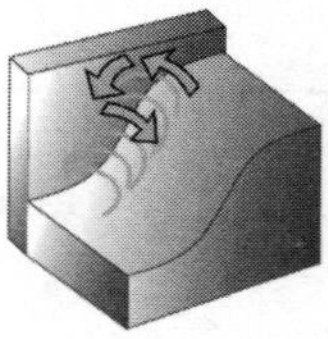

（3）连接系数点击选择为【从外向内】，连接系数为0	 连接系数　　0 ◉ 从外向内　　○ 从内向外

指令解释		
连接系数（因子）	从外向内	由内向外
通过斜线方式从一个进给平面链接到另一个平面。链接运动长度＝刀具直径 × 系数	链接运动从外向内进行	链接运动从内向外进行

（4）切削模式点击选择为【顺铣】	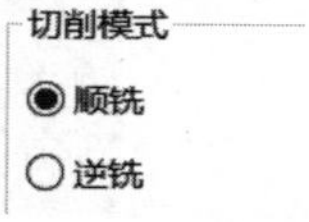 切削模式 ◉ 顺铣 ○ 逆铣

4. 参数设置（见表 5.2.4）

表5.2.4

操作步骤	图示讲解
（1）点击顶部和底部的【重新选择】	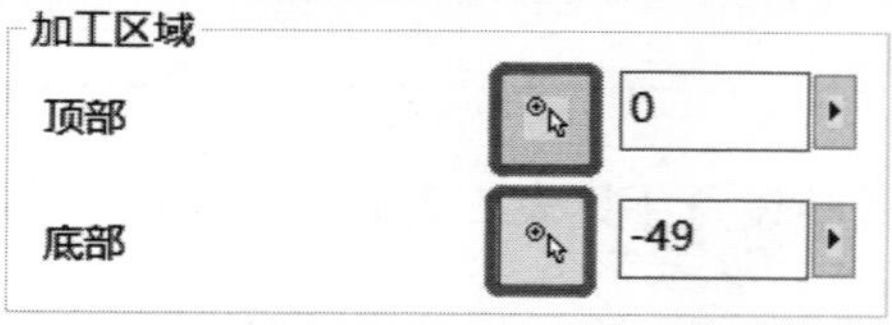 加工区域 顶部　　　0 底部　　　-49
（2）按图分别选择【轮廓顶部】和【轮廓底部】	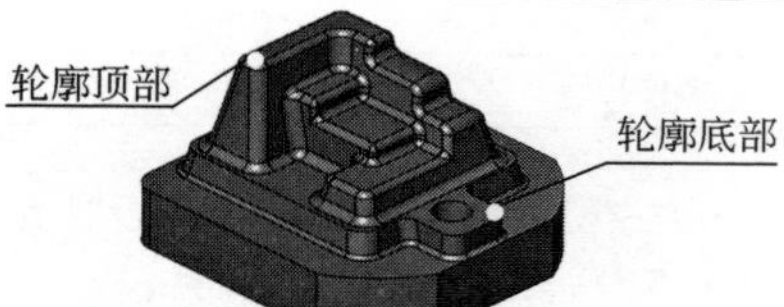 轮廓顶部　　轮廓底部

笔记

续表

操作步骤	图示讲解
（3）点击设置【安全余量】中的【余量】、【附加 XY 余量】均为 0	 安全余量 余量　　　　　0 附加XY余量　　0
（4）进给量点击选择为【垂直步距】，步距为 0.2，【水平步距】为默认值	 进给量 垂直步距　　0.2　　水平步距　　J:VStep
（5）退刀模式点击选择为【安全平面】，【安全平面】设为 50、【安全距离】设为 5	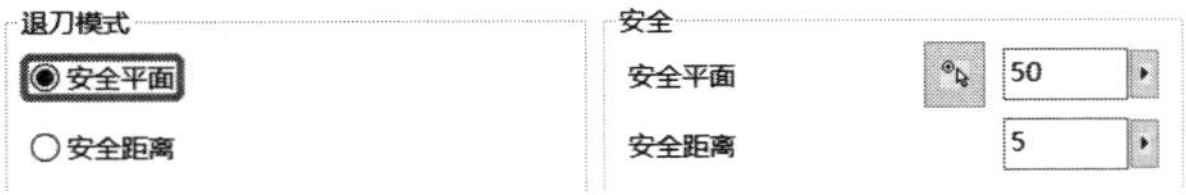 退刀模式　　　　　　　　安全 ◉ 安全平面　　　　　　　安全平面　　50 ○ 安全距离　　　　　　　安全距离　　5

退刀与安全详解	
安全平面	安全距离
前往下一个切削区域所要回到的平面	切削层高中下切到下一层所要回到的平面

5. 边界设置（见表 5.2.5）

表 5.2.5

操作步骤	图示讲解
本次加工无须点击选择【边界】	 边界

边界曲线详解

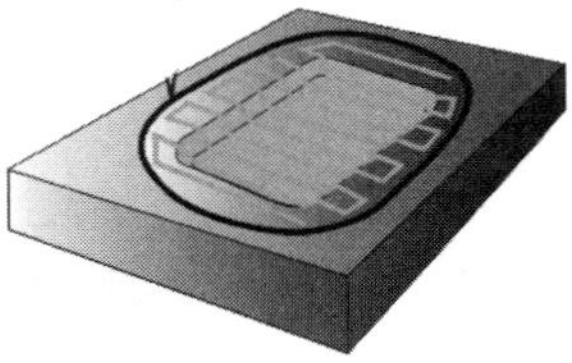

6. 进退刀设置（见表 5.2.6）

表 5.2.6

操作步骤	图示讲解
进 / 退刀点击选择为【平滑】，设置【长度】为 2、【侧向安全量】为 1、【轴向安全量】为 0.5、【最大轴向提升】为 0.5	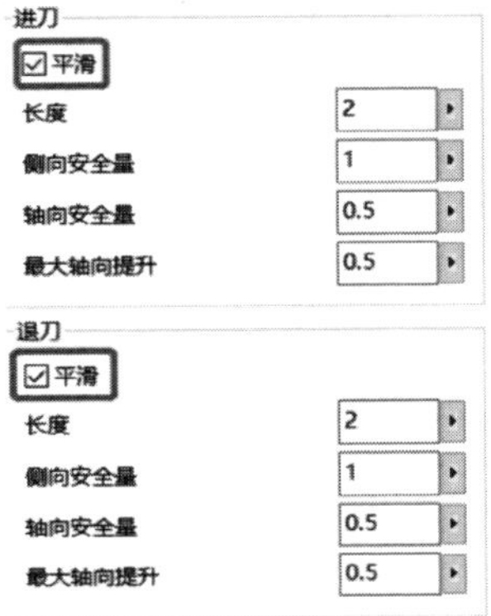 进刀 ☑ 平滑 长度　　　　2 侧向安全量　　1 轴向安全量　　0.5 最大轴向提升　0.5 退刀 ☑ 平滑 长度　　　　2 侧向安全量　　1 轴向安全量　　0.5 最大轴向提升　0.5

笔记

续表

操作步骤	图示讲解
指令解释	

平滑	长度	侧向／安全值	轴向安全值	最大轴向提升
进退刀运动以圆形动作光滑进行	定义进退刀运动的长度	在轴向或X/Y向上可以走刀而不发生碰撞的安全间隙距离	在轴向或Z向上可以走刀而不发生碰撞的安全间隙距离	轴向上的最大运动距离

7. 设置（见表5.2.7）

表5.2.7

操作步骤	图示讲解
（1）点击选择【模型】为工单设置中定义的加工模型	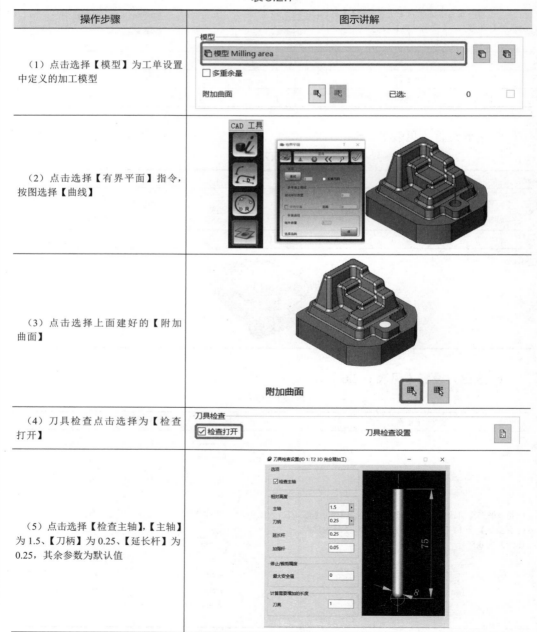
（2）点击选择【有界平面】指令，按图选择【曲线】	
（3）点击选择上面建好的【附加曲面】	
（4）刀具检查点击选择为【检查打开】	
（5）点击选择【检查主轴】，【主轴】为1.5、【刀柄】为0.25、【延长杆】为0.25，其余参数为默认值	

笔记

8. 生成程序（见表 5.2.8）

表5.2.8

程序计算步骤			
第一步	第二步	第三步	第四步
✔	T2 3D 完全精加工	 ⬛	是(Y)
点击程序界面"确认"按钮	选择需要计算的程序	点击计算程序按钮或按"C"键计算	确认计算

参考程序示例

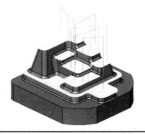

9. 模拟仿真（见表 5.2.9）

表5.2.9

程序仿真步骤		
第一步	第二步	第三步
T2 3D 完全精加工	内部模拟	▶▶
选择需要仿真的程序	选择内部模拟或使用快捷键"T"	点击开始仿真

仿真效果 [内部机床模拟（快捷键 Shift+T）]

二、3D完全精加工案例二

1. 新建 3D 完全精加工（见表 5.2.10）

表5.2.10

操作步骤	图示讲解
在工单列表空白处单击鼠标右键，选择【新建】，点击【3D 高级铣削】，选择【3D 完全精加工】	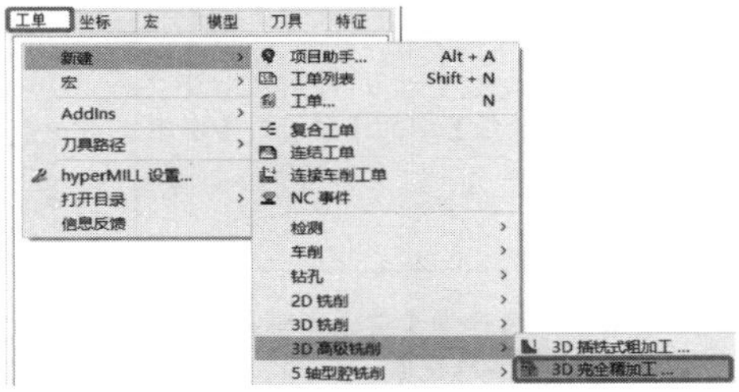

笔记

2. 选择 R4 球头刀（见表 5.2.11）

表5.2.11

操作步骤	图示讲解
在工单的刀具处选择之前创建的 R4 球头刀	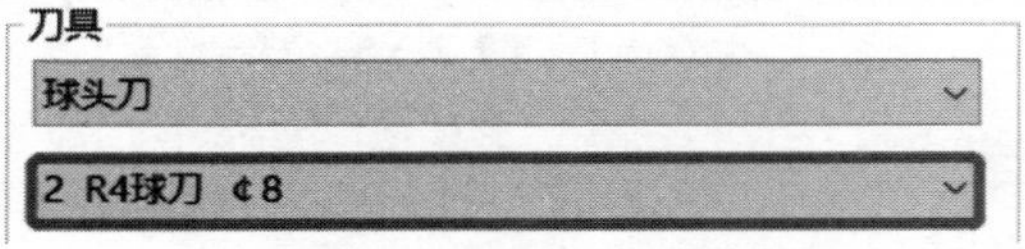 刀具 球头刀 2 R4球刀 ⌀8

3. 策略设置（见表 5.2.12）

表5.2.12

操作步骤	图示讲解
（1）斜率分析加工点击选择为【陡峭区域】，【斜率角度】为45°	 斜率分析加工 ○关　　○全部区域　　斜率角度　45 ◉陡峭区域　○平坦区域　□平滑重叠
（2）陡峭区域点击选择为【单向】	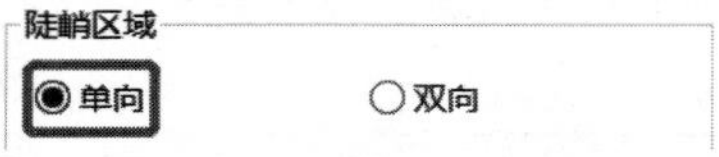 陡峭区域 ◉单向　　　　○双向
（3）切削模式点击选择为【顺铣】	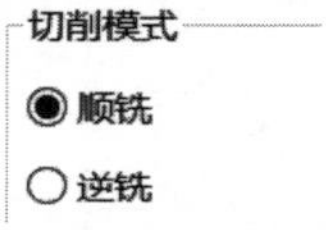 切削模式 ◉顺铣 ○逆铣

4. 参数设置（见表 5.2.13）

表5.2.13

操作步骤	图示讲解
（1）点击顶部和底部的【重新选择】	 加工区域 顶部　0 底部　-60
（2）按图分别选择【轮廓顶部】和【轮廓底部】	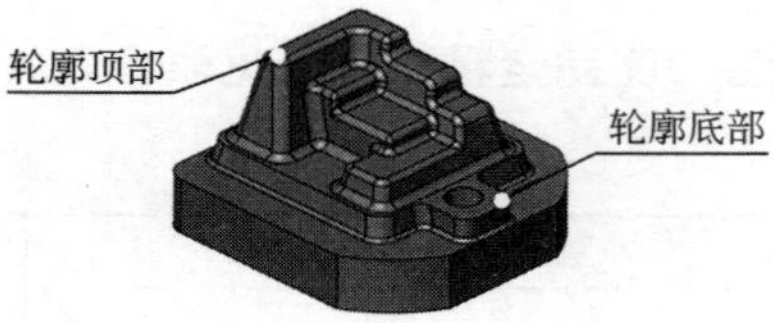 轮廓顶部　　　　轮廓底部
（3）设置【安全余量】中的【余量】、【附加XY余量】均为0	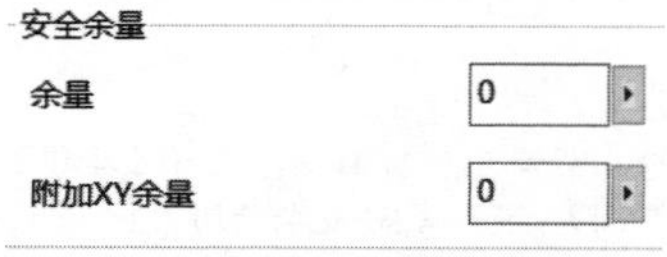 安全余量 余量　0 附加XY余量　0
（4）进给量点击选择为【垂直步距】，步距为0.2，【水平步距】为默认值	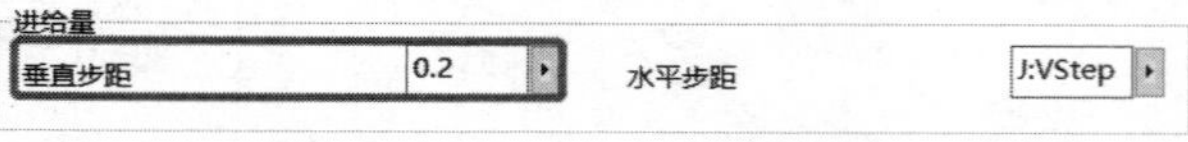 进给量 垂直步距　0.2　　水平步距　J:VStep

笔记

续表

操作步骤	图示讲解
（5）退刀模式点击选择为【安全距离】，【安全平面】为50、【安全距离】为5	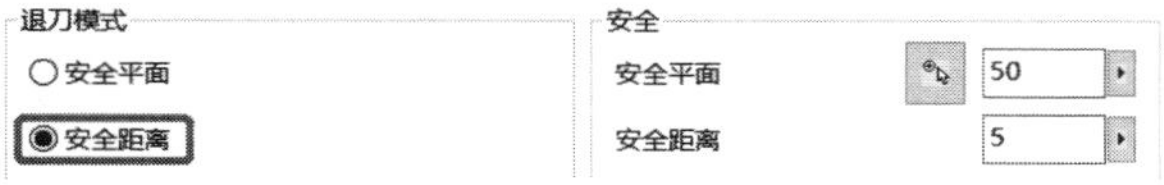 **退刀模式**　○安全平面　●安全距离　　**安全**　安全平面 50　安全距离 5

5. 进退刀设置（见表5.2.14）

表5.2.14

操作步骤	图示讲解
进/退刀点击选择为【平滑】，设置【长度】为2、【侧向安全量】为1、【轴向安全量】为0.5、【最大轴向提升】为0.5	 **进刀**　☑平滑　长度 2　侧向安全量 1　轴向安全量 0.5　最大轴向提升 0.5　**退刀**　☑平滑　长度 2　侧向安全量 1　轴向安全量 0.5　最大轴向提升 0.5

6. 设置（见表5.2.15）

表5.2.15

操作步骤	图示讲解
（1）点击选择【模型】为工单设置中定义的加工模型	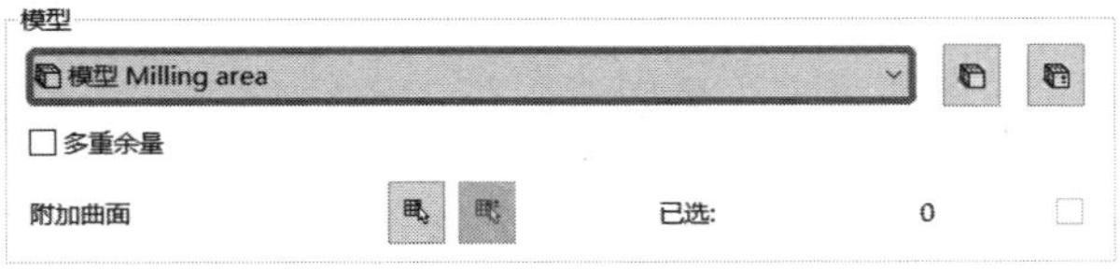 **模型**　模型 Milling area　□多重余量　附加曲面　已选：0
（2）点击选择建好的【附加曲面】	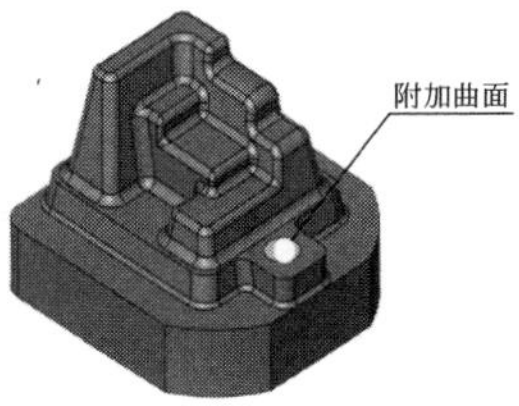 附加曲面
（3）刀具检查点击选择为【检查打开】	 **刀具检查**　☑检查打开　刀具检查设置

笔记

续表

操作步骤	图示讲解
（4）点击选择【检查主轴】,【主轴】为1.5、【刀柄】为0.25、【延长杆】为0.25，其余参数为默认值	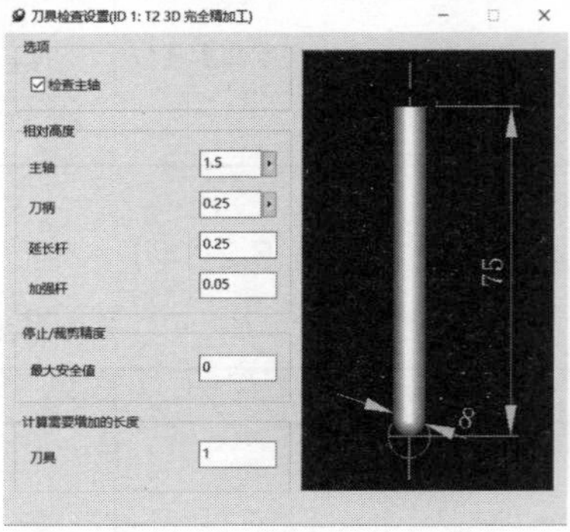 

7. 生成程序（见表5.2.16）

表5.2.16

程序计算步骤			
第一步	第二步	第三步	第四步
✔	T2 3D 完全精加工	 ☑	是(Y)
点击程序界面"确认"按钮	选择需要计算的程序	点击计算程序按钮或按"C"键计算	确认计算

参考程序示例

8. 模拟仿真（见表5.2.17）

表5.2.17

程序仿真步骤		
第一步	第二步	第三步
T2 3D 完全精加工	内部模拟	▶▶
选择需要仿真的程序	选择内部模拟或使用快捷键"T"	点击开始仿真

仿真效果[内部机床模拟（快捷键 Shift+T）]

笔记

【专家点拨】

① hyperMILL 软件中 3D 完全精加工指令能根据角度对零件曲面进行划分加工，并能设置重叠加工，程序编制简单，适用于表面精度要求不高的曲面区域加工。

② 3D 完全精加工在加工时可设置不同的刀具进行角度划分，在"平坦""陡峭"区域的交界处选择球头刀为优。

③ 建立优异的 3D 边界曲线，可很好地控制曲面加工范围。

④ 对于要求较高的曲面加工，可通过减小加工精度值，提高加工表面精度。

【课后训练】

① 根据图 5.2.2 所示零件内深色处特征，制订合理的工艺路线，设置必要的加工参数，使用 3D 完全精加工生成刀具路径。

② 使用 hyperMILL 软件内部机床验证程序的正确性。

图5.2.2

任务三　3D平面加工

【教学目标】

能力目标

能够设置正确的加工边界。

能够合理地选择下刀方式。

知识目标

掌握 hyperMILL 软件 3D 平面加工策略。

掌握 3D 平面加工方法及参数设置。

素质目标

任务驱动，培养学生阅读能力、自学能力。

激发学生的学习兴趣，培养团队合作和创新精神。

笔记

【指令导读】

3D 平面加工能使用型腔策略对零件平面进行面铣削，该指令设置简单、智能，可使用毛坯进行裁剪，要求学生熟练掌握。

【任务描述】

使用 3D 平面加工指令编制图 5.3.1 零件平面，正确定义指令参数，编制程序后进行内部仿真，验证程序正确性。

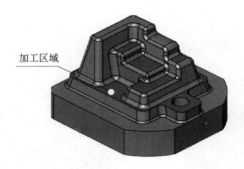

加工区域

图5.3.1

【任务实施】

1. 新建 3D 平面加工（见表 5.3.1）

表5.3.1

操作步骤	图示讲解
在工单列表空白处单击鼠标右键，选择【新建】，点击【3D 铣削】，选择【3D 平面加工】	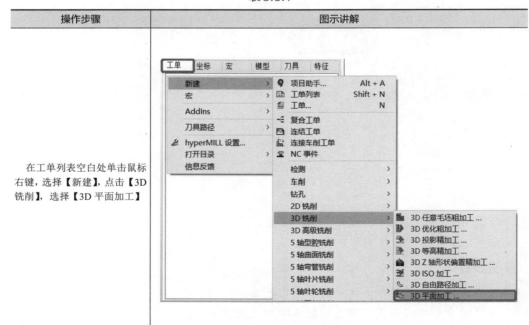

笔记

2. 新建 D10 立铣刀（见表 5.3.2）

表5.3.2

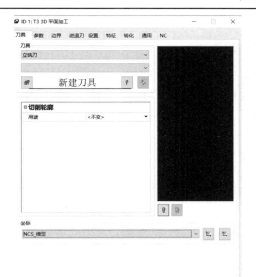
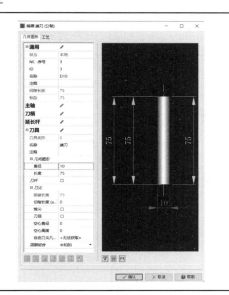

3. 参数设置（见表 5.3.3）

表5.3.3

操作步骤	图示讲解
（1）本次加工按精加工编写，无须设置【材料高度】与【按毛坯裁剪】	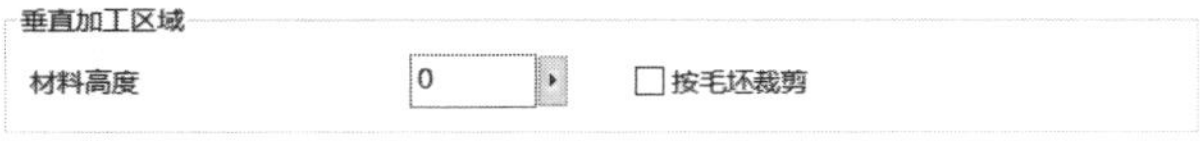 垂直加工区域　材料高度 0　□按毛坯裁剪
指令详解	
材料高度	按毛坯裁剪
设置要去除平面的材料高度	裁剪毛坯上的刀具路径
（2）本次加工因无材料高度，【垂直步距】默认即可，【精加工余量】设置为0	 垂直进给模式　垂直步距 10　精加工余量 0
指令解释	
垂直步距	精加工余量
Z轴垂直步距	最后精加工路径所要去除的余量
（3）水平进给模式点击选择为【步距（直径系数）】，步距为0.4	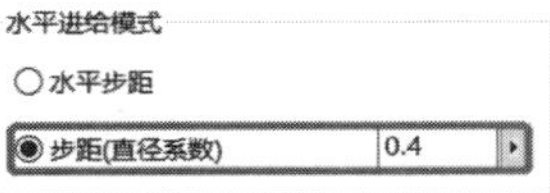 水平进给模式　○水平步距　●步距(直径系数) 0.4
步距（刀具系数）详解	

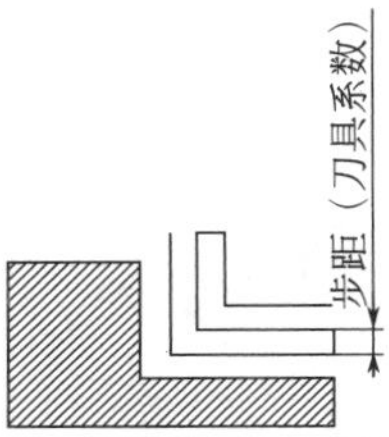

步距（刀具系数）

续表

操作步骤	图示讲解
（4）点击设置【安全余量】中的【余量】、【附加 XY 余量】均为 0	 余量 余量　0 ▶　　　附加XY余量　0 ▶
（5）退刀模式点击选择为【安全距离】，【安全平面】设为 50、【安全距离】设为 5	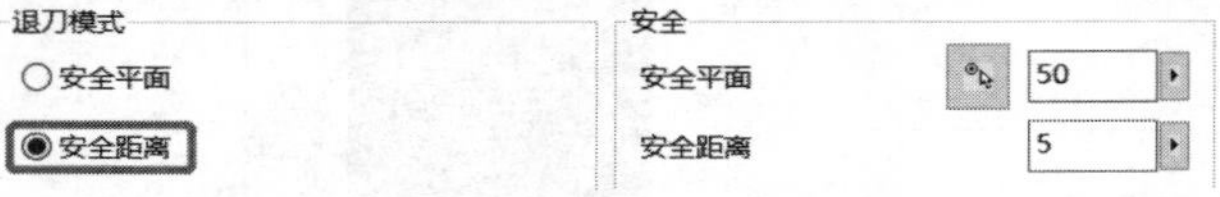 退刀模式 ○安全平面　　　　　　安全 ◉安全距离　　　　　　安全平面　🖱 50 ▶ 　　　　　　　　　　　安全距离　　5 ▶

4. 边界设置（见表 5.3.4）

表5.3.4

操作步骤	图示讲解
（1）策略点击选择为【平面选择】	 策略 ○边界　　　　　◉平面选择

指令解释	
边界	平面选择
使用边界选项设置一个或多个边界以便限定加工区域	使用平面选择选项定义要加工的平面

操作步骤	图示讲解
（2）点击【平面】中的【重新选择】	平面　　　　　🖱 ▫
（3）按图选择【加工平面】	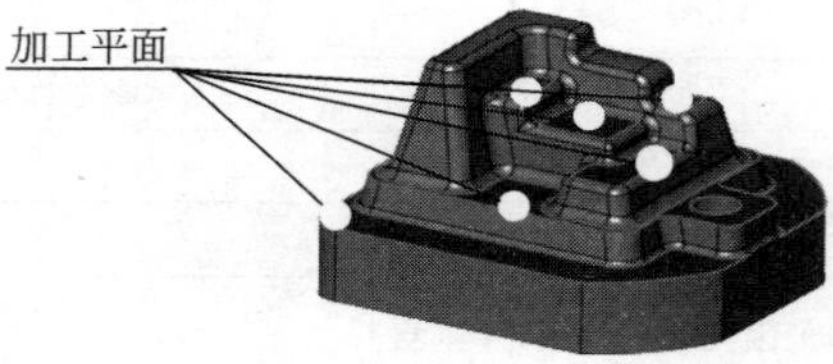 加工平面
（4）下切进退刀点击选择为【螺旋】，角度为 2、螺旋半径为 4	 下切进退刀 ○无　　　○斜线　　　角度　2 ▶ 　　　　　◉螺旋　　　螺旋半径　4 ▶

指令解释			
无	螺旋		斜线
	①螺旋半径	②角度	③角度

笔记

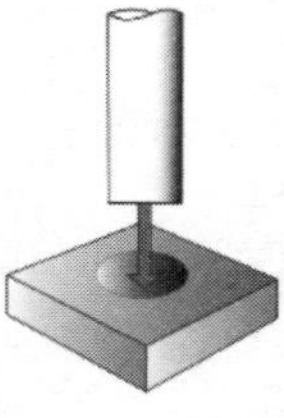

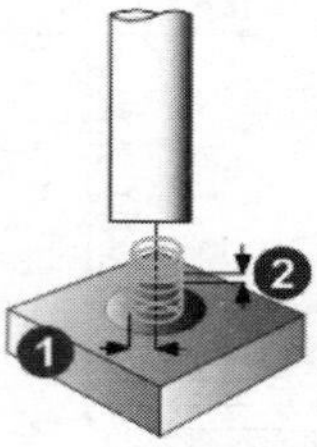

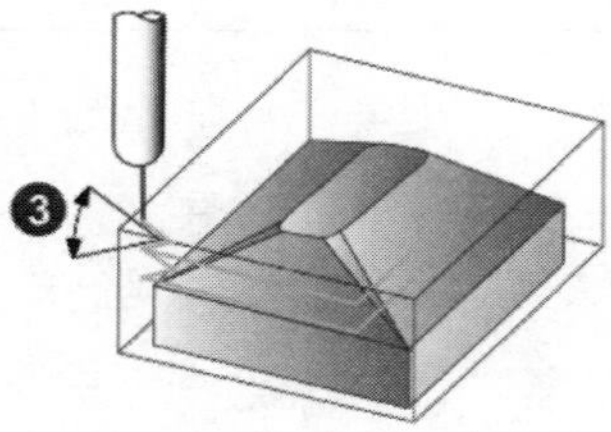

5. 设置（见表 5.3.5）

表5.3.5

操作步骤	图示讲解
（1）点击选择【模型】为工单设置中定义的加工模型	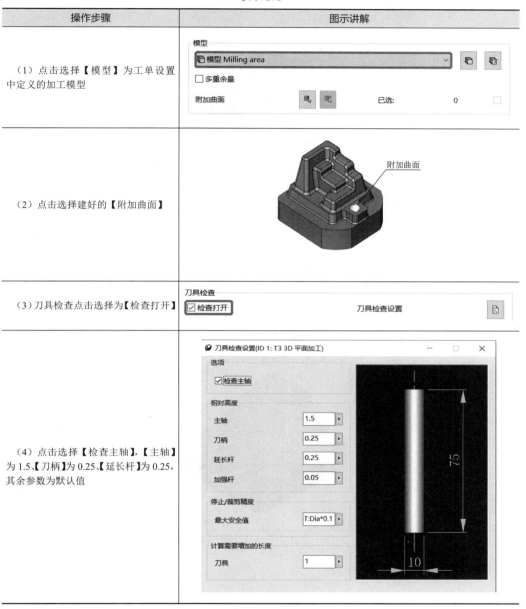
（2）点击选择建好的【附加曲面】	
（3）刀具检查点击选择为【检查打开】	
（4）点击选择【检查主轴】，【主轴】为 1.5、【刀柄】为 0.25、【延长杆】为 0.25，其余参数为默认值	

6. 生成程序（见表 5.3.6）

表5.3.6

程序计算步骤			
第一步	第二步	第三步	第四步
✔	T3 3D 平面加工	 🔲	是(Y)
点击程序界面"确认"按钮	选择需要计算的程序	点击计算程序按钮或按"C"键计算	确认计算

笔记

续表

程序计算步骤
参考程序示例 

7. 模拟仿真（见表 5.3.7）

表5.3.7

程序仿真步骤		
第一步	第二步	第三步
T3 3D 平面加工	内部模拟	 ▶▶
选择需要仿真的程序	选择内部模拟或使用快捷键"T"	点击开始仿真

仿真效果［内部机床模拟（快捷键 Shift+T）］

【专家点拨】

① hyperMILL 中 3D 平面加工是最常用的指令，不易选择边界时可以平面的方式进行选择，大大减少了编程工作量。

② 对于余量不一致的平面精加工时，可以分两层加工，第一层对余量进行均匀化，第二层进行精光，可大大提高表面质量。

③ 对于只需加工局部的平面，可以对平面进行拆分或者建立与实物一致的毛坯等方式控制刀路轨迹位置。

④ 在 hyperMILL 软件中，选择正确的参考模型，刀路会选择合理的下刀点，避开岛屿。

 笔记

【课后训练】

① 根据图 5.3.2 所示零件内深色处特征，制订合理的工艺路线，设置必要的加工参数，使用 3D 平面加工生成刀具路径。

② 使用 hyperMILL 软件内部机床验证程序的正确性。

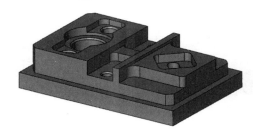 

图5.3.2

项目六
3D铣削的曲面曲线类加工

任务一　3D投影精加工

【教学目标】

能力目标

能够建立合适的球刀。

能够理解引导曲线的走刀路线。

能够根据零件圆角的大小、刀具的直径，分析内部圆角的参数设置。

能够对刀具的路径进行优化。

能够理解高级进给策略。

知识目标

掌握 hyperMILL 软件 3D 投影精加工策略。

掌握加工路线之间的连接方式。

掌握 3D 投影精加工的加工适用范围。

素质目标

任务驱动，培养学生阅读能力、自学能力。

激发学生的学习兴趣，培养团队合作和创新精神。

培养学生熟练掌握 3D 投影精加工指令并能够应用于实际加工。

【任务描述】

使用 3D 投影精加工指令编制图 6.1.1 零件中区域一、区域二与区域三加工程序，需要正确定义指令参数，编制程序后进行内部仿真，验证程序正确性。

图6.1.1

【任务实施】

一、3D投影精加工案例一

1. 新建工单列表（见表 6.1.1）

表6.1.1

操作步骤	图示讲解
（1）在工单选项空白处单击鼠标右键新建【工单列表】	 工单 坐标 宏 模型 刀具 特征 新建 > 项目助手... Alt + A 宏 > 工单列表 Shift + N AddIns > 工单... N
（2）在工单列表中选择【零件数据】并点击【新建毛坯】	 工单列表设置 注释 零件数据 镜像 后置处理 毛坯模型 ☑已定义

零件数据详解

毛坯模型	模型	材料
可用于工单列表中的多项工单的毛坯模型定义	铣削区域定义可用于工单列表中的多项工单	在创建新工单列表时，已定义选项在默认情况下激活。在工单列表内，选择为了加工用途所需的材料

操作步骤	图示讲解
（3）在毛坯模型中选择【几何范围】	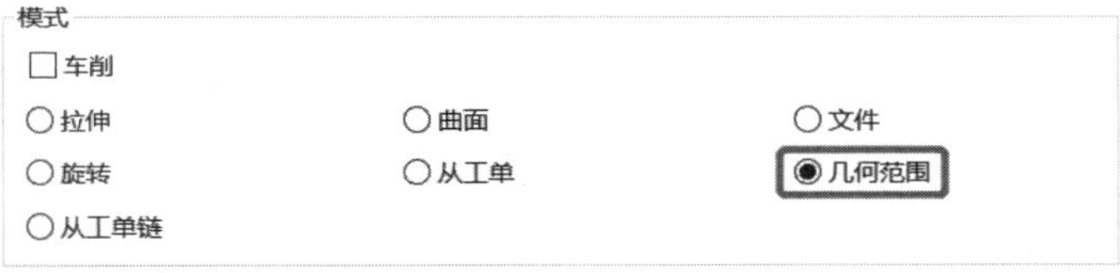 模式 □车削 ○拉伸　　○曲面　　○文件 ○旋转　　○从工单　　◉几何范围 ○从工单链
（4）在几何范围中点击【立方体】。将【分辨率】改为 0.01，并点击计算	 几何范围 ○轮廓曲线　○柱体 ◉立方体　　○铸件偏置 ☑整体偏移 名称　值 坐标　(1,0,0),(0,1,0),(0,0,1) 余量　0 毛坯尺寸　157.5x117x44.5 选择转换坐标 计算 分辨率 0.01
（5）点击【新建加工区域】	 模型 ☑已定义　分辨率　0.1
（6）在模式中点击选择【曲面选择】	 模式 ◉曲面选择　　○文件
（7）在曲面中点击选择【重新选择】	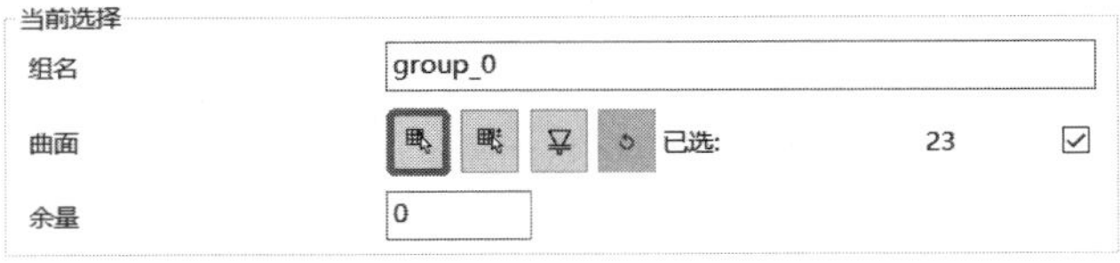 当前选择 组名　group_0 曲面　已选：23 ☑ 余量　0

笔记

操作步骤	图示讲解
（8）按下快捷键【A】选择全部面，点击【确定】完成选择，再次点击【确定】完成加工区域选择	
（9）在【零件数据】对话框界面取消材料【已定义】选项	材料 ☐ 已定义
（10）快捷键【Shift+S】选择面将坐标建立在面上，点击【Z轴反向】	
（11）双击坐标，根据毛坯高度将坐标沿着【Z轴正方向】偏移44.5mm	
（12）在工单列表设置中点击新建【NCS坐标】，点击需要创建坐标的平面	NCS NCS 模型
（13）点击【工作平面】，将坐标设置于当前的坐标上	对齐 参考　工作平面　3 Points

对齐详解		
参考	工作平面	3 Points
从激活参考坐标系或工作平面调整加工坐标系原点和方位		通过三点指定加工坐标系方位。点1=原点，点2=X方向，点3=Y方向

笔记

2. 新建 3D 投影精加工（见表 6.1.2 ）

表6.1.2

操作步骤	图示讲解
在工单空白处单击鼠标右键点击【新建】，选择【3D 铣削】，点击【3D 投影精加工】	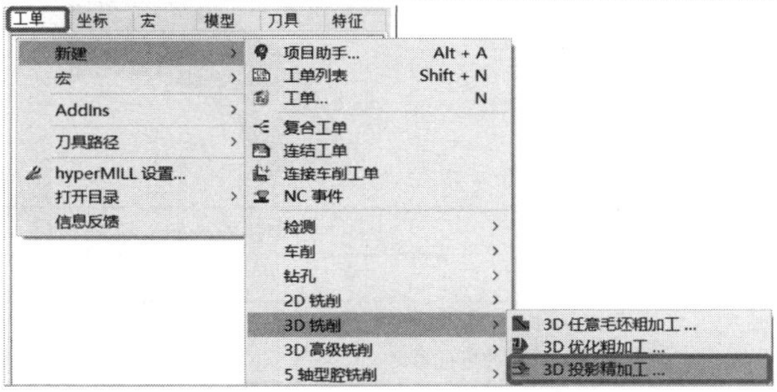 

3. 新建 R4 球头刀（见表 6.1.3 ）

表6.1.3

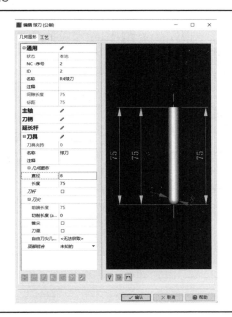

4. 策略设置（见表 6.1.4 ）

表6.1.4

操作步骤	图示讲解
（1）横向进给策略点击选择为【导引曲线】、【往复式】和【平滑双向】	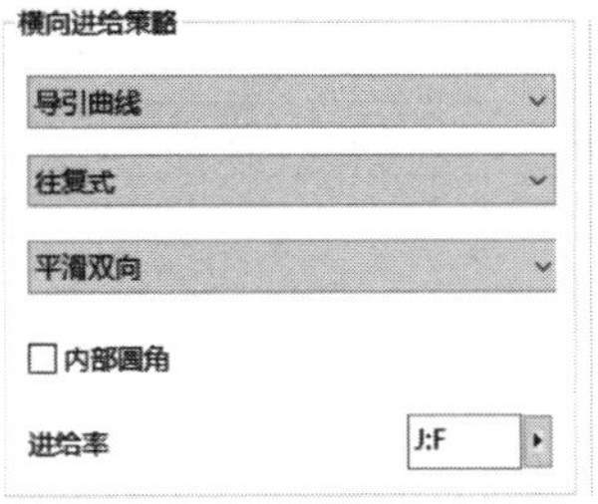 横向进给策略 导引曲线 往复式 平滑双向 □内部圆角 进给率　J:F

笔记

续表

操作步骤	图示讲解
	引导曲线详解

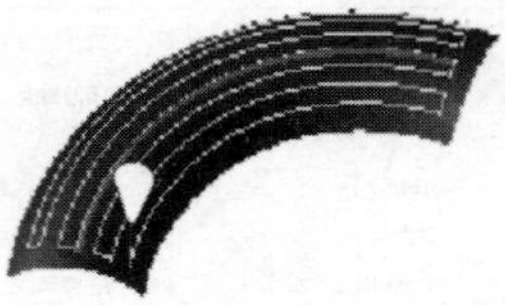

指令详解（加工策略）

X 轴	Y 轴	偏置	法向
以局部加工坐标系 X 轴作为引导曲线 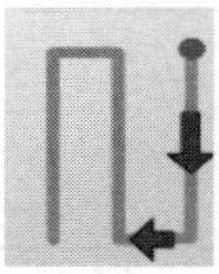	以局部加工坐标系 Y 轴作为引导曲线 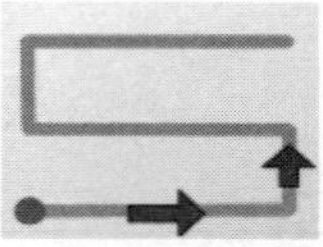	选择一个自由轮廓用作导引曲线偏置计算 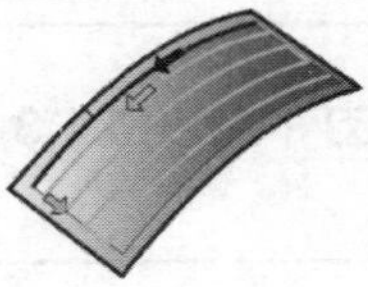	刀路法向于导引曲线进行计算 

直纹	流线	引导曲线	型腔
选择两条引导曲线以直纹的方式计算 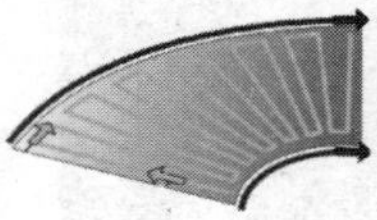	选择两条引导曲线以流线的方式计算 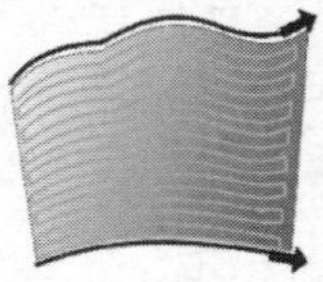	平行于引导曲线加工 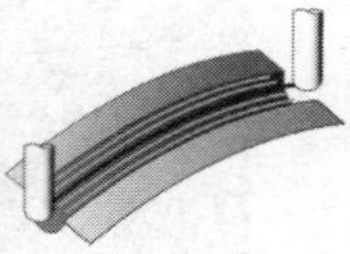	根据型腔闭合 3D 轮廓用作轮廓偏置计算 

指令详解（切削类型）

向上 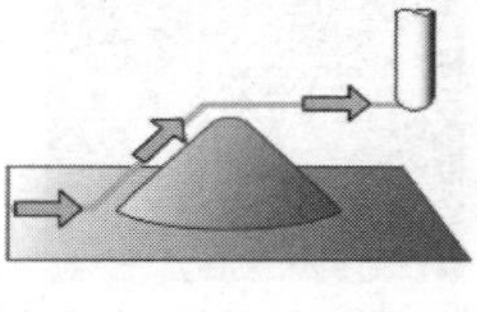	向下 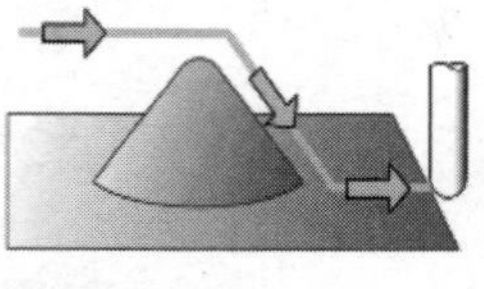	往复式 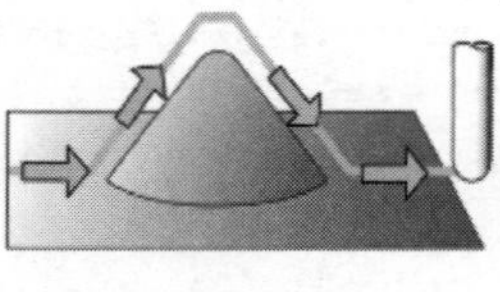

指令详解（进给模式）

直接双向 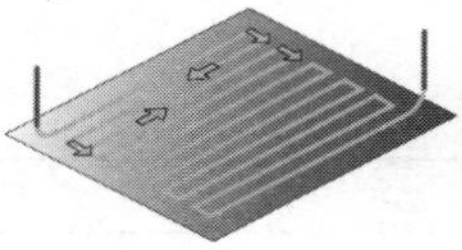	平滑双向 	对角单向 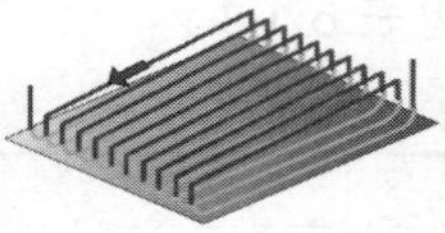	平行单向 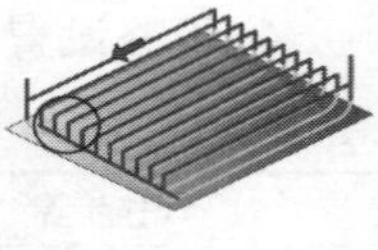

内部圆角详解

对轮廓型腔或岛屿的内部加工路径进行光滑修圆处理。可以不同的进给率加工内部圆角

| （2）点击选择【轮廓曲线】中的【重新选择】 | 轮廓曲线　　　　　　　　　　　　🔘
已选:　　　　　　　　　　　　　　0 |

笔记

操作步骤	图示讲解
（3）按图点击选择【轮廓曲线】	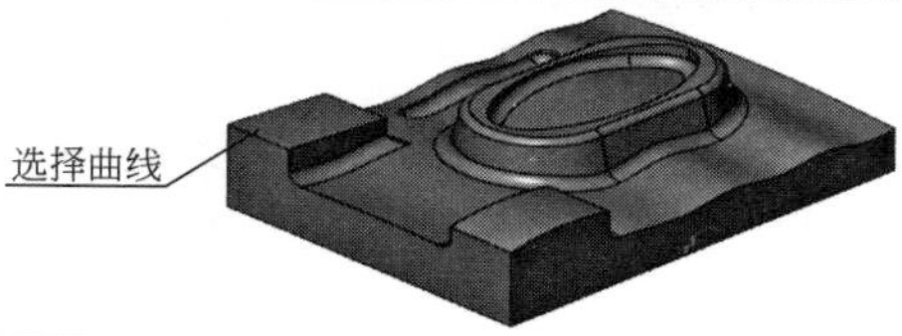 选择曲线
（4）点击选择正确的【步距】与【路径】	反向 □ 步距 □ 路径 

指令解释	
步距	路径
反向引导曲线偏置方向	反向刀路路径加工方向

操作步骤	图示讲解
（5）点击设置【偏移区域】从40到0	偏移区域 从　40　　　　到　0

偏移区域详解	
起点到终点均可被指定为正值或负值，用于定义加工区域	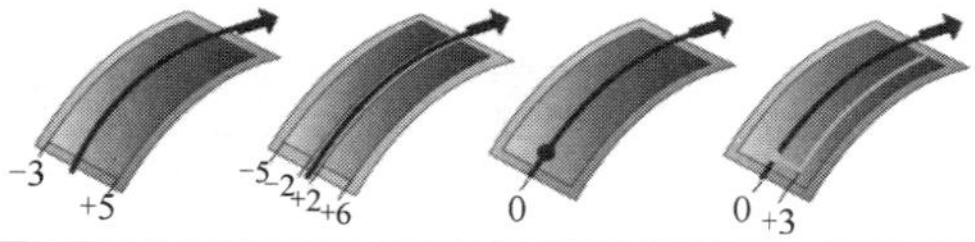 −3 +5　−5 −2 +2 +6　0　0 +3

操作步骤	图示讲解
（6）加工模式点击选择为【路径优化】	加工模式 □ 斜率模式 ☑ 路径优化

加工模式详解		
路径优化		斜率模式
启用	禁用	
优点：加工区域将被组合起来，高速易位动作将减少		选择对没有得到加工的区域通过"斜率"模式下的 Z 轴精加工循环给予加工，在此加工过程中不对平面进行加工

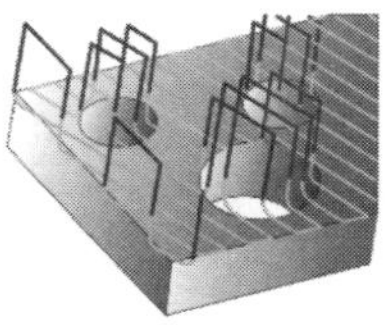

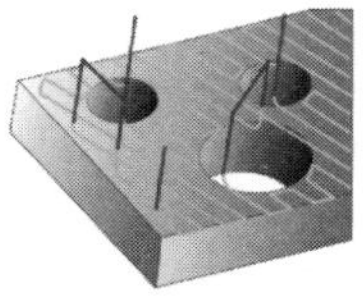

5. 参数设置（见表 6.1.5）

表6.1.5

操作步骤	图示讲解
（1）本次加工无需选择最高点与最低点。该指令可以定义 Z 轴切削区域	加工区域 □ 最高点 □ 最低点

笔记

续表

操作步骤	图示讲解
（2）本次加工为曲面精加工，因此【余量】、【附加 XY 余量】均设置为0	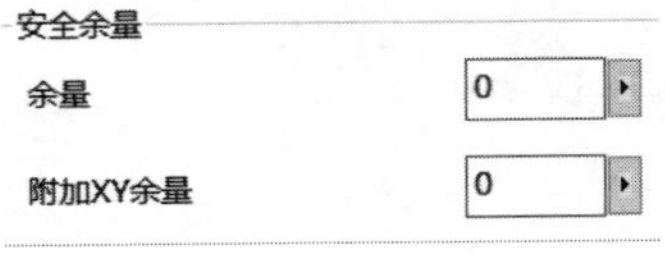 安全余量 余量　　　0 附加XY余量　　0

安全余量详解	
余量	附加 *XY* 余量
工件表面法线方向上的剩余材料	额外的水平毛坯余量

操作步骤	图示讲解
（3）垂直进给模式点击选择为【仅精加工】	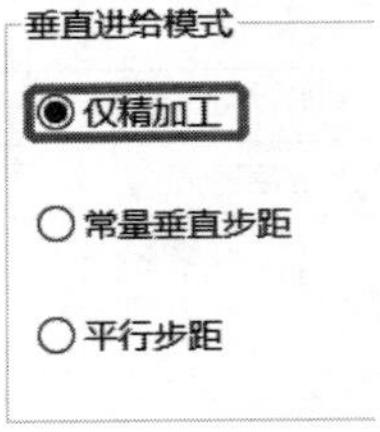 垂直进给模式 ⦿ 仅精加工 ○ 常量垂直步距 ○ 平行步距

指令解释		
仅精加工	常量垂直步距	平行步距
只创建精加工路径	步距采用固定的垂直增量	水平步距以平行于工件顶面的方向进行

操作步骤	图示讲解
（4）水平进给模式点击选择为【常量步距】，水平步距为0.2	 水平进给模式 ⦿ 常量步距　　　水平步距　0.2 ○ 残留高度 ○ 曲线投影常量

指令解释		
常量垂直步距	残留高度	曲线投影常量
加工时以固定的进给深度走刀 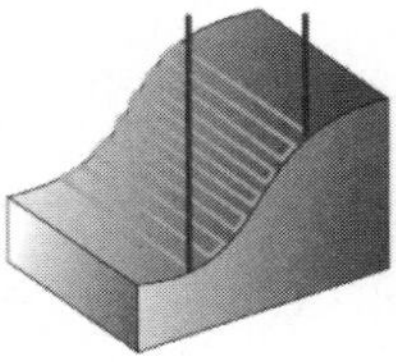	加工时不超过预先定义的残留高度 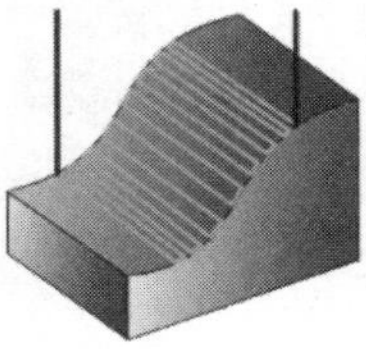	根据导向曲线投射到曲面上，根据所指定的进给平均分配步距 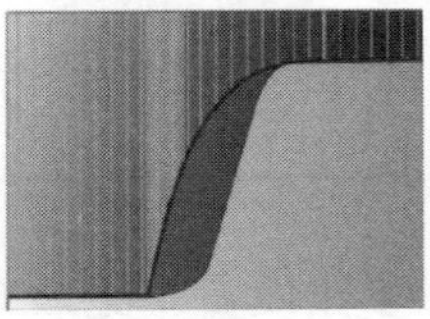

操作步骤	图示讲解
（5）退刀模式点击选择为【安全平面】，将【安全平面】设为50，【安全距离】设为5	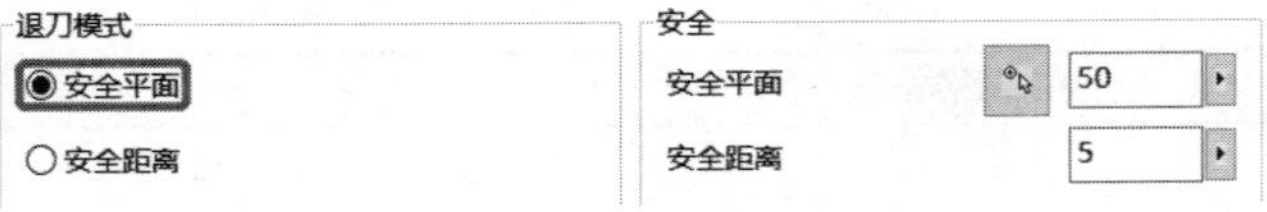 退刀模式 ⦿ 安全平面　　　安全 ○ 安全距离　　　安全平面　50 　　　　　　　　安全距离　5

退刀与安全详解	
安全平面	安全距离
前往下一个切削区域所要回到的平面	切削层高中下切到下一层所要回到的平面

笔记

6. 边界设置（见表6.1.6）

表6.1.6

操作步骤	图示讲解
（1）策略点击选择为【边界曲线】	 策略 ◉ 边界曲线　　　　　　　　　　　　○ 加工面
指令解释	
边界曲线	加工曲面
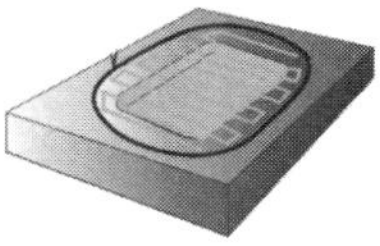	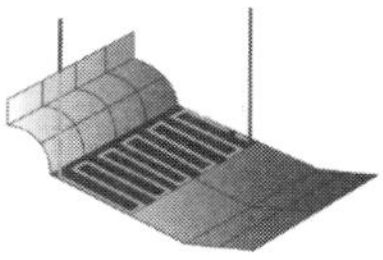
（2）刀具参数点击选择为【边界线上】	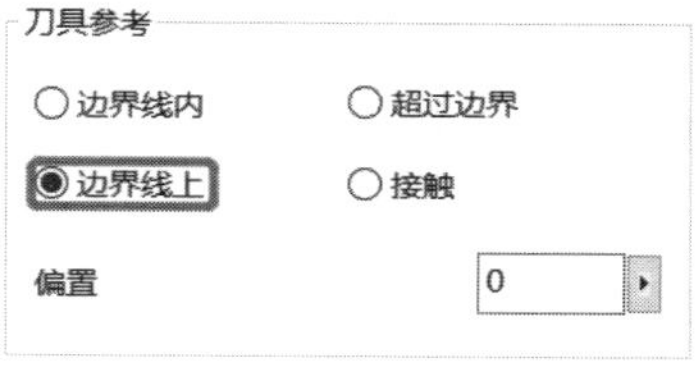 刀具参考 ○ 边界线内　　　○ 超过边界 ◉ 边界线上　　　○ 接触 偏置　　　　　　　0　▸
指令讲解	

接触	边界线上	边界线内	超过边界
	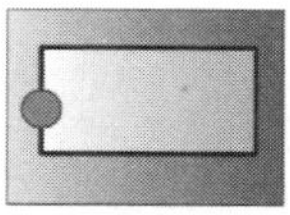	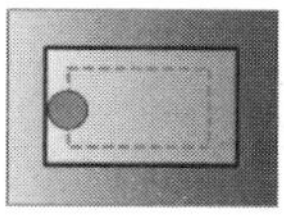	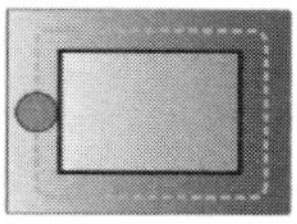

7. 进退刀设置（见表6.1.7）

表6.1.7

操作步骤	图示讲解
（1）进/退刀点击选择均为【圆】,【圆角】均为 R3	 进刀 ○ 垂直　　　○ 切线 ◉ 圆　　　　○ 斜线 圆角　　　　3　▸ 退刀 ○ 垂直　　　○ 切线 ◉ 圆 圆角　　　　3　▸
进退刀（手动）指令详解	
①垂直进退刀	②切线进退刀
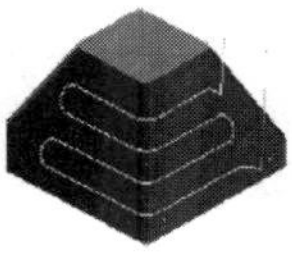	

笔记

续表

操作步骤	图示讲解
进退刀（手动）指令详解	

③圆进退刀	④半圆进退刀
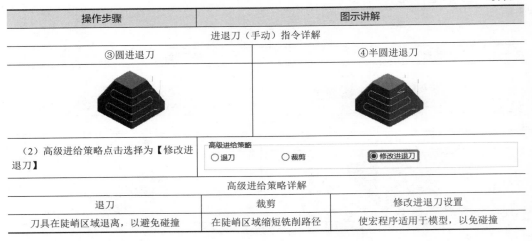	

（2）高级进给策略点击选择为【修改进退刀】	高级进给策略 ○退刀　○裁剪　●修改进退刀

高级进给策略详解

退刀	裁剪	修改进退刀设置
刀具在陡峭区域退离，以避免碰撞	在陡峭区域缩短铣削路径	使宏程序适用于模型，以免碰撞

8. 设置（见表6.1.8）

表6.1.8

操作步骤	图示讲解
（1）点击选择【模型】为工单设置中定义的加工模型	模型 模型 Milling area □多重余量 附加曲面　　　　已选：　0

指令详解

多重余量	附加曲面
在定义加工区域时可以定义不同所需加工曲面的余量，此功能开启时则考虑这些余量	添加辅助曲面

（2）刀具检查点击选择为【检查打开】	刀具检查 ☑检查打开　　刀具检查设置
（3）点击选择【检查主轴】，【主轴】为1.5、【刀柄】为0.25、【延长杆】0.25、【加强杆】为0.05，其余参数为默认值	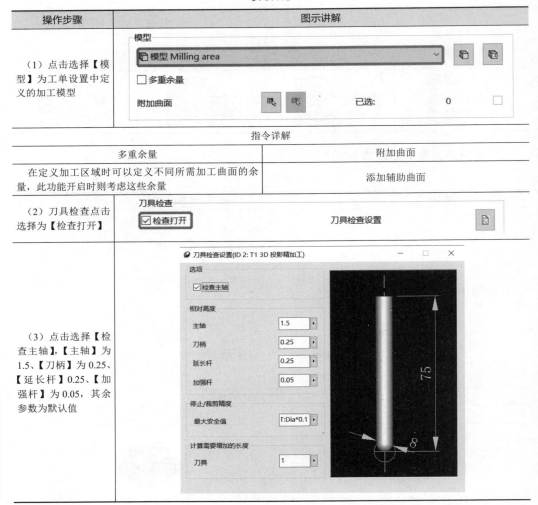

续表

操作步骤	图示讲解				
①主轴	②刀柄	③延长杆	④加强杆	⑤安全间隙	⑥停止/裁剪精度

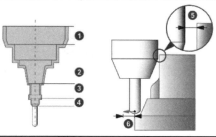

9. 生成程序（见表6.1.9）

表6.1.9

程序计算步骤			
第一步	第二步	第三步	第四步
✔	**T1 3D 投影精加工**	 ▥	是(Y)
点击程序界面"确认"按钮	选择需要计算的程序	点击计算程序按钮或按"C"键计算	确认计算

参考程序示例

10. 模拟仿真（见表6.1.10）

表6.1.10

程序仿真步骤		
第一步	第二步	第三步
T1 3D 投影精加工	**内部模拟**	▶▶
选择需要仿真的程序	选择内部模拟或使用快捷键"T"	点击开始仿真

仿真效果 [内部机床仿真（快捷键 Shift+T）]

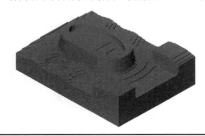

笔记

二、3D投影精加工案例二

1. 新建 3D 投影精加工（见表 6.1.11）

表6.1.11

操作步骤	图示讲解
在工单空白处单击鼠标右键点击【新建】，选择【3D 铣削】，点击【3D 投影精加工】	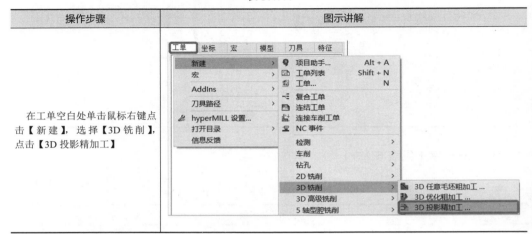

2. 选择 R4 球头刀（见表 6.1.12）

表6.1.12

操作步骤	图示讲解
在工单的刀具处选择之前创建的 R4 球头刀	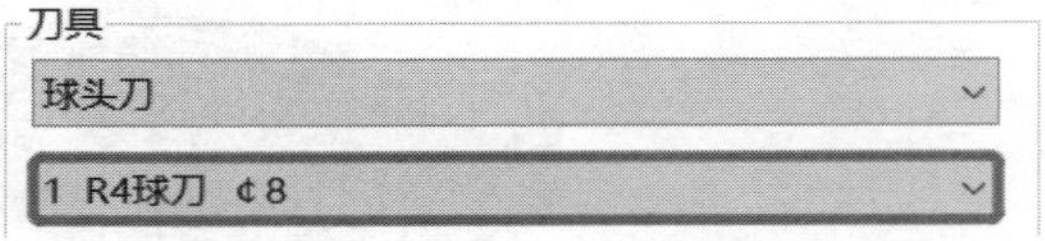 刀具 球头刀 1 R4球头刀 ¢8

3. 策略设置（见表 6.1.13）

表6.1.13

操作步骤	图示讲解
（1）横向进给策略点击选择为【型腔】、【往复式】、【内部圆角】。圆角半径为 0.1、连接系数为 1	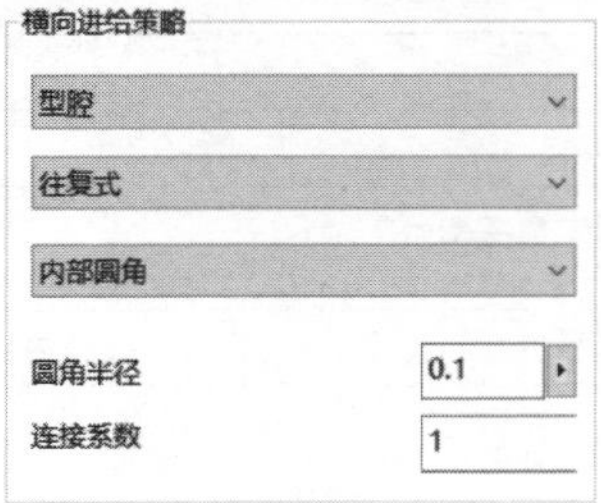 横向进给策略 型腔 往复式 内部圆角 圆角半径　0.1 连接系数　1
型腔详解	

笔记

续表

操作步骤	图示讲解
（2）点击选择【轮廓曲线】中的【重新选择】	 轮廓曲线 轮廓曲线 已选:　　　　　　　0
（3）按图点击选择【轮廓曲线】	 轮廓曲线　轮廓曲线　轮廓曲线　轮廓曲线
（4）步距方向点击选择为【从外向内】	 步距方向 ○ 从内向外 ◉ 从外向内

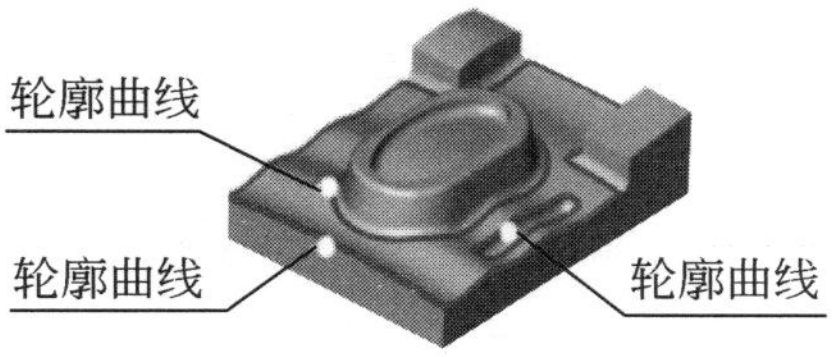

步距方向详解	
从内向外	从外向内
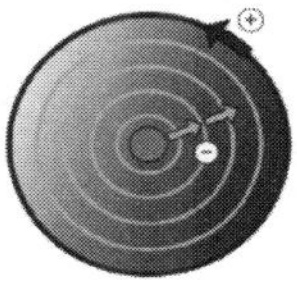	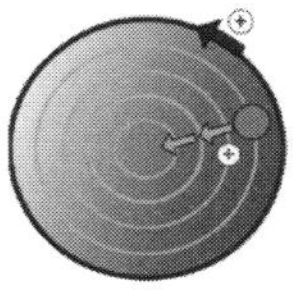

| （5）本次加工不设置【预加工轮廓】 |  预加工轮廓
Offset　　　　　　0　▶ |

指令解释
Offset（余量）：对于按相同的毛坯余量的预加工轮廓，可通过平行于轮廓的多次水平步距处理将该余量去除

| （6）切削模式点击选择为【顺铣】 | 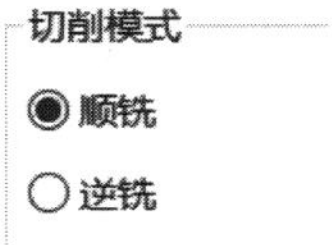 切削模式
◉ 顺铣
○ 逆铣 |

切削模式详解	
顺铣	逆铣
主轴正转，外轮廓顺时针切削，内轮廓逆时针切削	主轴正转，外轮廓逆时针切削，内轮廓顺时针切削

| （7）加工模式点击选择为【路径优化】 | 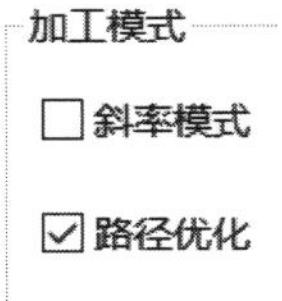 加工模式
☐ 斜率模式
☑ 路径优化 |

笔记

4. 参数设置（见表 6.1.14）

表6.1.14

操作步骤	图示讲解
（1）本次加工无需选择最高点与最低点。该指令可以定义 Z 轴切削区域	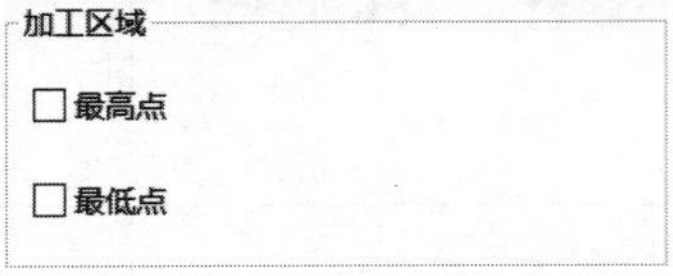 加工区域 □ 最高点 □ 最低点
（2）本次加工为曲面精加工，因此【余量】、【附加 XY 余量】均设置为 0	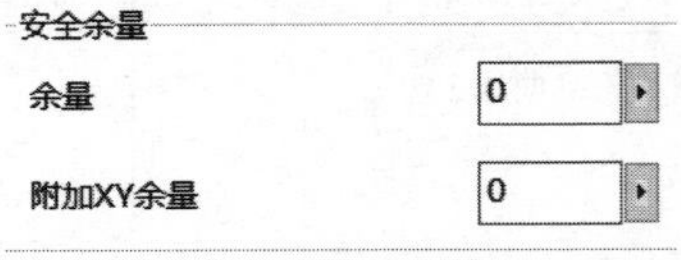 安全余量 余量　　　　　0 附加XY余量　　0
（3）垂直进给模式点击选择为【仅精加工】	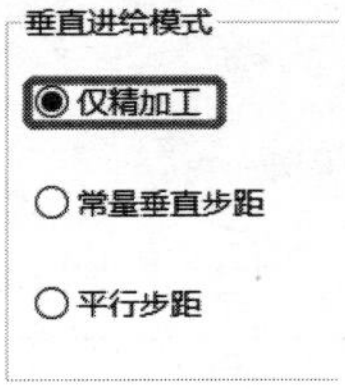 垂直进给模式 ◉ 仅精加工 ○ 常量垂直步距 ○ 平行步距
（4）水平进给模式点击选择为【常量步距】，将【水平步距】设为 0.2	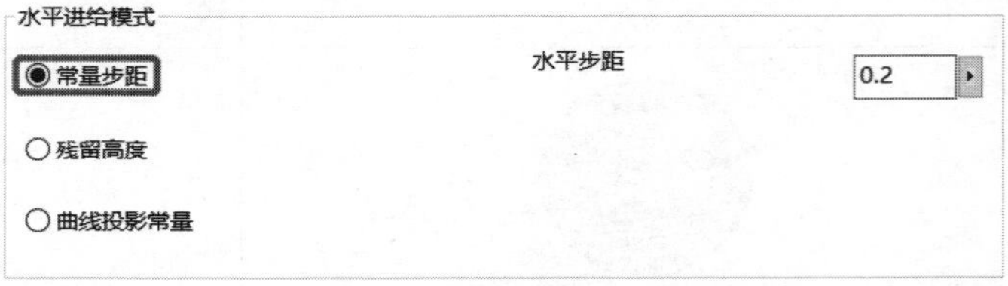 水平进给模式 ◉ 常量步距　　　　水平步距　0.2 ○ 残留高度 ○ 曲线投影常量
（5）退刀模式点击选择为【安全平面】，将【安全平面】设为 50、【安全距离】设为 5	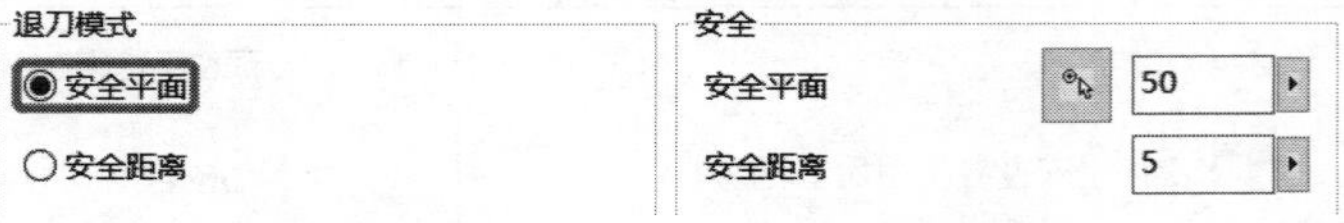 退刀模式　　　　　　　安全 ◉ 安全平面　　　　　安全平面　50 ○ 安全距离　　　　　安全距离　5

5. 边界设置（见表 6.1.15）

表6.1.15

操作步骤	图示讲解
（1）策略点击选择为【边界曲线】	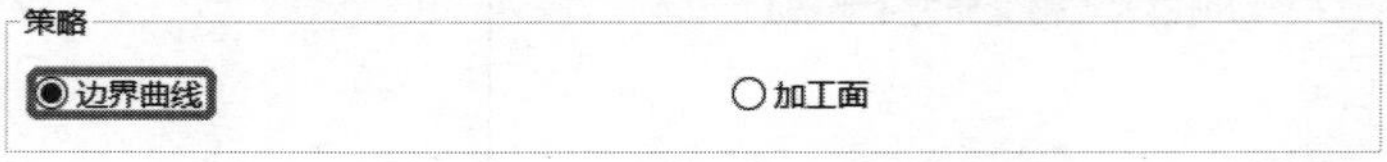 策略 ◉ 边界曲线　　　　　　　○ 加工面
（2）本次加工不选择【边界】	边界 已选：　　　　　　　　0
（3）点击选择【刀具参数】为【边界线上】	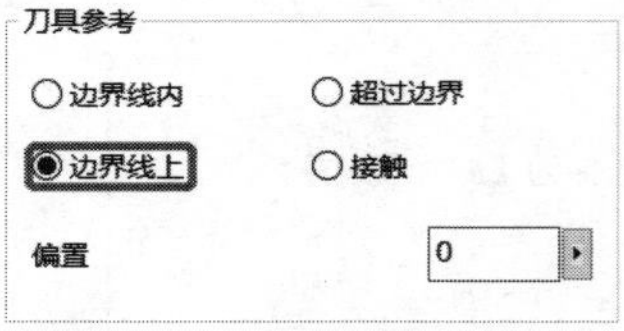 刀具参考 ○ 边界线内　　○ 超过边界 ◉ 边界线上　　○ 接触 偏置　　　　0

笔记

6. 进退刀设置（见表 6.1.16）

表6.1.16

操作步骤	图示讲解
（1）进 / 退刀点击选择均为【圆】,【圆角】均为 R3	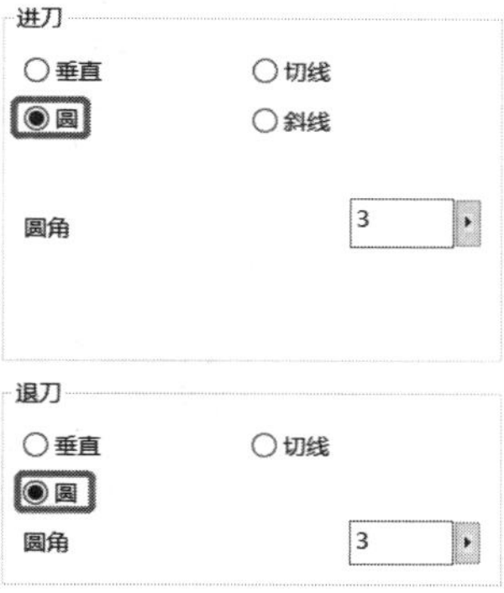 进刀 ○ 垂直　　○ 切线 ◉ 圆　　　○ 斜线 圆角　　　　3 退刀 ○ 垂直　　○ 切线 ◉ 圆 圆角　　　　3
（2）点击选择【进退刀垂直于曲面】	 ☑ 进退刀垂直于曲面
（3）高级进给策略点击选择为【修改进退刀】	 高级进给策略 ○ 退刀　　○ 裁剪　　◉ 修改进退刀

7. 设置（见表 6.1.17）

表6.1.17

操作步骤	图示讲解
（1）点击选择【模型】为工单设置中定义的加工模型	模型 模型 Milling area ☐ 多重余量 附加曲面　　　　　　　已选：　　0
（2）刀具检查点击选择为【检查打开】	刀具检查 ☑ 检查打开　　　　　　刀具检查设置
（3）点击选择【检查主轴】,【主轴】为1.5、【刀柄】为0.25、【延长杆】为0.25、【加强杆】为0.05，其余参数为默认值	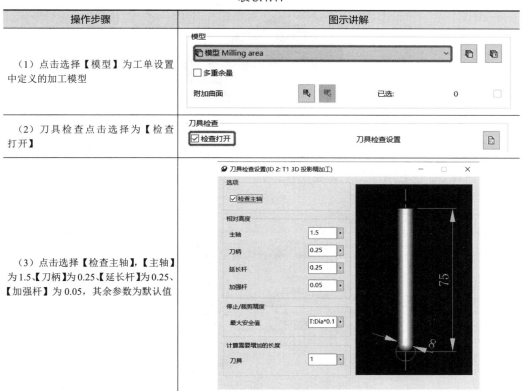

笔记

8. 生成程序（见表 6.1.18）

表6.1.18

程序计算步骤			
第一步	第二步	第三步	第四步
✔️	**T1 3D 投影精加工**	🖼️	**是(Y)**
点击程序界面"确认"按钮	选择需要计算的程序	点击计算程序按钮或按"C"键计算	确认计算

参考程序示例

9. 模拟仿真（见表 6.1.19）

表6.1.19

程序仿真步骤		
第一步	第二步	第三步
T1 3D 投影精加工	**内部模拟**	▶▶
选择需要仿真的程序	选择内部模拟或使用快捷键"T"	点击开始仿真

仿真效果 [内部机床模拟（快捷键 Shift+T）]

三、3D 投影精加工案例三

1. 新建 3D 投影精加工（见表 6.1.20）

表6.1.20

操作步骤	图示讲解
在工单空白处单击鼠标右键点击【新建】，选择【3D 铣削】，点击【3D 投影精加工】	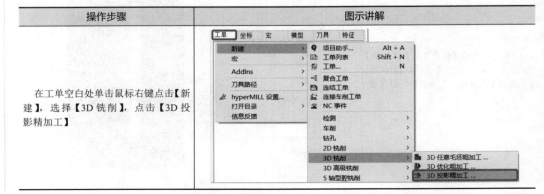

笔记

2. 新建 R3 球头刀（见表 6.1.21）

表6.1.21

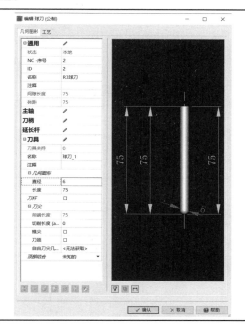

3. 策略设置（见表 6.1.22）

表6.1.22

操作步骤	图示讲解
（1）横向进给策略点击选择为【X 轴】、【往复式】、【直接双向】	
X 轴详解	
（2）点击设置【加工角度】为 45	加工角度　45

笔记

续表

操作步骤	图示讲解
	加工角度详解

（3）加工模式点击选择为【路径优化】	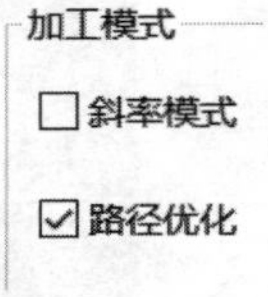 加工模式 □ 斜率模式 ☑ 路径优化

4. 参数设置（见表 6.1.23）

表6.1.23

操作步骤	图示讲解
（1）本次加工无须选择最高点与最低点。该指令可以定义 Z 轴切削区域	 加工区域 □ 最高点 □ 最低点
（2）本次加工为曲面精加工，因此【余量】、【附加 XY 余量】均设置为 0	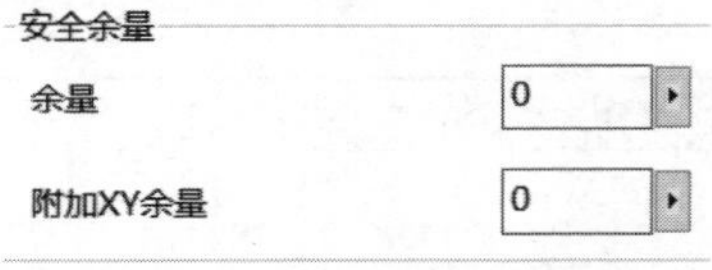 安全余量 余量　0 附加XY余量　0
（3）垂直进给模式点击选择为【仅精加工】	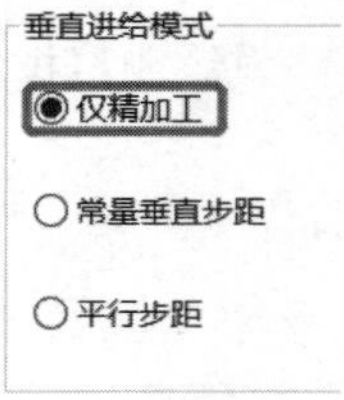 垂直进给模式 ◉ 仅精加工 ○ 常量垂直步距 ○ 平行步距
（4）水平进给模式点击选择为【常量步距】，【水平步距】为 0.2	 水平进给模式 ◉ 常量步距　　水平步距　0.2 ○ 残留高度 ○ 曲线投影常量
（5）退刀模式点击选择为【安全平面】，【安全平面】设为 50，将【安全距离】设为 5	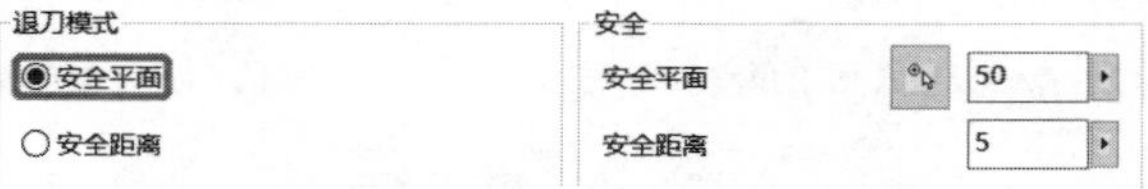 退刀模式　　　　安全 ◉ 安全平面　　安全平面　50 ○ 安全距离　　安全距离　5

笔记

5. 边界设置（见表 6.1.24）

表6.1.24

操作步骤	图示讲解
（1）策略点击选择为【边界曲线】	 策略 ◉ 边界曲线　　　　　　　○ 加工面
（2）点击选择【轮廓曲线】中的【重新选择】	 轮廓曲线 轮廓曲线 已选:　　　　　　　　　　　　　0
（3）按图点击选择【轮廓曲线】。	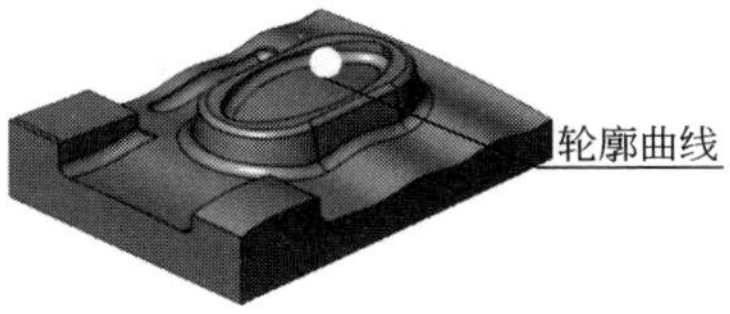 轮廓曲线
（4）刀具参数点击选择为【边界线上】	 刀具参考 ○ 边界线内　　　　○ 超过边界 ◉ 边界线上　　　　○ 接触 偏置　　　　　　　　0

6. 进退刀设置（见表 6.1.25）

表6.1.25

操作步骤	图示讲解
（1）进／退刀点击选择均为【圆】,【圆角】均为 $R3$	 进刀 ○ 垂直　　　　○ 切线 ◉ 圆　　　　　○ 斜线 圆角　　　　　　3 退刀 ○ 垂直　　　　○ 切线 ◉ 圆 圆角　　　　　　3
（2）点击选择【进退刀垂直于曲面】	 ☑ 进退刀垂直于曲面

笔记

续表

操作步骤	图示讲解
（3）高级进给策略点击选择为【修改进退刀】	 高级进给策略 ○ 退刀　　　○ 裁剪　　　◉ 修改进退刀

7. 设置（见表 6.1.26）

表6.1.26

操作步骤	图示讲解
（1）点击选择【模型】为工单设置中定义的【加工模型】	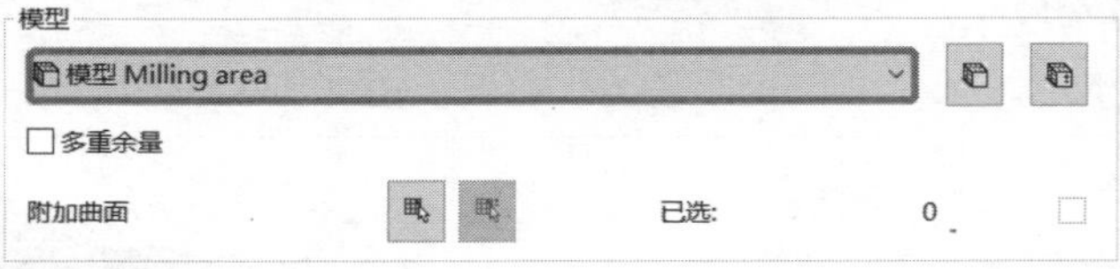 模型 📄 模型 Milling area　　▼ □ 多重余量 附加曲面　　　　　已选：　　0
（2）刀具检查点击选择为【检查打开】	 刀具检查 ☑ 检查打开　　　　刀具检查设置
（3）点击选择【检查主轴】,【主轴】为 1.5、【刀柄】为 0.25、【延长杆】为 0.25、【加强杆】为 0.05，其余参数为默认值	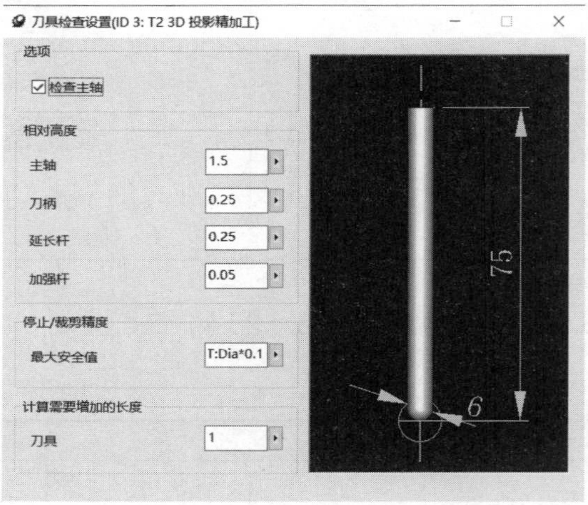 刀具检查设置(ID 3: T2 3D 投影精加工)　　— □ × 选项 ☑ 检查主轴 相对高度 主轴　　1.5 ▸ 刀柄　　0.25 ▸ 延长杆　0.25 ▸ 加强杆　0.05 ▸ 停止/裁剪精度 最大安全值　T:Dia*0.1 ▸ 计算需要增加的长度 刀具　　1 ▸ （75, 6）

8. 生成程序（见表 6.1.27）

表6.1.27

程序计算步骤			
第一步	第二步	第三步	第四步
 ✔	T1 3D 投影精加工	🖩	是(Y)
点击程序界面"确认"按钮	选择需要计算的程序	点击计算程序按钮或按"C"键计算	确认计算

参考程序示例

笔记

9. 模拟仿真（见表 6.1.28）

表6.1.28

程序仿真步骤		
第一步	第二步	第三步
T1 3D 投影精加工	**内部模拟**	
选择需要仿真的程序	选择内部模拟或使用快捷键"T"	点击开始仿真

仿真效果 [内部机床模拟（快捷键 Shift+T）]

【专家点拨】

① hyperMILL 软件中 3D 投影精加工非常适用于较平坦曲面区域的加工，该指令生成的轨迹质量高，加工可靠性强。

② 对于较大平坦曲面的加工优先选择 45°斜向加工，可提高加工曲面质量。

③ 对于平坦曲面与陡峭曲面可在平坦曲面处选择 3D 投影精加工，陡峭曲面选择等距精加工，最后再使用清根指令进行清根。

④ 在加工复杂的曲面时可选择"加工边界"进行划分加工区域，可大大提高计算速度，在不选择加工曲面时默认选择所有曲面。

【课后训练】

① 根据图 6.1.2 所示零件深色处特征，制订合理的工艺路线，设置必要的加工参数，使用 3D 投影精加工生成刀具路径。

② 使用 hyperMILL 软件内部机床验证程序的正确性。

图6.1.2

笔记

任务二　3D等距精加工

【教学目标】

能力目标

能够分析横向进给策略中等距和流线的应用特点。

能够选择正确的轮廓曲线。

能够理解 3D 步距的含义，并设置正确的参数。

能够选择正确的驱动曲面和停止曲面。

知识目标

掌握 hyperMILL 软件 3D 等距精加工策略。

掌握 3D 等距精加工的加工适用范围。

素质目标

任务驱动，培养学生阅读能力、自学能力。

激发学生的学习兴趣，培养团队合作和创新精神。

培养学生熟练掌握 3D 等距精加工指令并能够应用于实际加工。

【任务导读】

3D 等距精加工与 3D 投影精加工相类似，但 3D 等距加工能精准地保证刀路与刀路之间的间距，保证良好的加工效果，在使用过程中能通过选择加工面或边界定义加工区域，要求学生熟练掌握。

【任务描述】

使用 3D 等距精加工指令编制图 6.2.1 所示零件中区域一与区域二加工程序，需要正确定义指令参数，编制程序后进行内部仿真，验证程序正确性。

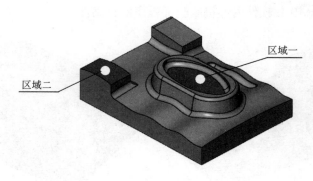

图6.2.1

笔记

【任务实施】

一、3D等距精加工案例一

1. 新建 3D 等距精加工（见表 6.2.1）

表6.2.1

操作步骤	图示讲解
在工单列表空白处单击鼠标右键点击【新建】，选择【3D 铣削】，点击【3D 等距精加工】	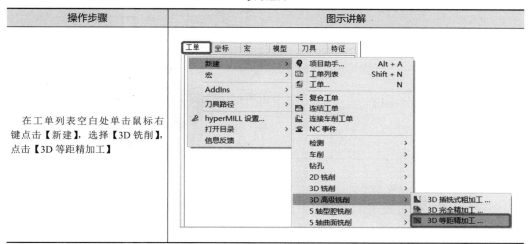

2. 选择 R3 球头刀（见表 6.2.2）

表6.2.2

操作步骤	图示讲解
在工单的刀具处选择之前创建的 φ6 球头刀	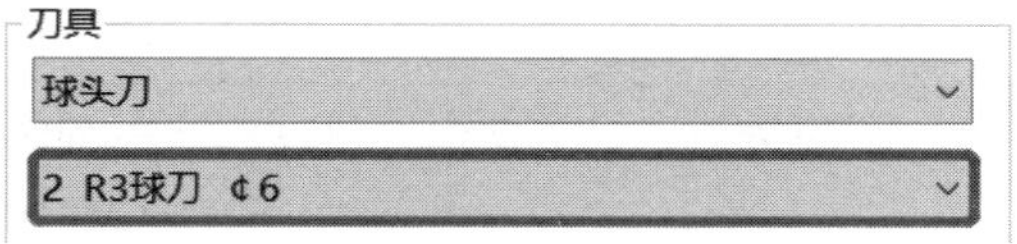 **刀具** 球头刀 ∨ 2 R3球刀 ¢6 ∨

3. 策略设置（见表 6.2.3）

表6.2.3

操作步骤	图示讲解
（1）横向进给策略点击选择为【等距】	 横向进给策略 ◉ 等距 ○ 流线

指令详解	
等距	流线
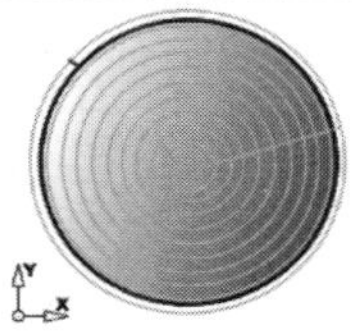	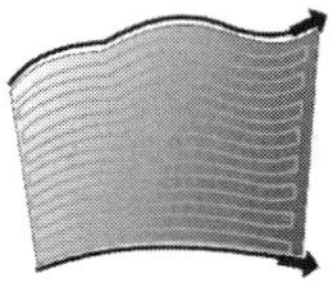

笔记

续表

操作步骤	图示讲解
（2）点击选择【轮廓曲线】中的【重新选择】	**轮廓曲线** 已选：　　　　0 偏置　　　0 ☑按3D曲线使用
（3）按图点击选择【轮廓曲线】	轮廓曲线

指令详解	
偏置	按3D曲线使用
选择的轮廓曲线按定义值（正/负）偏置	选择的轮廓曲线以3D模式投影到加工曲面

操作步骤	图示讲解
（4）路径方向点击选择为【顺时针】	**路径方向** ◉顺时针 ○逆时针

指令解释	
顺时针	逆时针
刀具路径顺时针加工	刀具路径逆时针加工

操作步骤	图示讲解
（5）步距方向点击选择为【从外向内】	**步距方向** ○从内向外 ◉从外向内
（6）本次加工不选择【跳过第一个路径】，【连接系数】设置为0.1	**刀具路径连结** ☐跳过第一个路径　　连接系数　　0.1

指令详解	
跳过第一个路径	连接系数
对第一个刀具路径予以计算，但不进行加工	由连接系数决定层级间斜线形路径连接的长度和圆度

操作步骤	图示讲解
（7）点击选择【驱动曲面】中的【重新选择】	**附加曲面** 驱动曲面 已选：　　　　0

笔记

续表

操作步骤	图示讲解
（8）按图点击选择【驱动曲面】	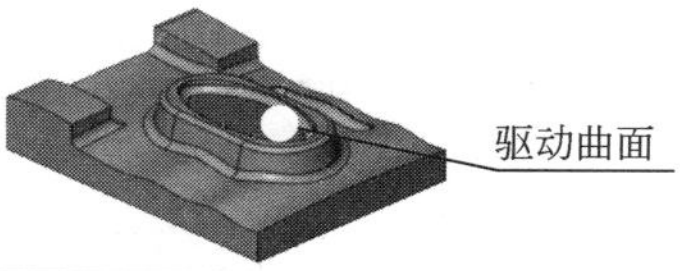 驱动曲面

4. 参数设置（见表6.2.4）

表6.2.4

操作步骤	图示讲解
（1）加工曲面时加工区域一般控制曲面 Z 轴范围，本次加工【底部】填写 –20	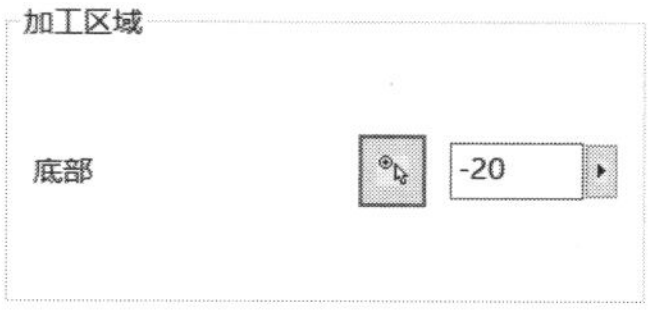 加工区域 底部 -20
（2）点击设置进给量中【3D 步距】为 0.2、【余量】为 0、【附加 XY 余量】	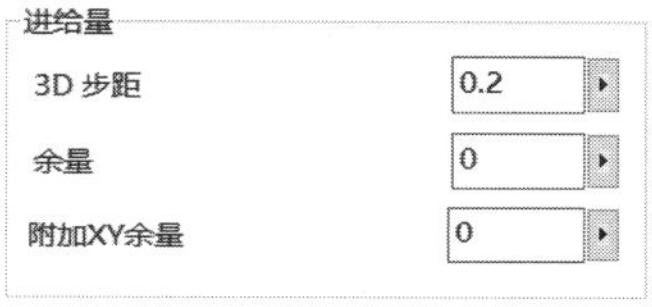 进给量 3D 步距 0.2 余量 0 附加XY余量 0

进给量详解

3D 进给

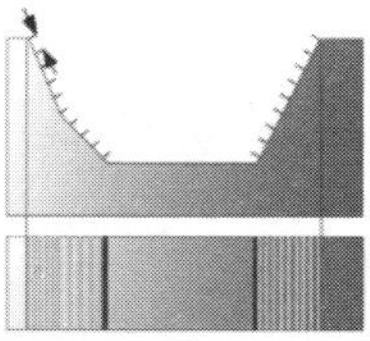

| （3）退刀模式点击选择为【安全平面】，将【安全平面】设为50，【安全距离】设为5 |  退刀模式
● 安全平面
○ 安全距离 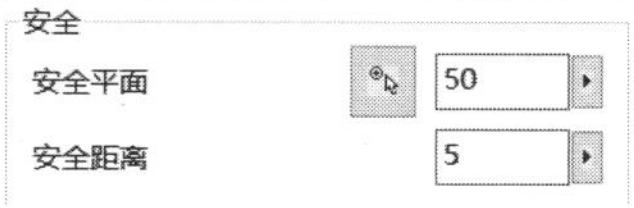

安全
安全平面 50
安全距离 5 |

5. 进退刀设置（见表 6.2.5）

表6.2.5

操作步骤	图示讲解
进 / 退刀点击选择均为【圆】,【圆角】均为 $R3$	  进刀 ○ 垂直 ○ 切线 ● 圆 ○ 斜线 圆角 3 退刀 ○ 垂直 ○ 切线 ● 圆 圆角 3

笔记

6. 设置（见表 6.2.6）

表6.2.6

操作步骤	图示讲解
（1）点击选择【模型】为工单设置中定义的加工模型	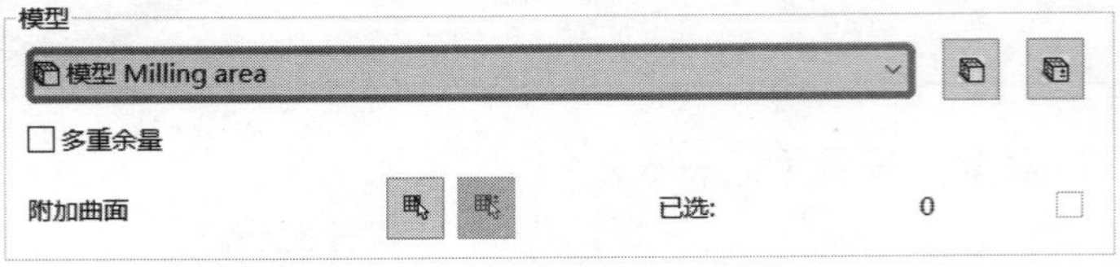 模型 模型 Milling area □ 多重余量 附加曲面　　　　　已选：　0
（2）刀具检查点击选择为【检查打开】	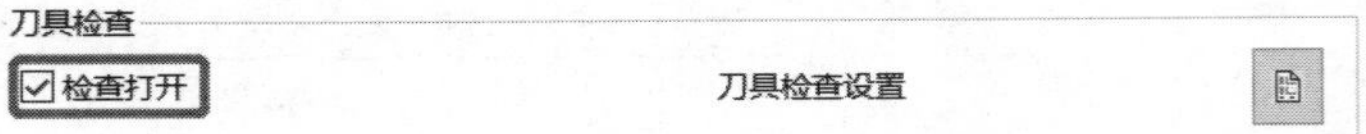 刀具检查 ☑ 检查打开　　　　刀具检查设置
（3）点击选择【检查主轴】,【主轴】为1.5、【刀柄】为0.25、【延长杆】为0.25，其余参数为默认值	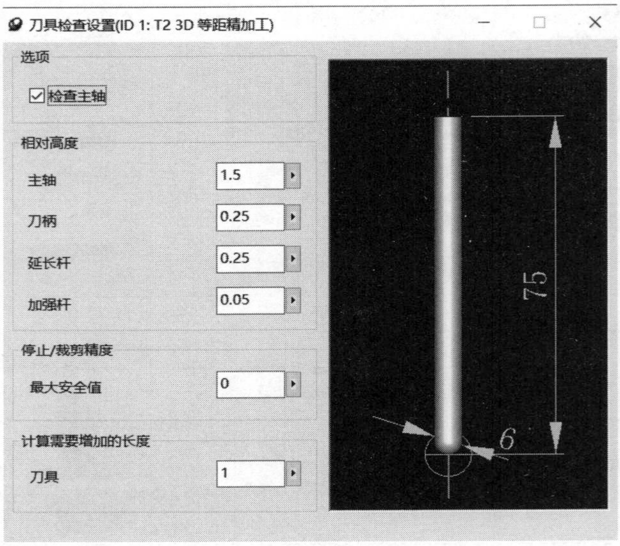 刀具检查设置(ID 1: T2 3D 等距精加工)　　—　□　× 选项 ☑ 检查主轴 相对高度 主轴　　1.5 刀柄　　0.25 延长杆　0.25 加强杆　0.05 停止/裁剪精度 最大安全值　0 计算需要增加的长度 刀具　　1

7. 生成程序（见表 6.2.7）

表6.2.7

程序计算步骤			
第一步	第二步	第三步	第四步
 ✔	T2 3D 等距精加工	 🗒	是(Y)
点击程序界面"确认"按钮	选择需要计算的程序	点击计算程序按钮或按"C"键计算	确认计算

参考程序示例

笔记

8. 模拟仿真（见表 6.2.8）

表6.2.8

程序仿真步骤		
第一步	第二步	第三步
T2 3D 等距精加工	**内部模拟**	 ▶▶
选择需要仿真的程序	选择内部模拟或使用快捷键"T"	点击开始仿真

仿真效果 [内部机床模拟（快捷键 Shift+T ）]

二、3D 等距精加工案例二

1. 新建 3D 等距精加工（见表 6.2.9）

表6.2.9

操作步骤	图示讲解
在工单列表空白处单击鼠标右键，选择【新建】，点击【3D 铣削】，选择【3D 等距精加工】	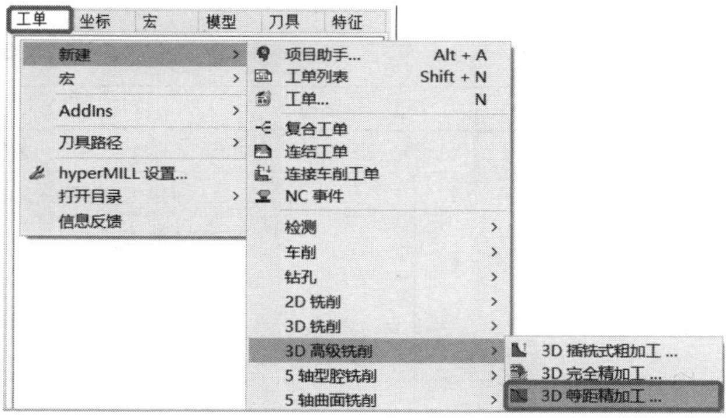 工单　坐标　宏　模型　刀具　特征 新建 ＞　项目助手... Alt + A 宏 ＞　工单列表 Shift + N AddIns ＞　工单... N 刀具路径 ＞　复合工单 hyperMILL 设置... 连结工单 打开目录 ＞　连接车削工单 信息反馈 NC 事件 检测 ＞ 车削 ＞ 钻孔 ＞ 2D 铣削 ＞ 3D 铣削 ＞ 3D 高级铣削 ＞　3D 插铣式粗加工 ... 5 轴型腔铣削 ＞　3D 完全精加工 ... 5 轴曲面铣削 ＞　3D 等距精加工 ...

2. 选择 R3 球头刀（见表 6.2.10）

表6.2.10

操作步骤	图示讲解
在工单的刀具处选择之前创建的 R3 球头刀	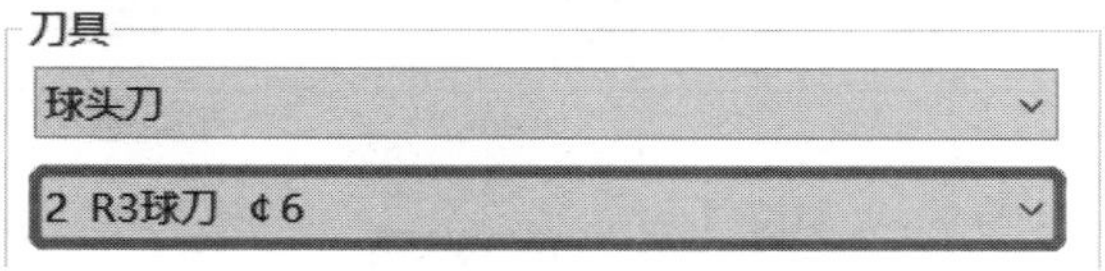 刀具 球头刀　⌄ 2 R3球刀 φ6　⌄

笔记

3. 策略设置（见表 6.2.11）

表6.2.11

操作步骤	图示讲解
（1）横向进给策略点击选择为【流线】	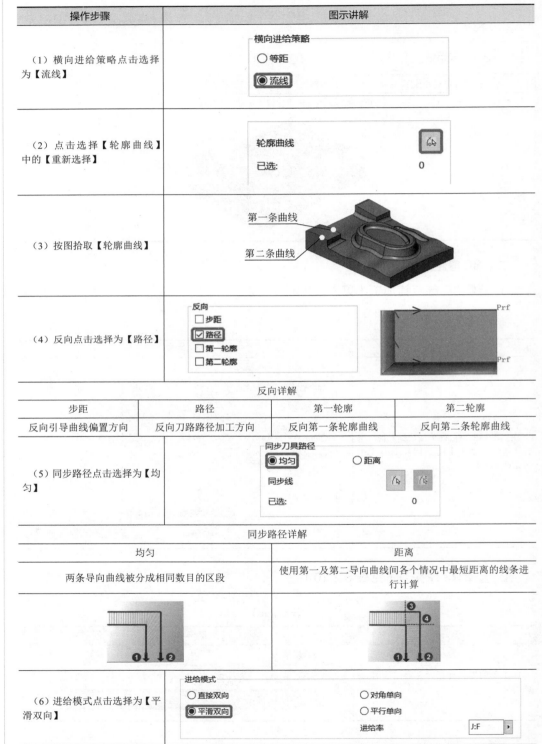
（2）点击选择【轮廓曲线】中的【重新选择】	
（3）按图拾取【轮廓曲线】	
（4）反向点击选择为【路径】	

反向详解

步距	路径	第一轮廓	第二轮廓
反向引导曲线偏置方向	反向刀路路径加工方向	反向第一条轮廓曲线	反向第二条轮廓曲线

（5）同步路径点击选择为【均匀】	

同步路径详解

均匀	距离
两条导向曲线被分成相同数目的区段	使用第一及第二导向曲线间各个情况中最短距离的线条进行计算

（6）进给模式点击选择为【平滑双向】	

笔记

续表

操作步骤	图示讲解
	进给模式详解

直接双向	平滑双向	对角单向	平行单向
		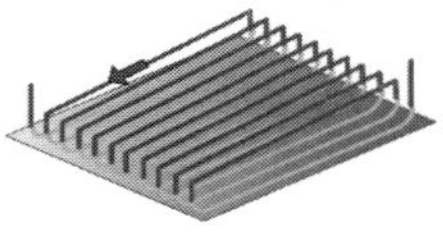	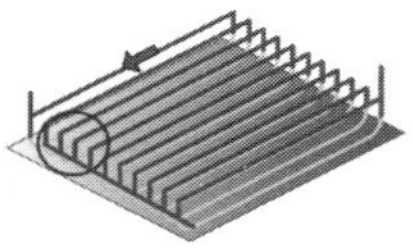

| （7）点击选择【驱动曲面】中的【重新选择】 |  附加曲面

驱动曲面

已选: 0 |
| （8）按图点击选择【驱动曲面】 | 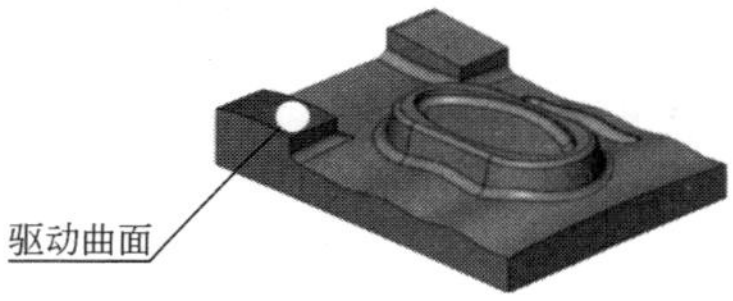 驱动曲面 |

4. 参数设置（见表 6.2.12）

表6.2.12

操作步骤	图示讲解
（1）加工曲面时加工区域一般控制曲面Z轴范围，本次加工【底部】填写 –45	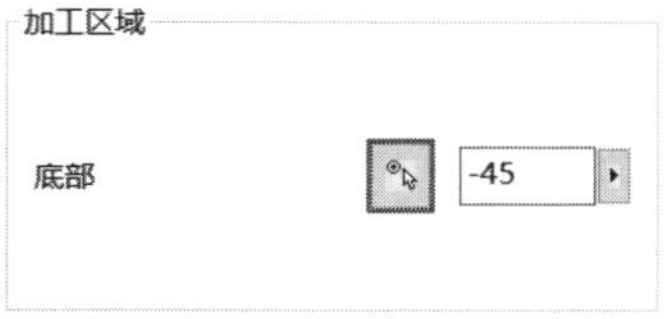 加工区域 底部 –45
（2）点击设置进给量中【3D步距】为0.2、【余量】为0、【附加XY余量】为0	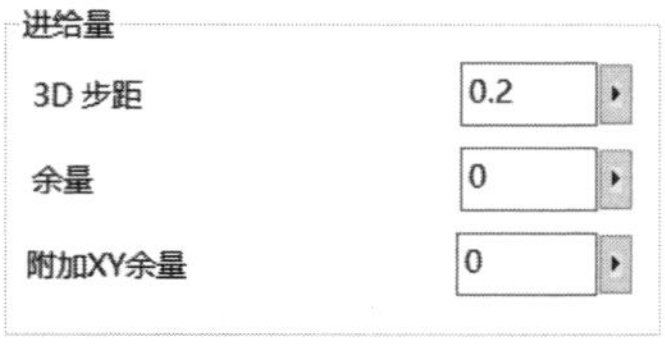 进给量 3D 步距 0.2 余量 0 附加XY余量 0
（3）退刀模式点击选择为【安全平面】，将【安全平面】设为50，【安全距离】设为5	 退刀模式 安全 ● 安全平面 安全平面 50 ○ 安全距离 安全距离 5

笔记

5. 进退刀设置（见表6.2.13）

表6.2.13

操作步骤	图示讲解
进/退刀点击选择均为【圆】，【圆角】均为R3	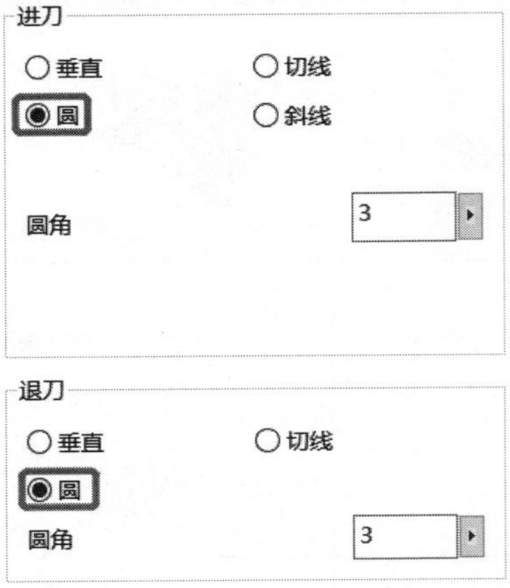 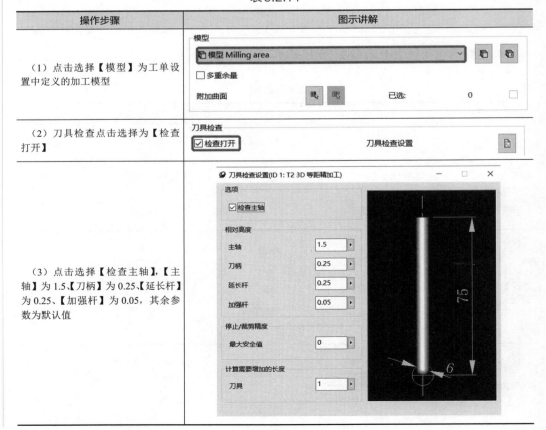

6. 设置（见表6.2.14）

表6.2.14

操作步骤	图示讲解
（1）点击选择【模型】为工单设置中定义的加工模型	
（2）刀具检查点击选择为【检查打开】	
（3）点击选择【检查主轴】，【主轴】为1.5、【刀柄】为0.25、【延长杆】为0.25、【加强杆】为0.05，其余参数为默认值	

笔记

7. 生成程序（见表 6.2.15）

表6.2.15

程序计算步骤			
第一步	第二步	第三步	第四步
	T2 3D 等距精加工	☑	是(Y)
点击程序界面"确认"按钮	选择需要计算的程序	点击计算程序按钮或按"C"键计算	确认计算

参考程序示例

8. 模拟仿真（见表 6.2.16）

表6.2.16

程序仿真步骤		
第一步	第二步	第三步
T2 3D 等距精加工	内部模拟	▶▶
选择需要仿真的程序	选择内部模拟或使用快捷键"T"	点击开始仿真

仿真效果［内部机床模拟（快捷键 Shift+T）］

【专家点拨】

① hyperMILL 软件中 3D 等距精加工与投影精加工不同点在于等距精加工的加工策略是根据加工面进行等距划分，投影精加工在于根据投影策略生成刀路，对于陡峭面的加工等距加工优于投影加工。

② 在 3D 等距精加工策略中的"等距"及"流线"功能均可以点和线或线和线的组合方式进行排布，刀路生成效果好。

③ 复杂曲面加工时常需要多个指令组合进行加工，在不重复定位工件的情况下，不要害怕接刀。

【课后训练】

① 根据图 6.2.2 所示零件深色处特征，制订合理的工艺路线，设置必要的加工参

笔记

数，使用 3D 等距精加工生成刀具路径。

② 使用 hyperMILL 软件内部机床验证程序的正确性。

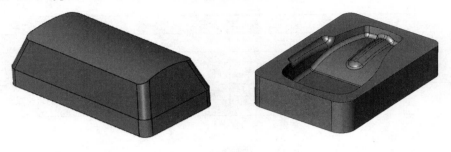

图6.2.2

任务三　3D ISO加工

【教学目标】

能力目标

能够针对欠连接的曲面，选择合适的加工策略。

能够理解 ISO 定位和整体定位的含义。

能够根据曲面的特点，选择采用 U 参数和 V 参数。

能够根据加工曲面特点，合理选择加工方向。

知识目标

掌握 hyperMILL 软件 3D ISO 加工策略。

掌握贯穿线和流线的加工路线特点。

掌握 3D ISO 加工的适用范围。

素质目标

任务驱动，培养学生的阅读能力、自学能力。

激发学生的学习兴趣，培养团队合作和创新精神。

培养学生熟练掌握 3D ISO 加工指令并能够应用于实际加工。

【任务导读】

3D ISO 加工是按 U 和 V 参数对各个欠连续的区域进行加工，能很好地处理单个、多个曲面的刀路衔接，优点有刀路规整、切削方式多样化，在使用过程中能通过选择加工面或边界定义加工区域，要求学生熟练掌握。

【任务描述】

使用 3D ISO 加工指令编制图 6.3.1 零件中区域一与区域二加工程序，需要正确定义指令参数，编制程序后进行内部仿真，验证程序正确性。

笔记

图6.3.1

【任务实施】

一、3D ISO加工案例一

1. 新建 3D ISO 加工（见表 6.3.1）

表6.3.1

操作步骤	图示讲解
在工单列表空白处单击鼠标右键，选择【新建】，点击【3D 铣削】，选择【3D ISO 加工】	工单 坐标 宏 模型 刀具 特征 新建 ▸ 项目助手... Alt + A 宏 ▸ 工单列表 Shift + N AddIns ▸ 工单... N 刀具路径 ▸ 复合工单 hyperMILL 设置... 连接车削工单 打开目录 ▸ NC 事件 信息反馈 检测 ▸ 车削 ▸ 钻孔 ▸ 2D 铣削 ▸ 3D 铣削 ▸ 3D 任意毛坯粗加工 ... 3D 高级铣削 3D 优化粗加工 ... 5 轴型腔铣削 3D 投影精加工 ... 5 轴曲面铣削 3D 等高精加工 ... 5 轴弯管铣削 3D Z 轴形状偏置精加工 ... 5 轴叶片铣削 3D ISO 加工 ...

2. 选择 R3 球头刀（见表 6.3.2）

表6.3.2

操作步骤	图示讲解
在工单的刀具处选择之前创建的 R3 球头刀	刀具 球头刀 ⌄ 2 R3球刀 ∅6 ⌄

3. 策略设置（见表 6.3.3）

表6.3.3

操作步骤	图示讲解
（1）策略点击选择为【ISO 定位】	策略 ◉ ISO 定位　　　　　○ 整体定位

笔记

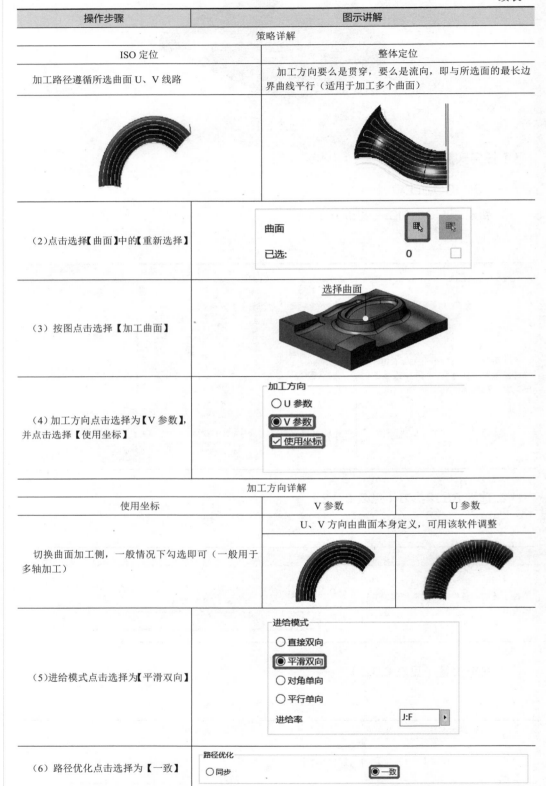

操作步骤	图示讲解
策略详解	

ISO 定位	整体定位
加工路径遵循所选曲面 U、V 线路	加工方向要么是贯穿，要么是流向，即与所选面的最长边界曲线平行（适用于加工多个曲面）

（2）点击选择【曲面】中的【重新选择】

（3）按图点击选择【加工曲面】

（4）加工方向点击选择为【V 参数】，并点击选择【使用坐标】

加工方向详解		
使用坐标	V 参数	U 参数
切换曲面加工侧，一般情况下勾选即可（一般用于多轴加工）	U、V 方向由曲面本身定义，可用该软件调整	

（5）进给模式点击选择为【平滑双向】

笔记

（6）路径优化点击选择为【一致】

续表

操作步骤	图示讲解
路径优化	

同步	一致
路径从要加工的面中心出发，进行对称分割（整个曲面上路径之间的距离不一致） 	路径均匀分布（整个面上路径之间的距离是一致的） 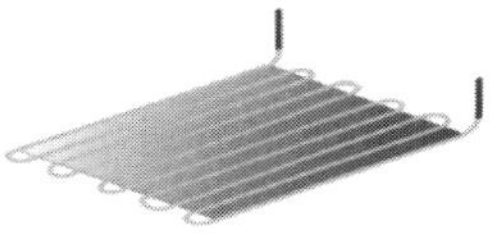

4. 参数设置（见表6.3.4）

表6.3.4

操作步骤	图示讲解
（1）进给量设置【3D步距】为0.1、【余量】为0	 进给量　3D步距 0.1　余量 0
（2）切削类型点击选择为【往复式】	 切削类型　○向上　○向下　●往复式
（3）退刀模式点击选择为安全平面，【安全平面】设为50、【安全距离】设为5	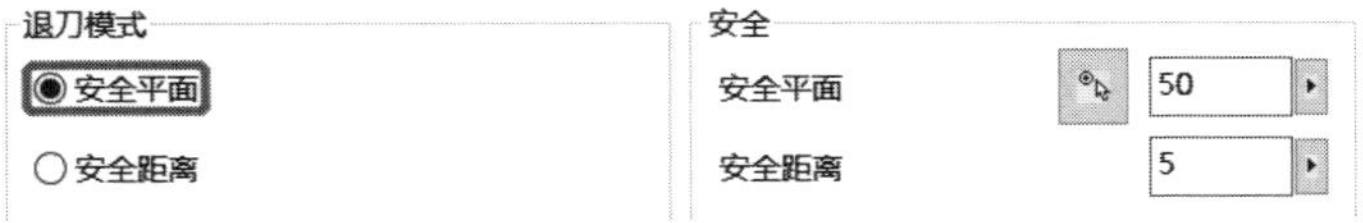 退刀模式 ●安全平面 ○安全距离　安全 安全平面 50 安全距离 5

5. 边界设置（见表6.3.5）

表6.3.5

操作步骤	图示讲解
（1）本次加工不选择【边界】	边界　已选：0
（2）刀具参数点击选择为【边界线上】	 刀具参考 ●边界线上 ○接触 偏置 0

笔记

6. 进退刀设置（见表6.3.6）

表6.3.6

操作步骤	图示讲解
进／退刀点击选择均为【圆】,【圆角】均为 *R*3	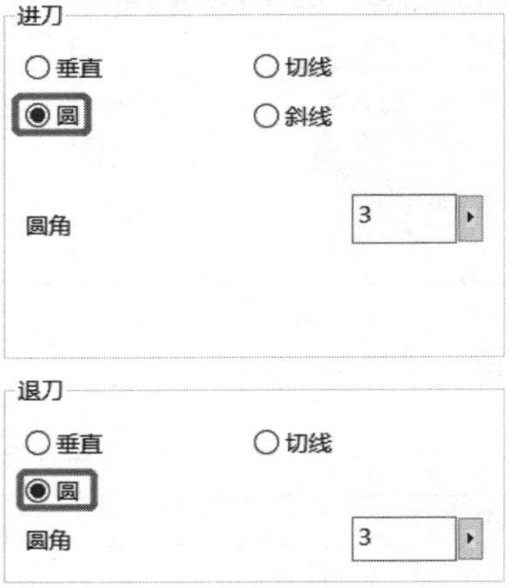 进刀 ○垂直　　○切线 ◉圆　　　○斜线 圆角　　　3 退刀 ○垂直　　○切线 ◉圆 圆角　　　3

7. 设置（见表6.3.7）

表6.3.7

操作步骤	图示讲解
（1）点击选择【模型】为工单设置中定义的加工模型	模型 模型 Milling area □多重余量 附加曲面　　　已选：　0
（2）刀具检查点击选择为【检查打开】	刀具检查 ☑检查打开　　　刀具检查设置
（3）点击选择【检查主轴】,【主轴】为1.5、【刀柄】为0.25、【延长杆】为0.25，其余参数为默认值	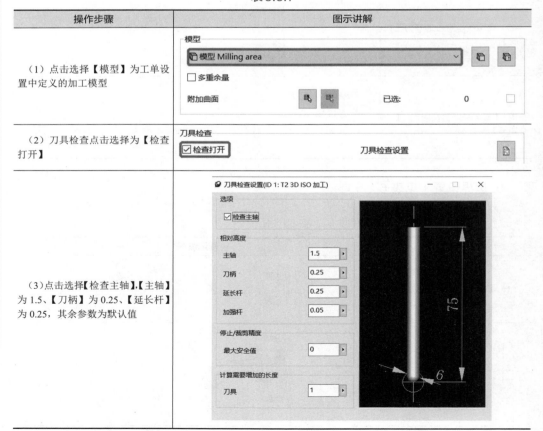

 笔记

8. 生成程序（见表6.3.8）

表6.3.8

程序计算步骤			
第一步	第二步	第三步	第四步
 ✔	T2 3D ISO 加工	 ▣	是(Y)
点击程序界面"确认"按钮	选择需要计算的程序	点击计算程序按钮或按"C"键计算	确认计算

参考程序示例

9. 模拟仿真（见表6.3.9）

表6.3.9

程序仿真步骤		
第一步	第二步	第三步
T2 3D ISO 加工	内部模拟	▶▶
选择需要仿真的程序	选择内部模拟或使用快捷键"T"	点击开始仿真

仿真效果［内部机床模拟（快捷键 Shift+T）］

二、3D ISO加工案例二

1. 新建 3D ISO 加工（见表6.3.10）

表6.3.10

操作步骤	图示讲解
在工单列表空白处单击鼠标右键，选择【新建】，点击【3D 铣削】，选择【3D ISO 加工】	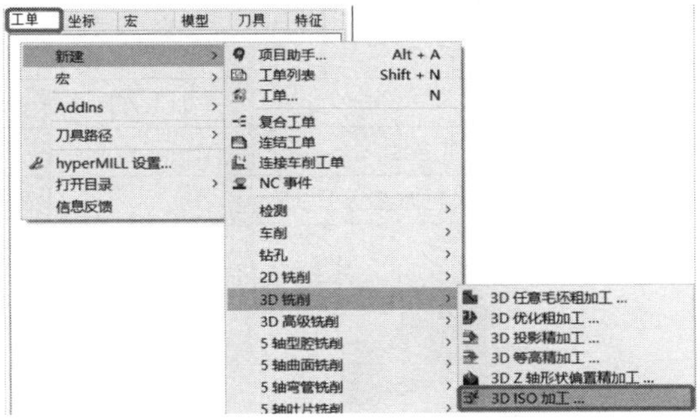

笔记

2. 选择 R3 球头刀（见表 6.3.11）

表6.3.11

操作步骤	图示讲解
在工单的刀具处选择之前创建的 $\phi6$ 球头刀	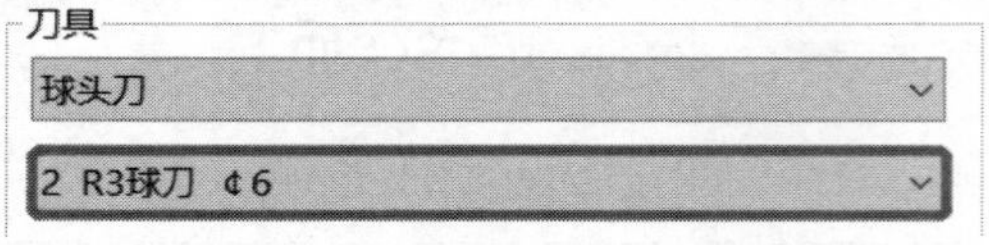 刀具 球头刀 ⌄ 2 R3球刀 ⌀6 ⌄

3. 策略设置（见表 6.3.12）

表6.3.12

操作步骤	图示讲解
（1）策略点击选择为【整体定位】	 策略 ○ Iso 定位　　　　　　　● 整体定位

指令详解	
ISO 定位	整体定位
加工路径遵循所选曲面 U、V 线路 	加工方向要么是贯穿，要么是流向，即与所选面的最长边界曲线平行（适用于加工多个曲面） 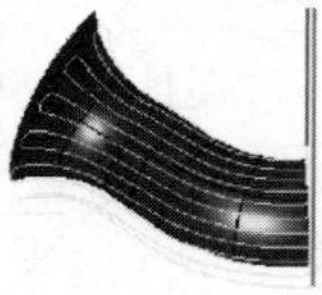

操作步骤	图示讲解
（2）点击选择【曲面】中的【重新选择】	 曲面 已选：　　0
（3）按图点击选择【加工曲面】	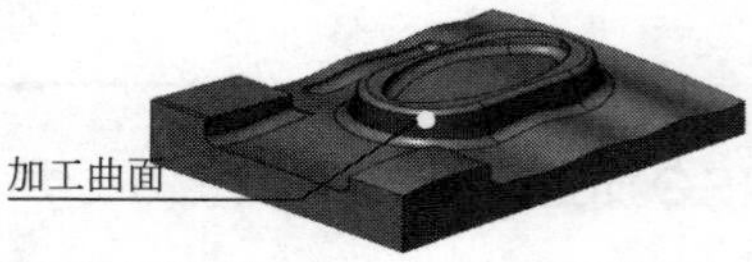 加工曲面
（4）加工方向点击选择为【流线】，勾选【使用坐标】	 加工方向 ○ 贯穿线 ◉ 流线 ☑ 使用坐标

加工方向详解	
贯穿线	流线
法向加工 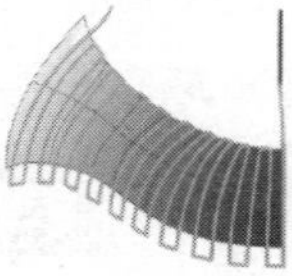	流向加工 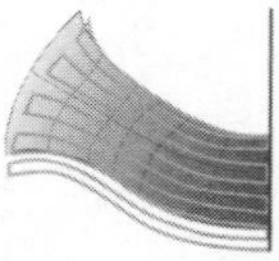

笔记

续表

操作步骤	图示讲解
（5）进给模式点击选择为【直接双向】	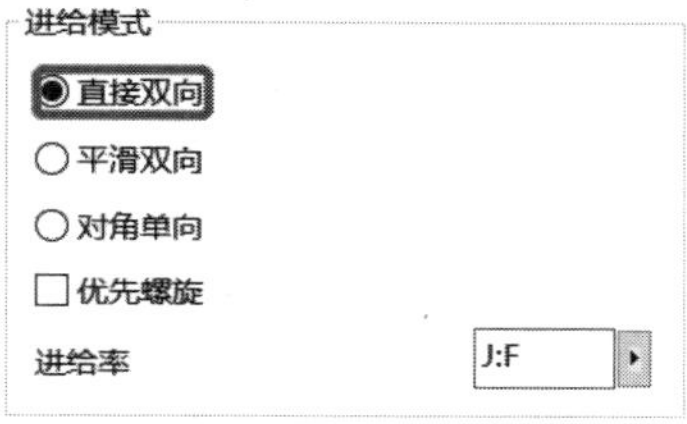 进给模式 ● 直接双向 ○ 平滑双向 ○ 对角单向 □ 优先螺旋 进给率　　J:F ▶
（6）本次加工不点击选择【起始轮廓】、【终止轮廓】	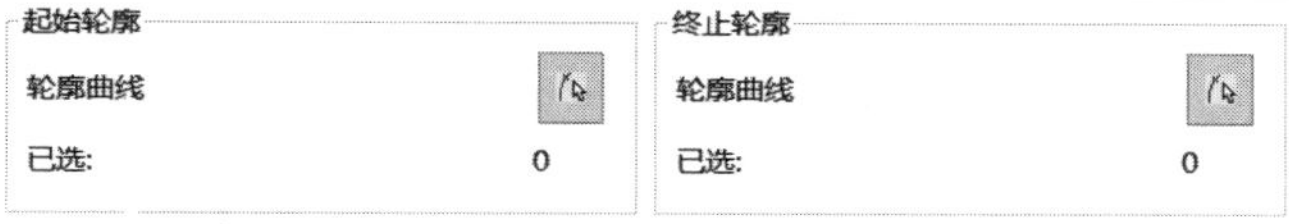 起始轮廓 轮廓曲线　　　🖈　　终止轮廓 已选：　　　0　　轮廓曲线　🖈 　　　　　　　　已选：　　0

起始、终止轮廓详解	
起始轮廓	终止轮廓
加工路径起始轮廓	加工路径终止轮廓

4. 参数设置（见表 6.3.13）

表6.3.13

操作步骤	图示讲解
（1）进给量点击设置【3D 步距】为 0.1，【余量】为 0	 进给量 3D 步距　　0.1 ▶ 余量　　　　0 ▶
（2）切削类型点击选择为【往复式】	 切削类型 ○ 向上　　　　○ 向下 ● 往复式
（3）退刀模式点击选择为【安全平面】，将【安全平面】设为 50、【安全距离】设为 5	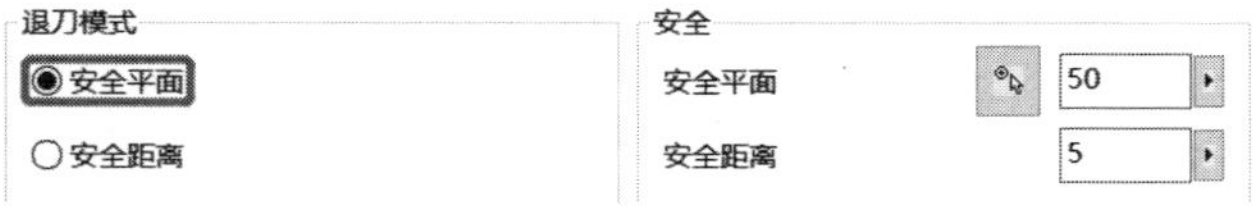 退刀模式　　　　　　安全 ● 安全平面　　安全平面　🖈 50 ▶ ○ 安全距离　　安全距离　　5 ▶

5. 边界设置（见表 6.3.14）

表6.3.14

操作步骤	图示讲解
（1）本次加工不选择【边界】	边界　　　🖈 🖈 已选：　　0
（2）刀具参数点击选择为【边界线上】	 刀具参考 ● 边界线上 ○ 接触 偏置　　　0 ▶

笔记

6. 进退刀设置（见表 6.3.15）

表6.3.15

操作步骤	图示讲解
进 / 退刀点击选择均为【圆】,【圆角】均为 *R3*	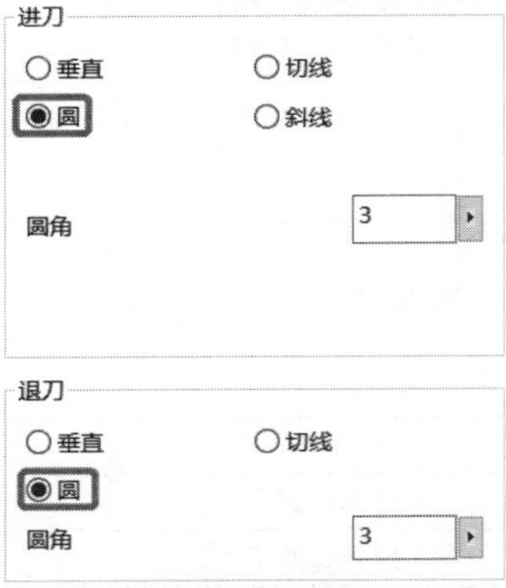 进刀 ○ 垂直　　　○ 切线 ◉ 圆　　　　○ 斜线 圆角　　　　　3 ▸ 退刀 ○ 垂直　　　○ 切线 ◉ 圆 圆角　　　　　3 ▸

7. 设置（见表 6.3.16）

表6.3.16

操作步骤	图示讲解
（1）点击选择【模型】为工单设置中定义的加工模型	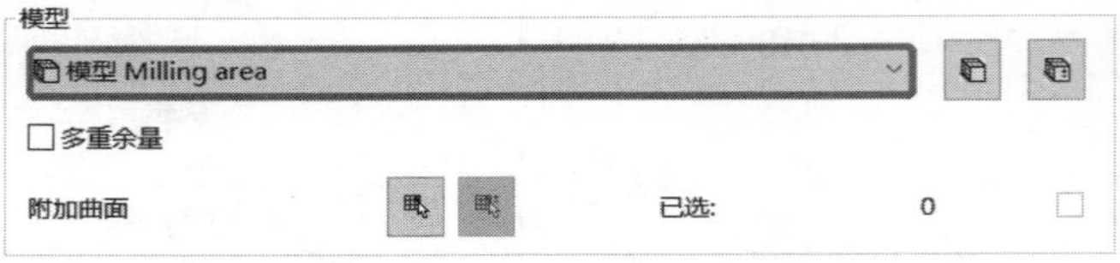 模型 模型 Milling area ▾　　🗐 🗐 □ 多重余量 附加曲面　　🗐 🗐　　已选:　　0　　□
（2）刀具检查点击选择为【检查打开】	 刀具检查 ☑ 检查打开　　　　刀具检查设置　　🗎
（3）点击选择【检查主轴】,【主轴】为 1.5、【刀柄】为 0.25、【延长杆】为 0.25、【加强杆为 0.05】，其余参数为默认值	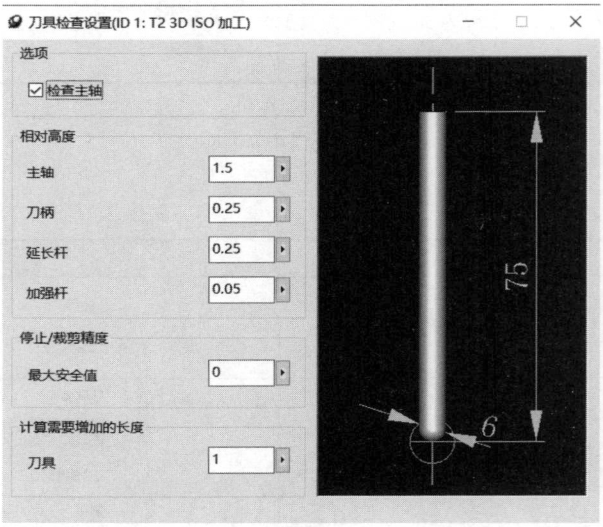 刀具检查设置(ID 1: T2 3D ISO 加工)　　－ □ ✕ 选项 　☑ 检查主轴 相对高度 　主轴　　1.5 ▸ 　刀柄　　0.25 ▸ 　延长杆　0.25 ▸ 　加强杆　0.05 ▸ 停止/裁剪精度 　最大安全值　0 ▸ 计算需要增加的长度 　刀具　　1 ▸　　（75、6 标注于图示）

笔记

8. 生成程序（见表 6.3.17）

表6.3.17

程序计算步骤			
第一步	第二步	第三步	第四步
✔	T2 3D ISO 加工	🖼	是(Y)
点击程序界面"确认"按钮	选择需要计算的程序	点击计算程序按钮或按"C"键计算	确认计算

参考程序示例

9. 模拟仿真（见表 6.3.18）

表6.3.18

程序仿真步骤		
第一步	第二步	第三步
T2 3D ISO 加工	内部模拟	▶▶
选择需要仿真的程序	选择内部模拟或使用快捷键"T"	点击开始仿真

仿真效果 [内部机床模拟（快捷键 Shift+T）]

【专家点拨】

① hyperMILL 软件中 ISO 功能是应用范围最广的曲面加工指令，是根据曲面的 UV 向进行轨迹生成的一种加工方式。

② 对 UV 向不一致的组合曲面进行加工时可以选用"整体定位"或者修改曲面的 UV 向等方式提高刀路轨迹的质量。

笔记

③ 零件模型存在"破面""漏面"时，应优先修补模型"破面""漏面"后再生成刀路轨迹，以防过切及漏切。

④ ISO 加工指令在再加工或者五轴再加工中较常用，需熟练掌握，在不易编制的曲面加工中可使用该指令进行尝试。

【课后训练】

① 根据图 6.3.2 所示零件深色处特征，制订合理的工艺路线，设置必要的加工参数，使用 3D ISO 加工生成刀具路径。

② 使用 hyperMILL 软件内部机床验证程序的正确性。

图6.3.2

任务四　3D自由路径加工

【教学目标】

能力目标

能够根据加工类型的不同，创建正确的刀具。

能够制订雕刻刀的加工深度及走刀路线方式。

加工凹槽时，能够设置合理的摆线步距。

能够正确地选择模型的轮廓进行倒角。

知识目标

掌握刻字、3D 倒角等相关特征的加工策略。

掌握不同的加工类型，所用的刀具类型。

掌握切削深度及摆线步距的参数设置。

素质目标

任务驱动，培养学生阅读能力、自学能力。

激发学生的学习兴趣，培养团队合作和创新精神。

培养学生熟练掌握 3D 自由路径加工指令并能够应用于实际加工。

笔记

【任务导读】

3D自由路径加工是根据空间自由定位的开放与封闭3D轮廓进行铣削，常用于刻字、倒角、走线加工。路径能对分层、偏置进行设置，要求学生熟练掌握。

【任务描述】

使用3D自由路径加工指令编制图6.4.1零件中刻字区域、成形凹槽与3D倒角区域，需要正确定义指令参数，编制程序后进行内部仿真，验证程序正确性。

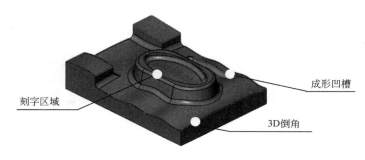

图6.4.1

【任务实施】

一、3D自由路径加工案例一

1. 新建3D自由路径加工（见表6.4.1）

表6.4.1

操作步骤	图示讲解
在工单列表空白处单击鼠标右键，选择【新建】，点击【3D铣削】，选择【3D自由路径加工】	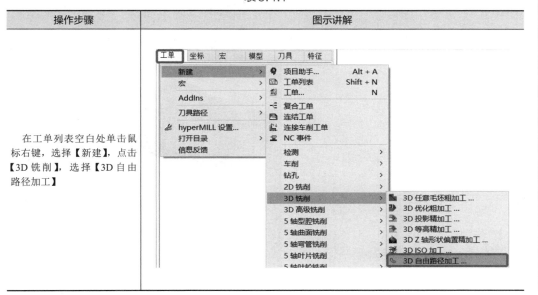

笔记

2. 新建 D3 30° 雕刻刀（见表 6.4.2）

表6.4.2

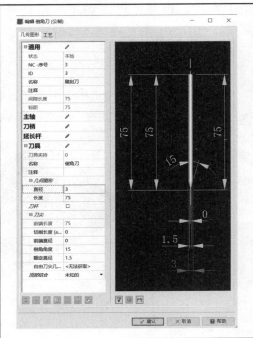

3. 轮廓设置（见表 6.4.3）

表6.4.3

操作步骤	图示讲解
（1）点击选择【轮廓】中的【重新选择】	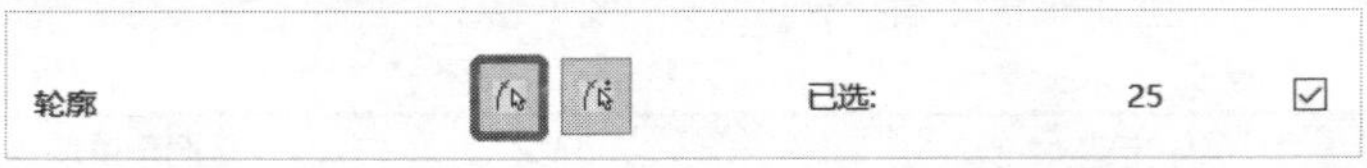 轮廓 　　　　　　 已选：　25　☑
（2）按图点击选择【路径轮廓】	
（3）本次加工无须定义【轮廓属性】	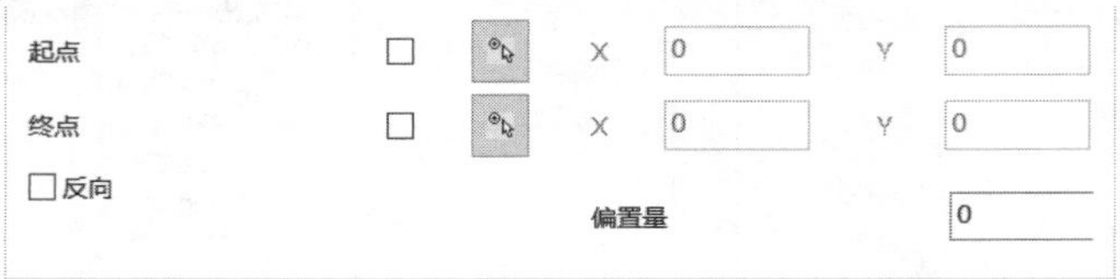 起点 □ X 0 Y 0 终点 □ X 0 Y 0 □反向　　　　　偏置量　　0

笔记

续表

操作步骤	图示讲解

指令详解

起点	终点	反向	偏置量
刀具路径起点，每个轮廓均可自由选择起点 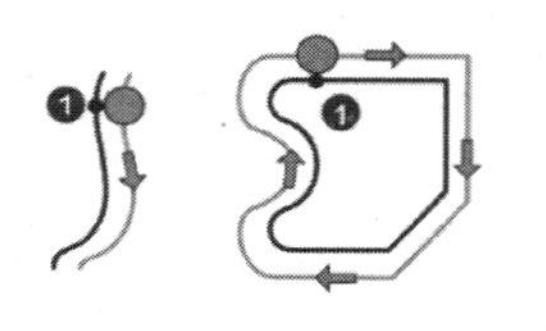	如果只加工部分轮廓，或者应该在某处有重叠，则设置一个终点 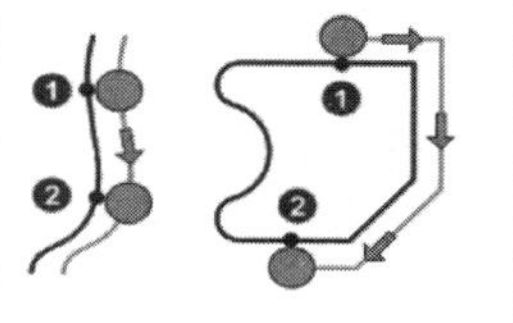	轮廓反向	轮廓偏置量

4. 参数设置（见表 6.4.4）

表6.4.4

操作步骤	图示讲解
（1）刀具位置点击选择为【在轮廓上】	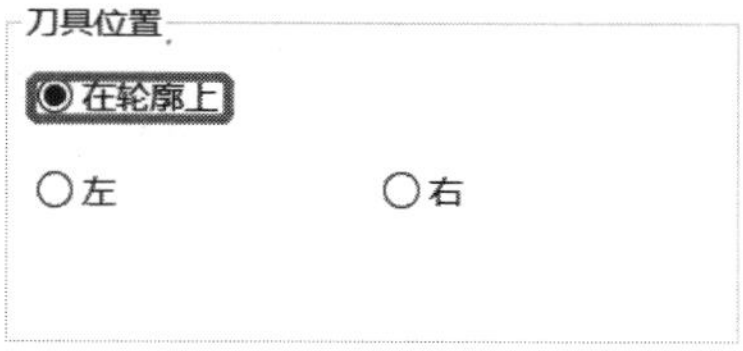 刀具位置 ◉ 在轮廓上 ○ 左　　　　○ 右

刀具位置详解

①左补偿 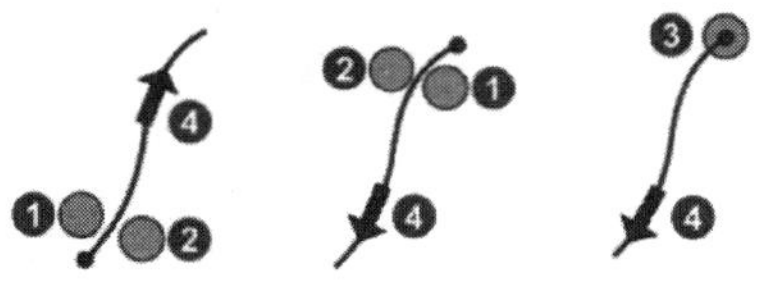	②右补偿	③在轮廓上	④切削方向

（2）安全余量点击设置【Z-偏置轮廓线】为 –0.05	安全余量 Z-偏置轮廓线　　　　－0.05 

安全余量详解

Z- 偏置轮廓线：对加工曲线进行 Z 轴偏置，用于控制加工深度

（3）本次加工不选择【摆线步距】	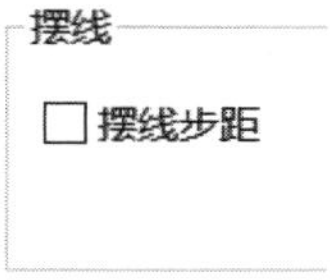 摆线 □ 摆线步距

笔记

续表

操作步骤	图示讲解
摆线详解	

摆线水平步距	摆线半径①	摆线步距②
摆线（呈环路状）水平步距沿所选的轮廓进行加工	每次环路运动至所选轮廓左/右侧的进给量	所选轮廓方向上每次环路运动的进给量

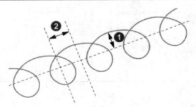

操作步骤	图示讲解
（4）进给量点击选择为【单向】，设置【加工深度】为0.1、【垂直步距】为0	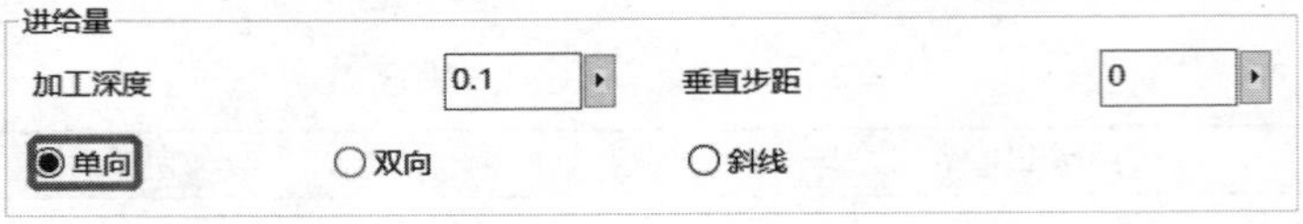 进给量 加工深度 0.1　　垂直步距 0 ⦿单向　　○双向　　○斜线

进给量详解

单向	双向	斜线	加工深度	垂直步距
加工始终以同一个方向进行	加工时交替改换方向	加工时呈斜线加工	轮廓的加工深度	层与层之间的加工步距

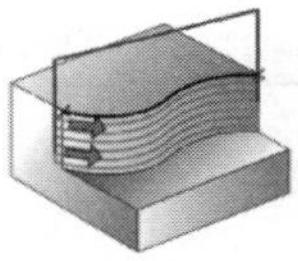

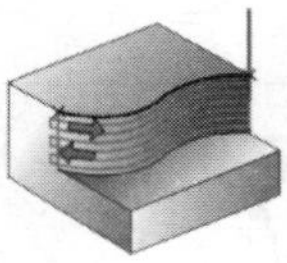

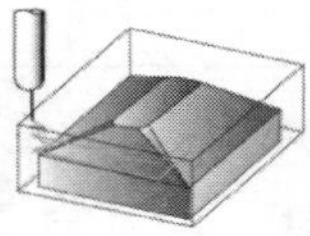

操作步骤	图示讲解
（5）退刀模式点击选择为【安全距离】，【安全平面】设为50、【安全距离】设为2	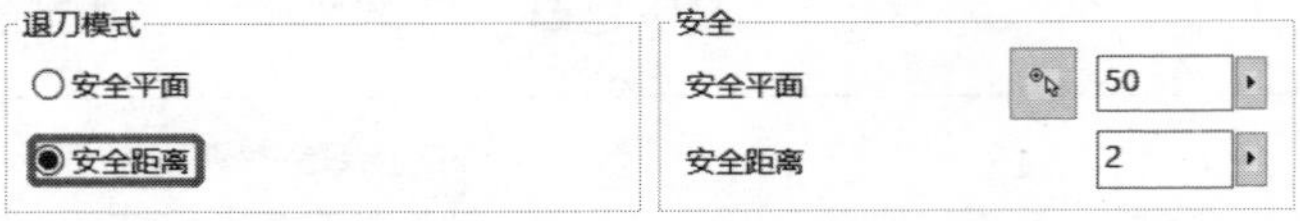 退刀模式 ○安全平面 ⦿安全距离 安全 安全平面 50 安全距离 2

5. 边界设置（见表 6.4.5）

表6.4.5

操作步骤	图示讲解
本次加工不选择【停止曲面】	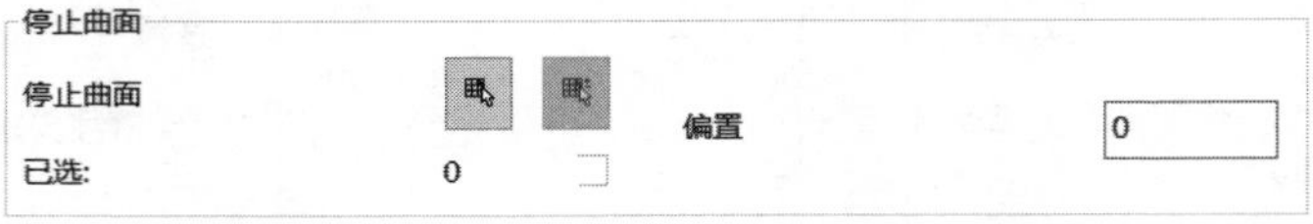 停止曲面 停止曲面　　　　偏置 0 已选：　0

笔记

6. 进退刀设置（见表 6.4.6）

表6.4.6

操作步骤	图示讲解
进 / 退刀点击选择均为【垂直】,【长度】均为 1	

进退刀（手动）指令详解

①垂直进退刀	②切线进退刀
③圆进退刀	④斜线进退刀

7. 设置（见表 6.4.7）

表6.4.7

操作步骤	图示讲解
本次加工刻字深度为负余量，不选择【检查模型】。（不检查模型需确认刀路不会过切）	模型 ☐ 检查模型

笔记

8. 生成程序（见表 6.4.8）

表6.4.8

程序计算步骤			
第一步	第二步	第三步	第四步
✔	3D 自由路径加工	📷	是(Y)
点击程序界面"确认"按钮	选择需要计算的程序	点击计算程序按钮或按"C"键计算	确认计算

9. 模拟仿真（见表 6.4.9）

表6.4.9

程序仿真步骤		
第一步	第二步	·第三步
3D 自由路径加工	内部模拟	▶▶
选择需要仿真的程序	选择内部模拟或使用快捷键"T"	点击开始仿真

仿真效果 [内部机床模拟（快捷键 Shift+T）]

二、3D 自由路径加工案例二

1. 新建 3D 自由路径加工（见表 6.4.10）

表6.4.10

操作步骤	图示讲解
在工单列表空白处单击鼠标右键，选择【新建】，点击【3D 铣削】，选择【3D 自由路径加工】	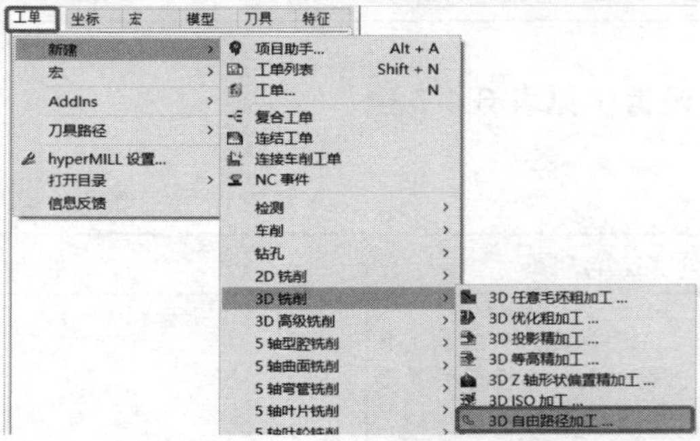

2. 新建 R5 球头刀（见表 6.4.11）

表6.4.11

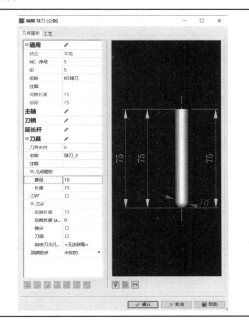

3. 轮廓设置（见表 6.4.12）

表6.4.12

操作步骤	图示讲解
（1）点击选择【轮廓】中的【重新选择】	 轮廓　　　　　　已选：　　1　☑
（2）按图点击选择【曲线轮廓】	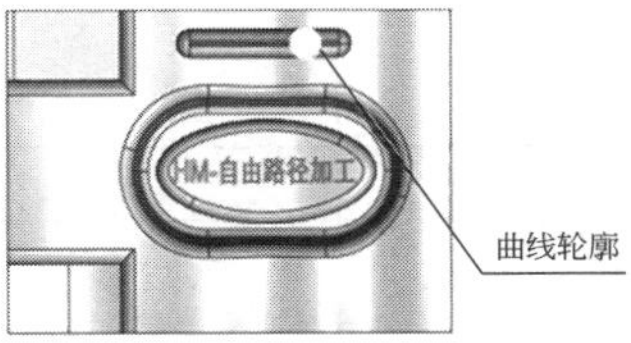 HM-自由路径加工　　　曲线轮廓

4. 参数设置（见表 6.4.13）

表6.4.13

操作步骤	图示讲解
（1）刀具位置点击选择为【在轮廓上】	 刀具位置 ◉在轮廓上 ○左　　　○右

笔记

续表

操作步骤	图示讲解
（2）安全余量点击设置【Z-偏置轮廓线】为0	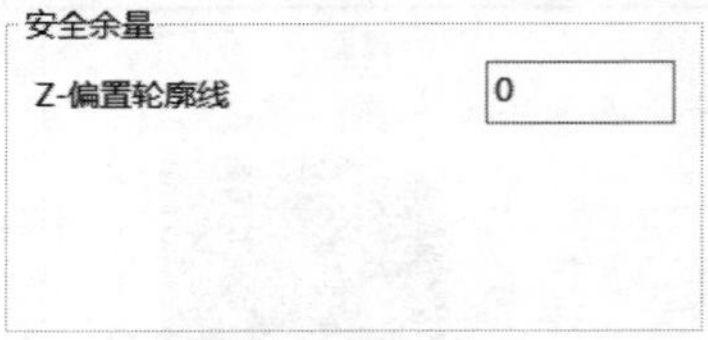 安全余量 Z-偏置轮廓线　　　　　　0
（3）进给量点击选择为【双向】，设置【加工深度】为6、【垂直步距】为0.1	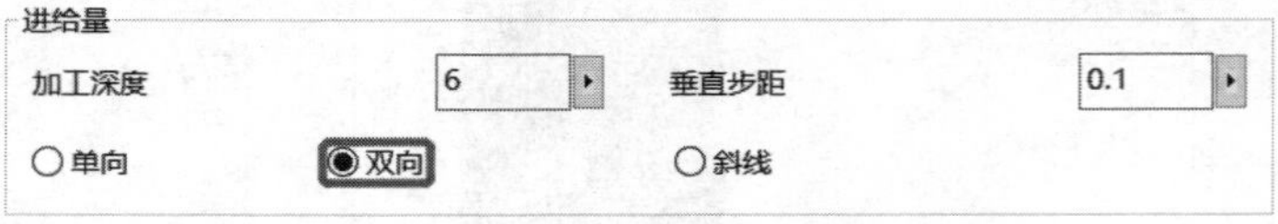 进给量 加工深度　6　▶　　垂直步距　0.1　▶ ○单向　　●双向　　○斜线
（4）退刀模式点击选择为【安全距离】，将【安全平面】设为50、【安全距离】设为2	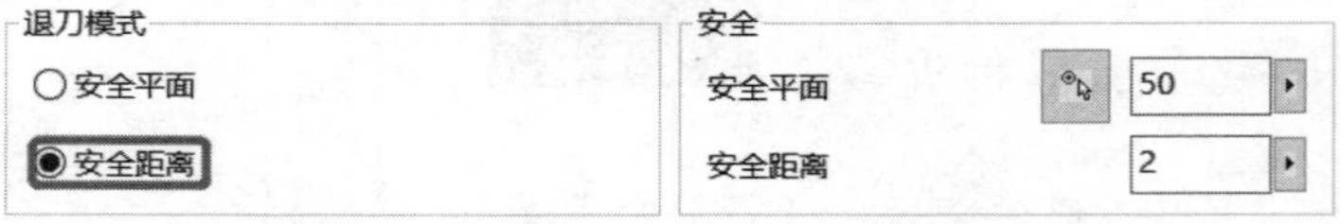 退刀模式　　　　　　　安全 ○安全平面　　　　　　安全平面　　50　▶ ●安全距离　　　　　　安全距离　　2　▶

5. 边界设置（见表6.4.14）

表6.4.14

操作步骤	图示讲解
本次加工不选择【停止曲面】	 停止曲面 停止曲面　　　　　　　　偏置　　0 已选：　　0

6. 进/退刀设置（见表6.4.15）

表6.4.15

操作步骤	图示讲解
进/退刀点击选择均为【垂直】，【长度】均为1	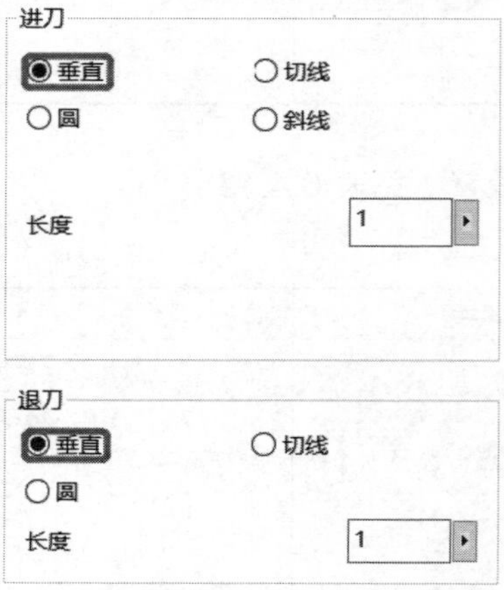 进刀 ●垂直　　　○切线 ○圆　　　　○斜线 长度　　　　1　▶ 退刀 ●垂直　　　○切线 ○圆 长度　　　　1　▶

笔记

7. 设置（见表 6.4.16）

表6.4.16

操作步骤	图示讲解
区域宽度为 10，刀具为 10，因此无法生成完整刀路，不选择【检查模型】	 模型 □ 检查模型

8. 生成程序（见表 6.4.17）

表6.4.17

程序计算步骤			
第一步	第二步	第三步	第四步
 ✔	3D 自由路径加工	 ▣	是(Y)
点击程序界面"确认"按钮	选择需要计算的程序	点击计算程序按钮或按"C"键计算	确认计算

参考程序示例

9. 模拟仿真（见表 6.4.18）

表6.4.18

程序仿真步骤		
第一步	第二步	第三步
3D 自由路径加工	内部模拟	▶▶
选择需要仿真的程序	选择内部模拟或使用快捷键"T"	点击开始仿真

仿真效果［内部机床模拟（快捷键 Shift+T）］

笔记

三、3D自由路径加工案例三

1. 新建 3D 自由路径加工（见表 6.4.19）

表6.4.19

操作步骤	图示讲解
在工单列表空白处单击鼠标右键，选择【新建】，点击【3D 铣削】，选择【3D 自由路径精加工】	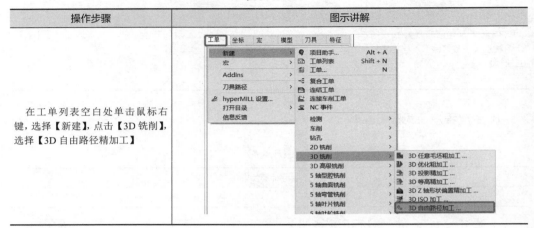

2. 创建 C5 倒角刀（见表 6.4.20）

表6.4.20

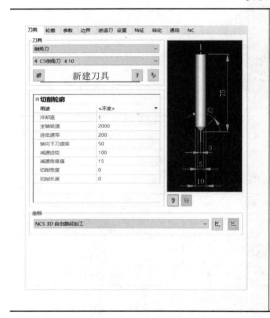 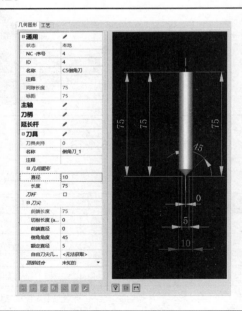

3. 轮廓设置（见表 6.4.21）

表6.4.21

操作步骤	图示讲解
（1）点击选择【轮廓】中的【重新选择】	 轮廓 ⬚ ⬚ 已选： 6 ☑

 笔记

续表

操作步骤	图示讲解
（2）按图拾取【倒角轮廓】	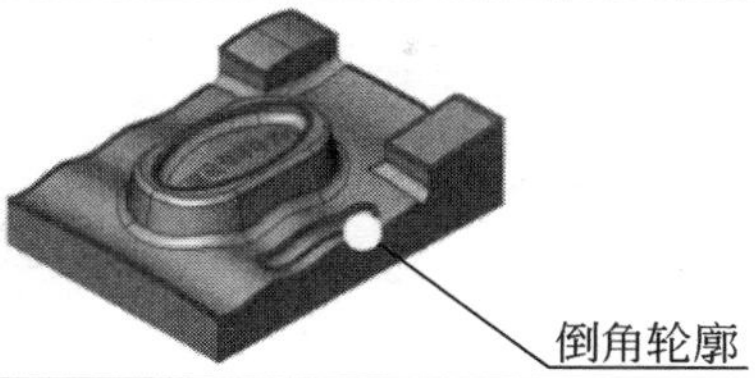 倒角轮廓

4. 参数设置（见表 6.4.22）

表6.4.22

操作步骤	图示讲解
（1）刀具位置点击选择为【左】。【倒角长度】设为 0.3	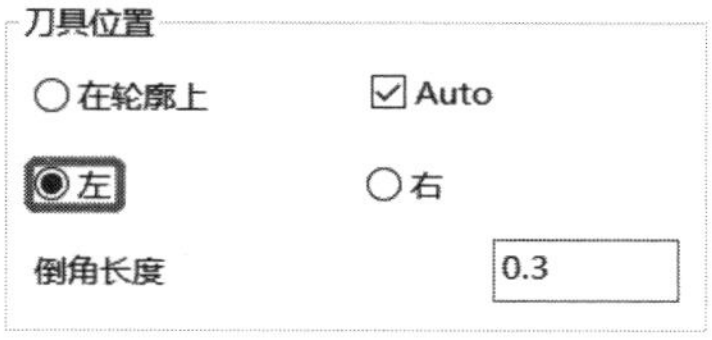 刀具位置 ○ 在轮廓上　　　☑ Auto ◉ 左　　　　　　○ 右 倒角长度　　　　0.3

刀具位置详解	
Auto	倒角长度
自动判定加工轮廓侧	加工倒角大小

（2）安全余量点击设置【Z- 偏置轮廓线】为 0、【XY 毛坯余量】为 0、【毛坯余量】为 0	 安全余量 Z-偏置轮廓线　　0 XY毛坯余量　　0 毛坯余量　　　0
（3）进给量点击选择为【双向】,【加工深度】、【垂直步距】为 0	 进给量 加工深度　0　　垂直步距　0 ○ 单向　　◉ 双向　　○ 斜线
（4）退刀模式点击选择为【安全距离】,将【安全平面】设为 50、【安全距离】设为 2	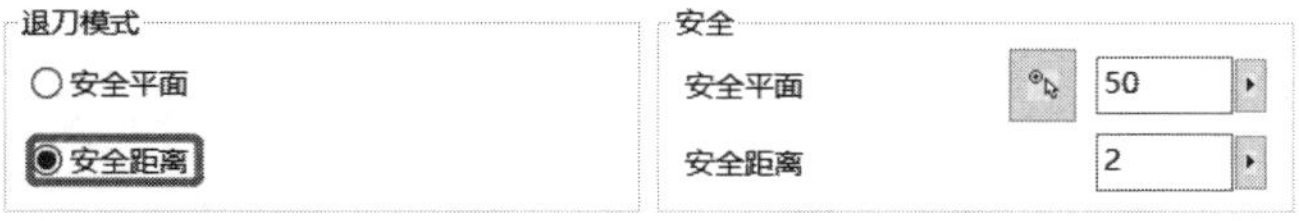 退刀模式　　　　　　　安全 ○ 安全平面　　　　安全平面　50 ◉ 安全距离　　　　安全距离　2

5. 边界设置（见表 6.4.23）

表6.4.23

操作步骤	图示讲解
本次加工不选择【停止曲面】	 停止曲面 停止曲面 已选：　　0　　偏置　0

笔记

6. 进退刀设置（见表 6.4.24）

表6.4.24

操作步骤	图示讲解
进 / 退刀点击选择均为【垂直】，【长度】均为 1	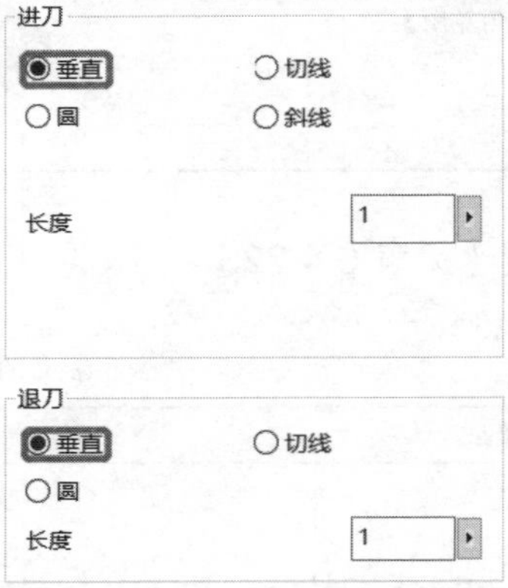 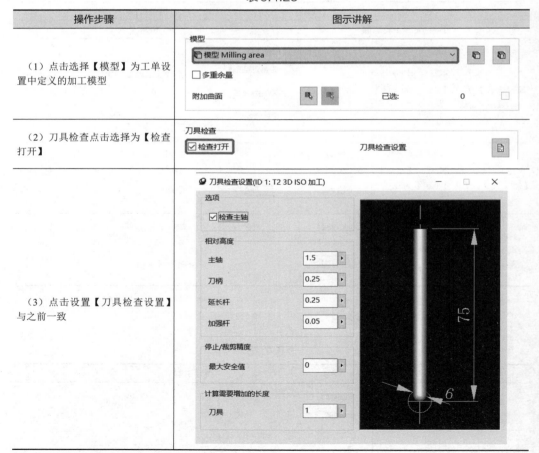

7. 设置（见表 6.4.25）

表6.4.25

操作步骤	图示讲解
（1）点击选择【模型】为工单设置中定义的加工模型	
（2）刀具检查点击选择为【检查打开】	
（3）点击设置【刀具检查设置】与之前一致	

笔记

8. 生成程序（见表6.4.26）

表6.4.26

程序计算步骤			
第一步	第二步	第三步	第四步
✔	3D 自由路径加工	🗖	是(Y)
点击程序界面"确认"按钮	选择需要计算的程序	点击计算程序按钮或按"C"键计算	确认计算

参考程序示例

9. 模拟仿真（见表6.4.27）

表6.4.27

程序仿真步骤		
第一步	第二步	第三步
3D 自由路径加工	内部模拟	▶▶
选择需要仿真的程序	选择内部模拟或使用快捷键"T"	点击开始仿真

仿真效果［内部机床模拟（快捷键 Shift+T）］

【专家点拨】

① hyperMILL 软件中 3D 自由路径加工指令进行挖槽时需特别关注该指令的切入切出，避免发生过切情况。

② 在进行刻字加工较深的情况下，可以进行分层加工，避免毛刺过大，"Z- 偏置轮廓线"功能能很好地定义刻字深度。

③ 3D 自由路径加工中"摆线"功能是一种高效的粗加工方式，类似于"高性能"。

④ 在轮廓选择中定义合理的偏置量进行轮廓偏置，可避免做辅助线，提高编程员的工作效率。

笔记

【课后训练】

① 根据图 6.4.2 所示零件特征，制订合理的工艺路线，设置必要的加工参数，使用 3D 自由路径加工指令生成铣槽、倒角、刻字的合理刀具路径。

② 使用 hyperMILL 软件内部机床验证程序的正确性。

图6.4.2

项目七
孔类加工

任务一　中心钻加工

【教学目标】

能力目标

能够理解钻孔策略中的几种钻孔方式，并了解应用场合。

能够对程序进行优化。

能够通过 Z 轴优化，对孔的深度进行设置。

能够正确地设置安全孔、加工参数。

能够正确地选择加工边界。

知识目标

掌握 hyperMILL 中心钻加工策略中各参数的含义。

掌握 hyperMILL 钻孔策略的适用范围。

素质目标

培养学生将理论运用到实践的能力。

通过任务式学习，提升学生的自学能力。

激发学生的学习兴趣，培养团队合作和创新精神。

【任务导读】

中心钻最早多用于车床，用来加工轴类零件的中心孔，但伴随着自动化的日益普遍，在多功能数控设备中应用也更为广泛。其最大的功能就是点中心孔，以保证零件孔加工位置度。hyperMILL 软件中中心钻指令常用于点中心孔与孔口倒角，该指令参数设置简单、明确，在实际加工中较为常用，要求学生了解并掌握。

【任务描述】

使用中心钻指令编制图 7.1.1 零件中四孔的中心钻与孔口倒角加工程序，需要正确定义指令参数，编制程序后进行内部仿真，验证程序正确性。

四孔中心钻　　　孔口倒角

图7.1.1

【任务实施】

一、中心钻加工案例一

1. 新建工单列表（见表 7.1.1）

表 7.1.1

操作步骤	图示讲解
（1）在工单选项空白处单击鼠标右键，新建【工单列表】	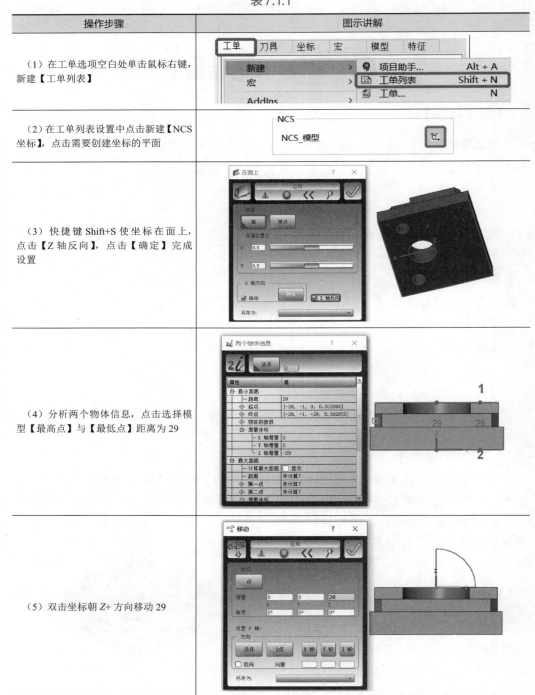
（2）在工单列表设置中点击新建【NCS坐标】，点击需要创建坐标的平面	
（3）快捷键 Shift+S 使坐标在面上，点击【Z轴反向】，点击【确定】完成设置	
（4）分析两个物体信息，点击选择模型【最高点】与【最低点】距离为29	
（5）双击坐标朝 Z+ 方向移动29	

笔记

续表

操作步骤	图示讲解
（6）点击【工作平面】，将坐标设置于当前的坐标上	 对齐 参考　工作平面　3 Points

对齐详解

参考	工作平面	3 Points
从激活参考坐标系或工作平面调整加工坐标系原点和方位。		通过三点指定加工坐标系方位。点1=原点，点2=X方向，点3=Y方向

操作步骤	图示讲解
（7）在工单列表中选择【零件数据】并点击【新建毛坯】	 工单列表设置　注释　零件数据　镜像　后置处理 毛坯模型 ☑已定义
（8）在毛坯模型中选择【几何范围】	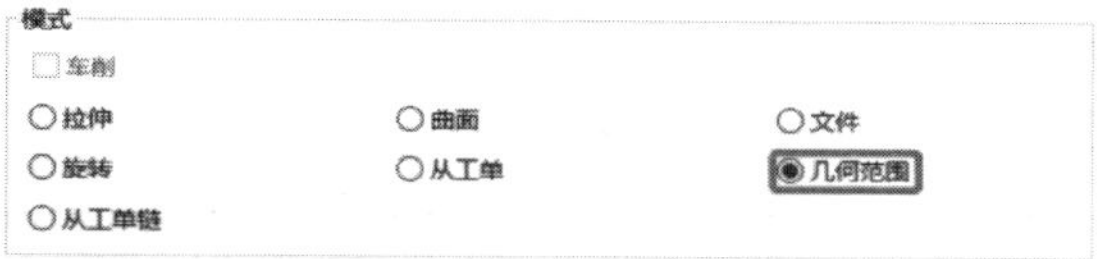 模式 ☐车削 ○拉伸　○曲面　○文件 ○旋转　○从工单　◉几何范围 ○从工单链
（9）在几何范围中点击【立方体】	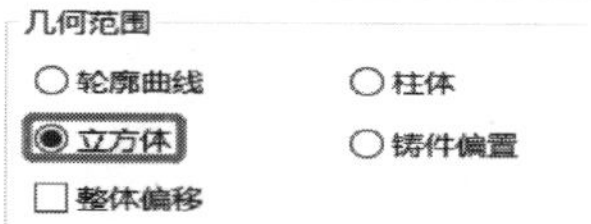 几何范围 ○轮廓曲线　○柱体 ◉立方体　○铸件偏置 ☐整体偏移
（10）将【分辨率】设置为0.01，点击【计算】生成毛坯，点击【确定】完成毛坯模型	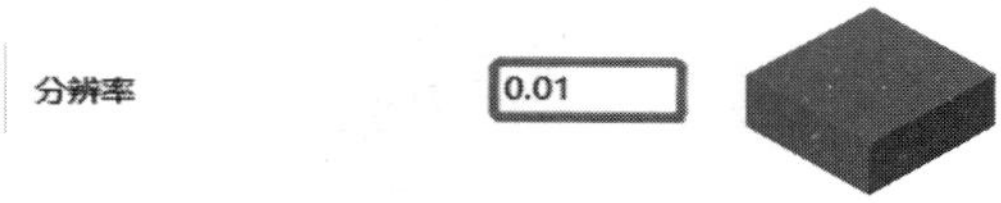 分辨率　0.01
（11）点击【新建加工区域】	 模型 ☑已定义　分辨率　0.01
（12）在模式中点击选择【曲面选择】	 模式 ◉曲面选择　○文件
（13）在曲面中点击选择【重新选择】	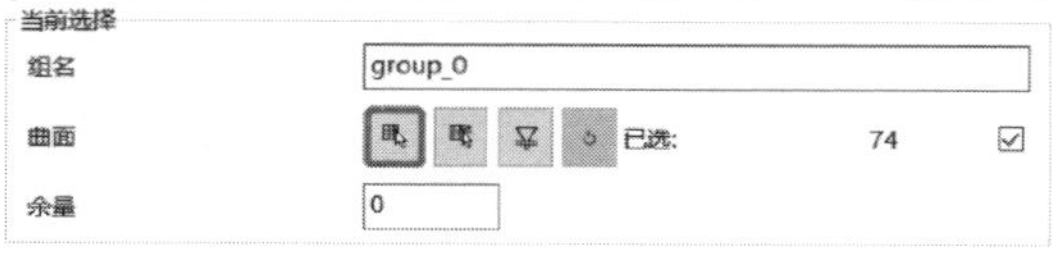 当前选择 组名　group_0 曲面　已选：74 余量　0
（14）按下快捷键A选择全部面，点击【确定】完成选择，再次点击【确定】完成加工区域选择	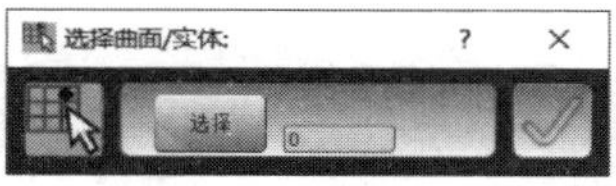 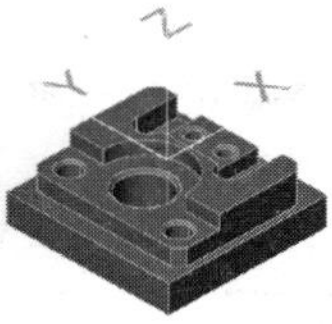 选择曲面/实体 选择　0
（15）在【零件数据】对话框界面取消材料【已定义】选项	 材料 ☐已定义

零件数据详解

毛坯模型	模型	材料
可用于工单列表中的多项工单的毛坯模型定义	铣削区域定义可用于工单列表中的多项工单	在创建新工单列表时，已定义选项在默认情况下激活。在工单列表内，选择为了加工用途所需的材料

笔记

2. 新建中心钻（见表 7.1.2）

表7.1.2

操作步骤	图示讲解
在工单列表空白处单击鼠标右键，点击【新建】，选择【钻孔】，点击【中心钻】	

3. 新建 ϕ4 钻头（见表 7.1.3）

表7.1.3

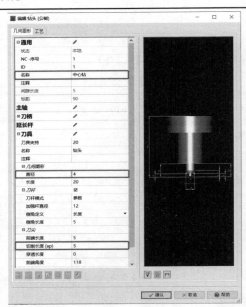

4. 策略设置（见表 7.1.4）

表7.1.4

操作步骤	图示讲解
（1）钻孔模式点击选择为【2D 钻孔】	钻孔模式 ◉ 2D 钻孔 ○ 2D 多角度钻孔 ○ 5X 钻孔 ○ 车削

笔记

操作步骤	图示讲解

钻孔模式详解

2D 钻孔	2D 多轴钻削	5X 钻孔	车削
钻孔的方向总是与定义的加工坐标系的 Z 轴对正	任意数量钻削的方向都可与不同的坐标系 / 平面对齐	钻孔的方向与所选曲面的法线或者所选线段对齐	通过该选项，可用旋转主轴和固定刀具执行车削工单处理

（2）轮廓选择点击选择为【点】，选择圆点

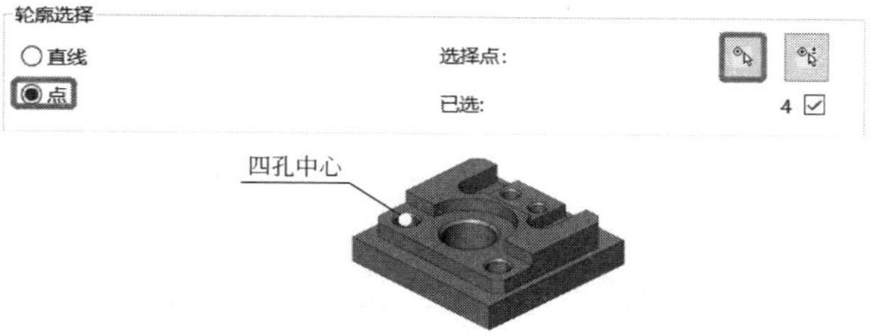

轮廓选择详解

直线	点
选择孔轴线，按轴线定义孔参数	选择孔中心点或圆弧，定义孔参数

（3）轮廓属性点击选择为【点】，设置【顶部】与【底部】

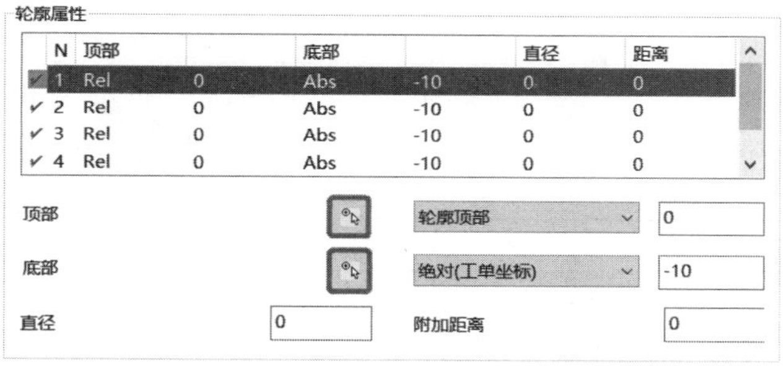

轮廓属性详解

绝对（工单坐标）	顶部 / 深度	相对于顶部
就顶部①和深度②的定义而言，这些都是相对于所定义坐标系零点的绝对值③	输入的尺寸与所选轮廓的顶部边缘和 / 或底部边缘相关④	为深度输入的尺寸与所定义的钻孔顶部相关⑤

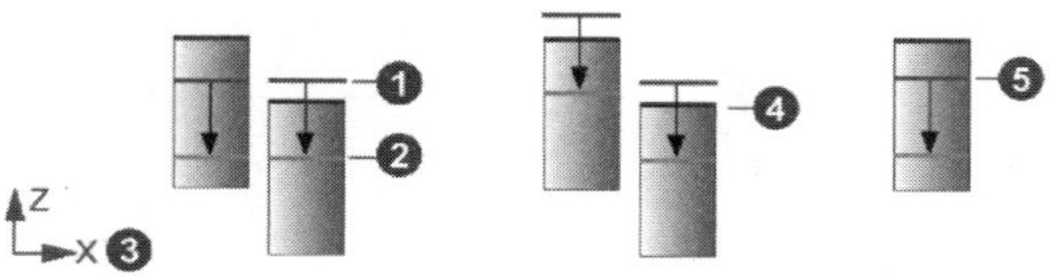

（4）排序策略点击选择为【最短距离】

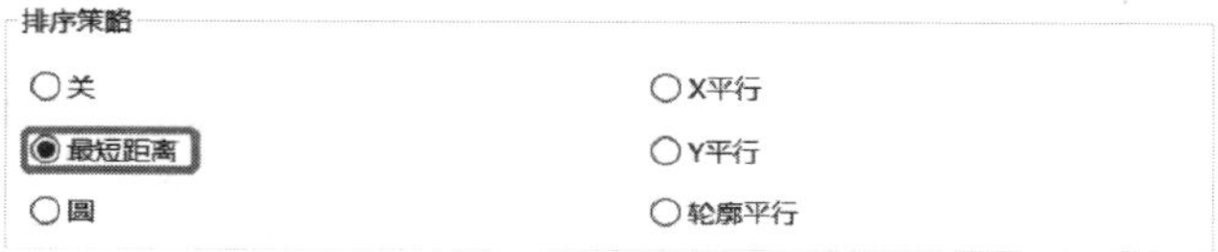

优化详解

加工多孔时选择使用，用于定义孔与孔间排序

笔记

5. 参数设置（见表 7.1.5）

表7.1.5

操作步骤	图示讲解
（1）加工模式点击选择为【中心钻】	 加工模式 ● 中心钻　　　　　　　　　○ 现有孔倒角
加工模式详解	

中心钻	现有孔倒角
钻中心孔	用于孔口倒角

操作步骤	图示讲解
（2）加工深度点击选择为【关联于深度】，【深度】设置为2	 加工深度 ● 关联于深度　　　　　　深度 [2] ○ 关联于直径 ○ 关联到孔直径
加工深度详解	

关联于深度	关联于直径	关联到孔直径
直接定义孔深	根据所选刀具加工至零件直径	用于孔倒角

操作步骤	图示讲解
（3）安全孔【安全距离】设置为2，【退刀距离】设置为5	 安全孔 安全距离 [2]　　　退刀距离 [5]
安全孔详解	

安全距离	退刀距离
孔加工起始平面，也就是 R 平面	孔加工完后的回退距离

操作步骤	图示讲解
（4）加工参数【停顿时间】设置为0.1	 加工参数 停顿时间 [0.1]
加工参数详解	
孔加工至底部时的停顿时间，也就是孔加工指令中的 P 值	

操作步骤	图示讲解
（5）退刀模式点击选择为【安全距离】，【安全平面】设置为40，【安全距离】设置为8	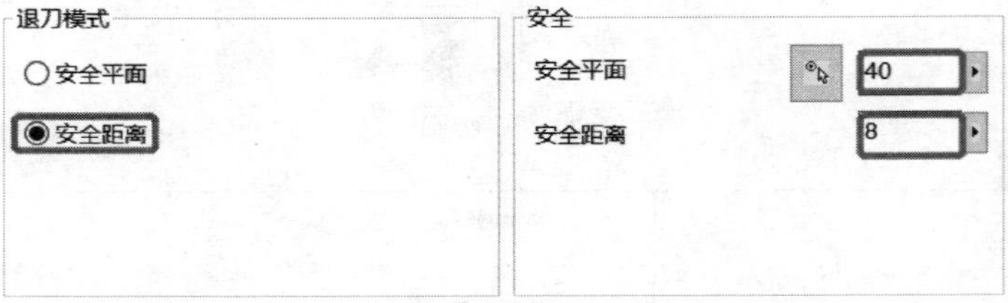 退刀模式　　　　　　　　　安全 ○ 安全平面　　　　　　　安全平面 [40] ● 安全距离　　　　　　　安全距离 [8]
退刀与安全详解	

安全平面	安全距离
前往下一个切削区域所要回到的平面	切削层高中下切到下一层所要回到的平面

笔记

6. 生成程序（见表 7.1.6）

表7.1.6

程序计算步骤			
第一步	第二步	第三步	第四步
 ✓	**中心钻**	 🖼	**是(Y)**
点击程序界面"确认"按钮	选择需要计算的程序	点击计算程序按钮或按"C"键计算	确认计算

参考程序示例

7. 模拟仿真（见表 7.1.7）

表7.1.7

程序仿真步骤		
第一步	第二步	第三步
中心钻	**内部模拟**	 ▶▶
选择需要仿真的程序	选择内部模拟或使用快捷键"T"	点击开始仿真

仿真效果 [内部机床模拟（快捷键 Shift+T）]

二、中心钻加工案例二

1. 新建中心钻（见表 7.1.8）

表7.1.8

操作步骤	图示讲解
在工单列表空白处单击鼠标右键，点击【新建】，选择【钻孔】，点击【中心钻】	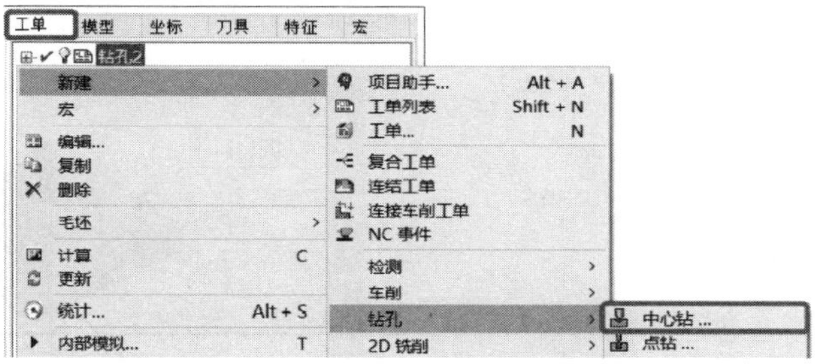

2. 新建 D15 倒角刀（见表 7.1.9）

表7.1.9

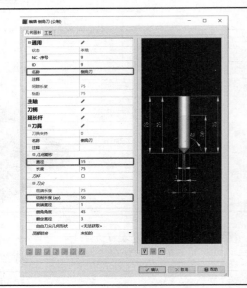

3. 策略设置（见表 7.1.10）

表7.1.10

操作步骤	图示讲解
（1）钻孔模式点击选择为【2D 钻孔】	钻孔模式 ◉ 2D 钻孔 ○ 2D 多角度钻孔 ○ 5X 钻孔 ○ 车削

钻孔模式详解			
2D 钻孔	2D 多轴钻削	5X 钻孔	车削
钻孔的方向总是与定义的加工坐标系的 Z 轴对正	任意数量钻削的方向都可与不同的坐标系 / 平面对齐	钻孔的方向与所选曲面的法线或者所选线段对齐	通过该选项，可用旋转主轴和固定刀具执行车削工单处理

（2）轮廓选择点击选择为【点】，按模型选择圆心点位置	

笔记

续表

操作步骤	图示讲解
（3）轮廓属性点击选择【点】，设置【顶部】与【底部】	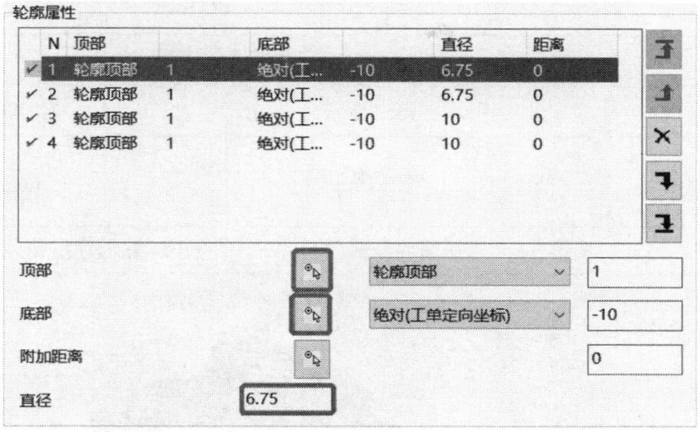 **轮廓属性** | N	顶部		底部		直径	距离 | ✓ 1 轮廓顶部 1 绝对(工… -10 6.75 0 ✓ 2 轮廓顶部 1 绝对(工… -10 6.75 0 ✓ 3 轮廓顶部 1 绝对(工… -10 10 0 ✓ 4 轮廓顶部 1 绝对(工… -10 10 0 顶部 ⬚ 轮廓顶部 ▾ 1 底部 ⬚ 绝对(工单定向坐标) ▾ -10 附加距离 ⬚ 0 直径 6.75
（4）排序策略点击选择为【最短距离】	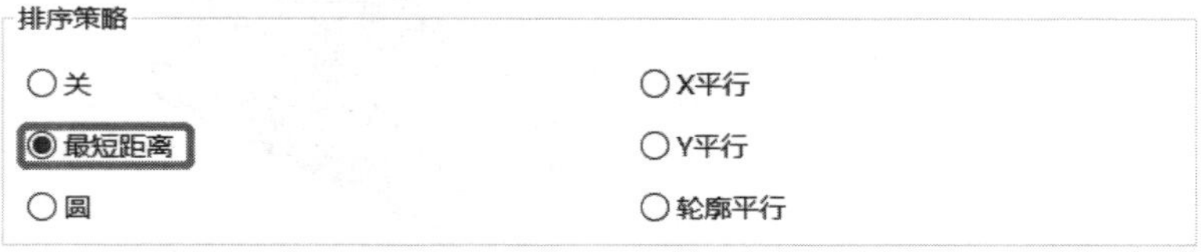 **排序策略** ○ 关　　　　　　　　　　　○ X平行 ◉ 最短距离　　　　　　　　○ Y平行 ○ 圆　　　　　　　　　　　○ 轮廓平行

4. 参数设置（见表 7.1.11）

表 7.1.11

操作步骤	图示讲解
（1）加工模式点击选择为【现有孔倒角】	 **加工模式** ○ 中心钻　　　　　　　　　　◉ 现有孔倒角
（2）加工深度【倒角宽度】设置为 1	 **加工深度** ○ 关联于深度 ○ 关联于直径 ◉ 关联到孔直径　　　　倒角宽度　　1 ▸
（3）安全孔【安全距离】设置为 2，【退刀距离】设置为 5	 **安全孔** 安全距离　2 ▸　　　退刀距离　5 ▸
（4）加工参数【停顿时间】设置为 0.1	 **加工参数** 停顿时间　0.1 ▸
（5）退刀模式点击选择为【安全距离】，【安全平面】设置为 40，【安全距离】设置为 8	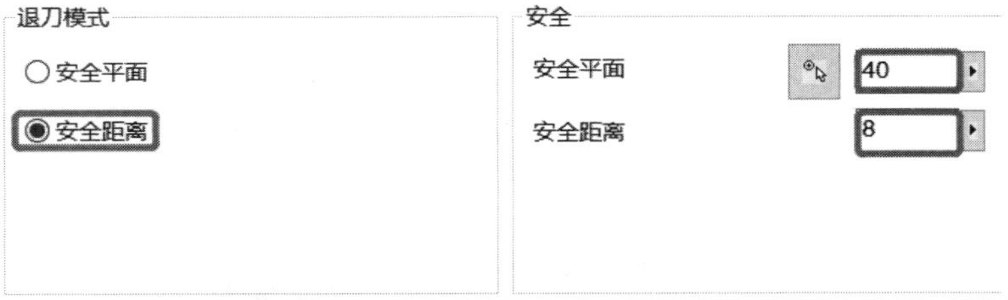 **退刀模式**　　　　　　　　**安全** ○ 安全平面　　　　　　　　安全平面 ⬚ 40 ▸ ◉ 安全距离　　　　　　　　安全距离 8 ▸

笔记

5. 生成程序（见表 7.1.12）

表7.1.12

程序计算步骤			
第一步	第二步	第三步	第四步
 ✔	中心钻	 🖼	是(Y)
点击程序界面"确认"按钮	选择需要计算的程序	点击计算程序按钮或按"C"键计算	确认计算

参考程序示例

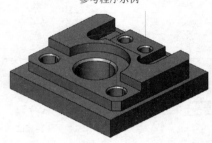

6. 模拟仿真（见表 7.1.13）

表7.1.13

程序仿真步骤		
第一步	第二步	第三步
中心钻	内部模拟	▶▶
选择需要仿真的程序	选择内部模拟或使用快捷键"T"	点击开始仿真

仿真效果 [内部机床模拟（快捷键 Shift+T）]

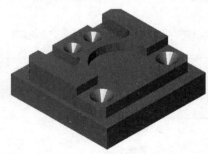

【专家点拨】

① 在加工具有较高位置精度的孔时需在加工孔前进行中心钻点孔，点孔深度一般为 2～4mm。

② 螺纹孔、铰孔之前先进行孔口倒角，避免之后倒角所产生毛刺影响孔正常使用，直接使用钻孔程序倒角可提高效率减少刀具损耗。

笔记

任务二　点钻加工

【教学目标】

能力目标

能够理解钻孔策略中 2D 钻孔的特点。

能够通过 Z 轴优化，对孔的深度进行设置。

能够正确地设置安全孔、加工参数。

知识目标

掌握 hyperMILL 2D 钻加工策略中各参数的含义。

掌握 hyperMILL 钻孔策略的适用范围。

素质目标

培养学生将理论运用到实践的能力。

通过任务式学习，提升学生的自学能力。

激发学生的学习兴趣，培养团队合作和创新精神。

【任务导读】

对于普通孔点钻是最常用的钻削指令，是一种一次完成 R 平面至孔底的钻削加工方式，在 hyperMILL 中点钻指令参数设置简单、明确，要求学生了解并掌握。

【任务描述】

使用点钻指令编制图 7.2.1 零件中两孔的孔加工加工程序，需要正确定义指令参数，编制程序后进行内部仿真，验证程序正确性。

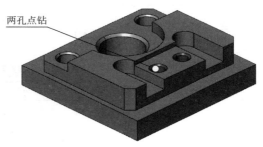

图7.2.1

【任务实施】

1. 新建点钻（见表 7.2.1）

表7.2.1

操作步骤	图示讲解
在工单列表空白处单击鼠标右键，点击【新建】，选择【钻孔】，点击【点钻】	

笔记

2. 新建 ϕ6.75 钻头（见表 7.2.2）

表 7.2.2

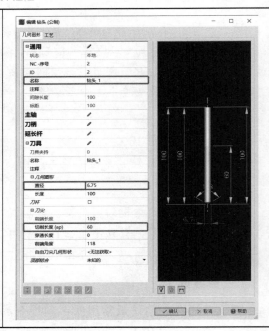

3. 策略设置（见表 7.2.3）

表 7.2.3

操作步骤	图示讲解
（1）钻孔模式点击选择为【2D 钻孔】	钻孔模式 ◉ 2D 钻孔 ○ 2D 多角度钻孔 ○ 5X 钻孔 ○ 车削
（2）轮廓选择点击选择为【点】，按图选择【点】	轮廓选择 ○ 直线　　选择点： ◉ 点　　　已选：　2 ☑ 圆心点

 笔记

续表

操作步骤	图示讲解
（3）轮廓属性点击选择为【点】，设置【顶部】与【底部】	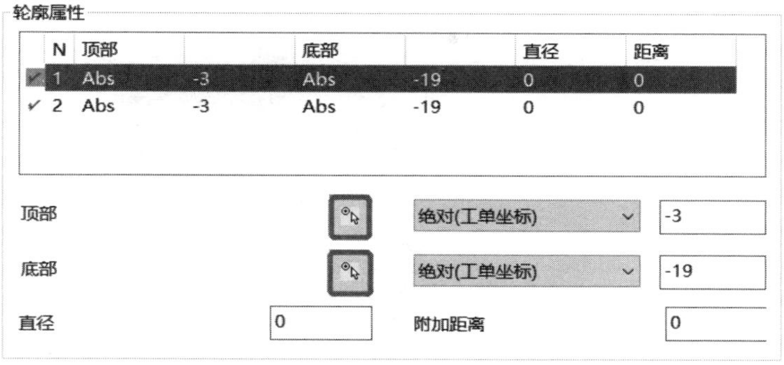 轮廓属性 | N	顶部		底部		直径	距离
1	Abs	-3	Abs	-19	0	0
2	Abs	-3	Abs	-19	0	0	 顶部　　绝对(工单坐标)　-3 底部　　绝对(工单坐标)　-19 直径　0　　附加距离　0
（4）排序策略点击选择为【最短距离】	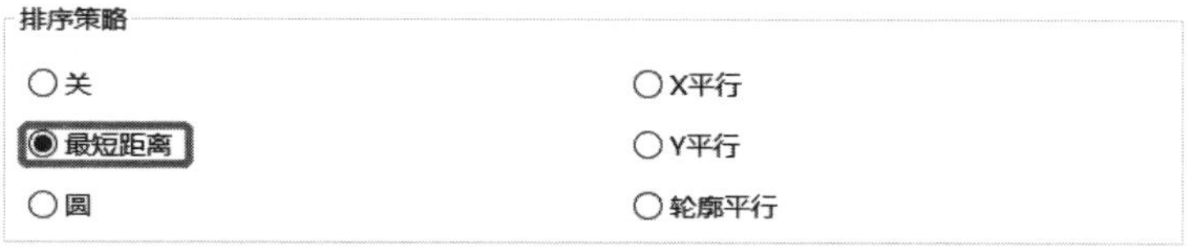 排序策略 ○关　　　　　○X平行 ◉最短距离　　○Y平行 ○圆　　　　　○轮廓平行

4. 参数设置（见表 7.2.4）

表7.2.4

操作步骤	图示讲解
（1）安全孔【安全距离】设置为2,【退刀距离】设置为5	 安全孔 安全距离　2　　退刀距离　5
（2）加工参数【停顿时间】设置为0.1	 加工参数 停顿时间　0.1
（3）退刀模式点击选择为【安全距离】,【安全平面】设置为40,【安全距离】设置为8	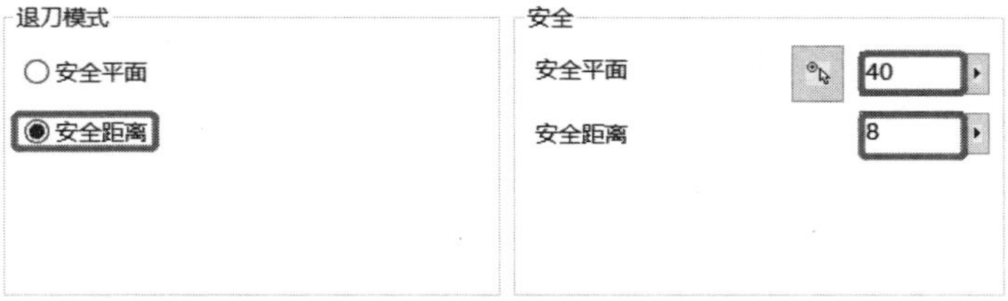 退刀模式 ○安全平面 ◉安全距离 安全 安全平面　40 安全距离　8

5. 生成程序（见表 7.2.5）

表7.2.5

程序计算步骤			
第一步	第二步	第三步	第四步
 ✓	T2 点钻	🖼	 是(Y)
点击程序界面"确认"按钮	选择需要计算的程序	点击计算程序按钮或按"C"键计算	确认计算

笔记

续表

程序计算步骤
参考程序示例

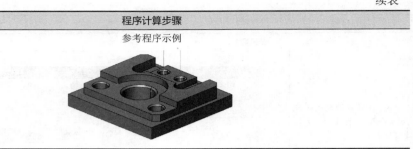

6. 模拟仿真（见表 7.2.6）

表 7.2.6

程序仿真步骤		
第一步	第二步	第三步
T2 点钻	内部模拟	 ▶▶
选择需要仿真的程序	选择内部模拟或使用快捷键"T"	点击开始仿真

仿真效果［内部机床模拟（快捷键 Shift+T）］

【专家点拨】

① 点钻是一种直接一口气加工到底的钻孔手段，也是一种最常用的钻孔方式，常规孔均可使用点钻指令加工。

② 在加工高精度小孔时，需对所安装的刀具在机床上进行刀具轴线与主轴轴线的同轴度检验，保证主轴与刀具同轴，提高钻孔精度。

任务三　断屑钻加工

【教学目标】

能力目标

能够理解断屑钻的钻孔路线。

能够正确地选择轮廓属性。

笔记

能够通过 Z 轴优化，对孔的深度进行设置。

能够正确选择停止曲面。

知识目标

掌握 hyperMILL 断屑钻加工策略中各参数的含义。

掌握 hyperMILL 断屑钻加工策略的适用范围。

素质目标

培养学生熟练掌握断屑钻指令并能够应用于实际加工。

通过任务式学习，提升学生的自学能力。

激发学生的学习兴趣，培养团队合作和创新精神。

【任务导读】

断屑钻相比于普通的钻削方式侧壁的质量更好，排屑效果更佳，是一种分段完成 R 平面至孔底的钻削加工方式，可设置回退值。hyperMILL 软件断屑钻指令参数设置简单、明确，要求学生了解并掌握。

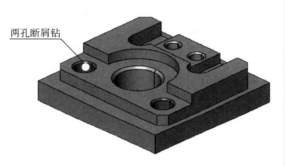

图7.3.1

【任务描述】

使用断屑钻指令编制图 7.3.1 零件中两通孔的孔加工程序，需要正确定义指令参数，编制程序后进行内部仿真，验证程序正确性。

【任务实施】

1. 新建断屑钻（见表 7.3.1）

表7.3.1

操作步骤	图示讲解
在工单列表空白处单击鼠标右键，点击【新建】，选择【钻孔】，点击【断屑钻】	

笔记

2. 新建 ϕ9.8 钻头（见表 7.3.2）

表7.3.2

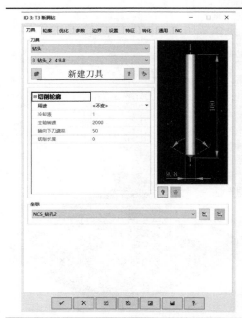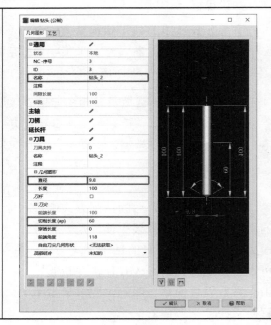

3. 策略设置（见表 7.3.3）

表7.3.3

操作步骤	图示讲解
（1）钻孔模式点击选择为【2D 钻孔】	钻孔模式 ◉ 2D 钻孔 ○ 2D 多角度钻孔 ○ 5X 钻孔 ○ 车削
（2）轮廓选择点击选择为【点】，按图选择【点】	轮廓选择 ○ 直线　◉ 点 选择点：　已选：2 圆心点

笔记

续表

操作步骤	图示讲解
（3）按图选择【顶部】与【底部】	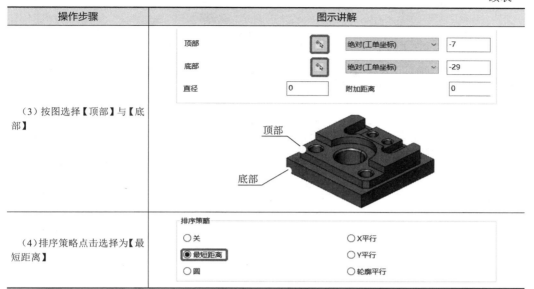
（4）排序策略点击选择为【最短距离】	排序策略 ○关　　　　　　　　　○X平行 ◉最短距离　　　　　　　○Y平行 ○圆　　　　　　　　　　○轮廓平行

4. 参数设置（见表7.3.4）

表7.3.4

操作步骤	图示讲解			
（1）加工区域点击选择【刀尖角度补偿】【穿透长度】,【穿透长度】设置为2	 加工区域 顶部偏置　　0　　　□绝对顶部 底部偏置　　0　　　□绝对底部 ☑刀尖角度补偿　　　☑穿透长度　　2			
加工区域详解				
顶部偏置	绝对顶部	底部偏置	绝对底部	
延长或减少孔顶部高度	以绝对值定义顶部高度	延长或减少孔底部深度	以绝对值定义底部深度	
刀尖角度补偿		穿刺长度		
（2）安全孔【安全距离】设置为2,【退刀距离】设置为5	 安全孔 安全距离　　2　　　退刀距离　　5			
（3）加工参数【停顿时间】设置为0,【退回值】设置为1,【啄钻深度】设置为2,【减小值】设置为0	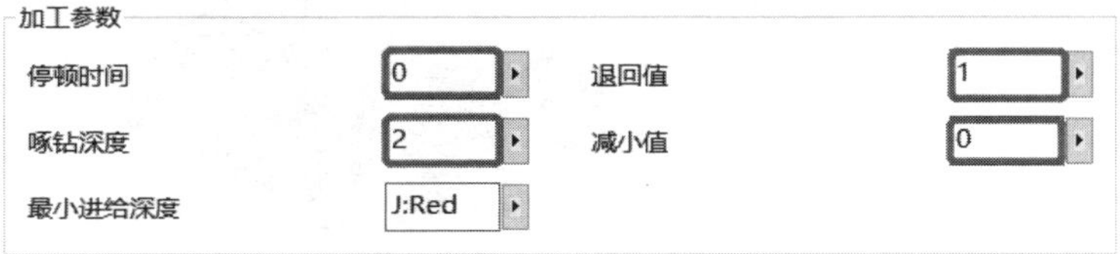 加工参数 停顿时间　　0　　　退回值　　1 啄钻深度　　2　　　减小值　　0 最小进给深度　　J:Red			

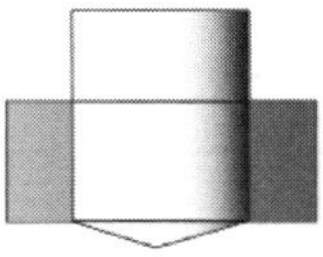

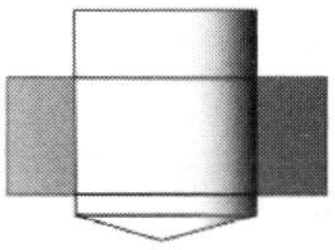

笔记

续表

操作步骤	图示讲解
加工参数详解	

停顿时间	啄式深度	最小进给深度	回退值	减小值
Z轴每层停顿时间（P值）	Z轴每层下降深度（Q值）	最小Z轴进给量	Z轴每层切削完回退距离	每层Z轴减少值（不常用）

（4）退刀模式点击选择为【安全距离】。【安全平面】设置为40,【安全距离】设置为8	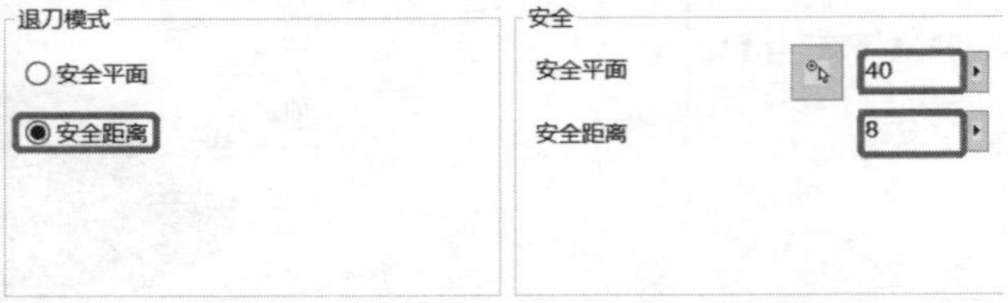 

5. 生成程序（见表 7.3.5）

表7.3.5

程序计算步骤			
第一步	第二步	第三步	第四步
✔	**断屑钻**	🖼	是(Y)
点击程序界面"确认"按钮	选择需要计算的程序	点击计算程序按钮或按"C"键计算	确认计算

参考程序示例

6. 模拟仿真（见表 7.3.6）

表7.3.6

程序仿真步骤		
第一步	第二步	第三步
断屑钻	内部模拟	▶▶
选择需要仿真的程序	选择内部模拟或使用快捷键"T"	点击开始仿真

仿真效果［内部机床模拟（快捷键 Shift+T）］

笔记

【专家点拨】

① 断屑钻是一种优化型啄钻的加工方式，大大减少了 G0 的运动距离，效率远高于啄钻（深孔：孔的直径大于深度 5 倍）。

② 在加工沉孔时，使用断屑钻的效果极佳，可避免零件划伤。

任务四　啄钻加工

【教学目标】

能力目标

能够理解啄钻的钻孔路线。

能够正确地选择轮廓属性。

能够通过 Z 轴优化，对孔的深度进行设置。

知识目标

掌握 hyperMILL 啄钻加工策略中各参数的含义。

掌握 hyperMILL 啄钻加工策略的适用范围。

素质目标

培养学生熟练掌握啄钻指令并能够应用于实际加工。

通过任务式学习，提升学生的自学能力。

激发学员的学习兴趣，培养团队合作和创新精神。

【任务导读】

啄钻与断屑钻类似，不同点在于断屑钻可自定每层回退值，但啄钻每层切削完只能回退至 R 平面。该指令简单且十分常用，要求学生熟练掌握。

【任务描述】

使用啄钻指令编制图 7.4.1 零件中两通孔的孔加工程序，需要正确定义指令参数，编制程序后进行内部仿真，验证程序正确性。

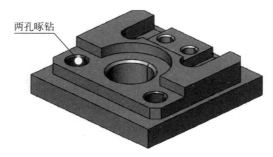

两孔啄钻

图7.4.1

笔记

【任务实施】

1. 新建啄钻（见表 7.4.1）

表7.4.1

操作步骤	图示讲解
在工单列表空白处单击鼠标右键，点击【新建】，选择【钻孔】，点击【啄钻】	

2. 选择 ϕ9.8 钻头（见表 7.4.2）

表7.4.2

操作步骤	图示讲解
在工单的刀具处选择之前创建的 ϕ9.8 钻头	

3. 策略设置（见表 7.4.3）

表7.4.3

操作步骤	图示讲解
（1）钻孔模式点击选择为【2D钻孔】	

笔记

操作步骤	图示讲解
（2）轮廓选择点击选择为【点】，按图选择【点】	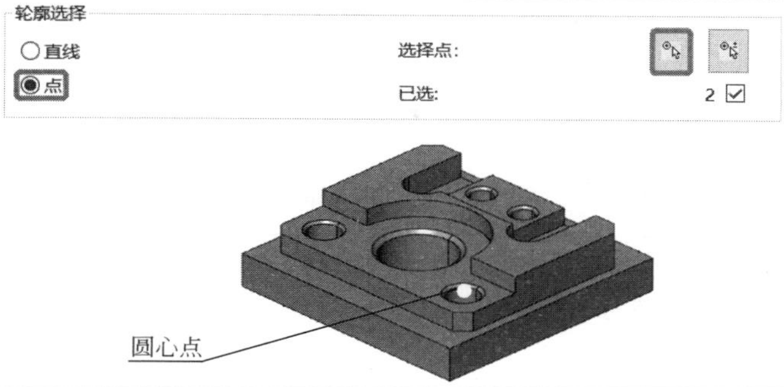
（3）按图选择【顶部】与【底部】	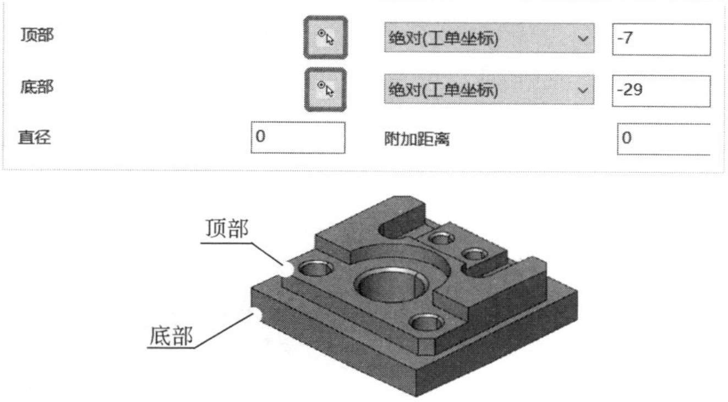
（4）排序策略点击选择为【最短距离】	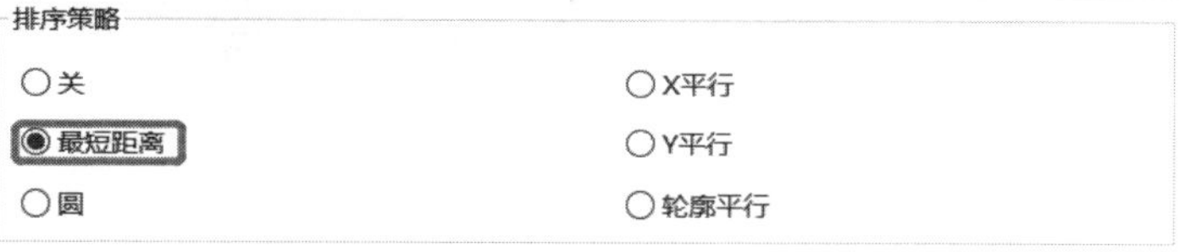

4. 参数设置（见表7.4.4）

表7.4.4

操作步骤	图示讲解
（1）加工区域点击选择【刀尖角度补偿】【穿透长度】，【穿透长度】设置为2	
（2）安全孔【安全距离】设置为2，【退刀距离】设置为5	
（3）加工参数【停顿时间】设置为0.1，【啄钻深度】设置为5，【减小值】设置为0	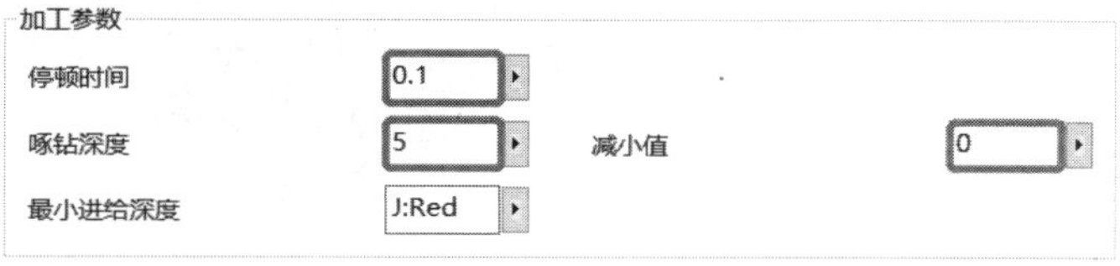

笔记

续表

操作步骤	图示讲解
（4）退刀模式点击选择为【安全距离】,【安全平面】设置为40,【安全距离】设置为8	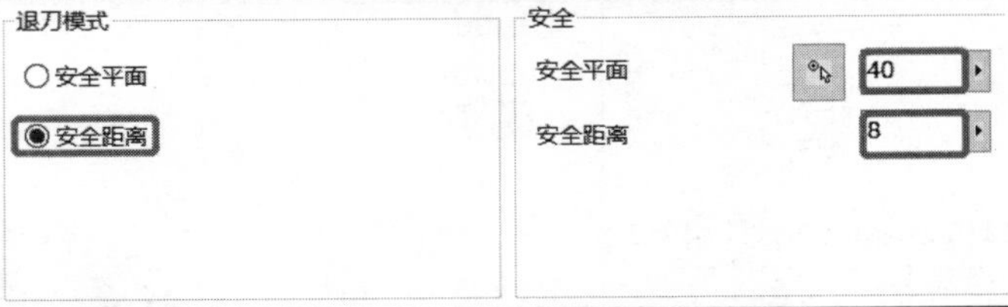 退刀模式：○安全平面 ◉安全距离　安全：安全平面 40　安全距离 8

5. 生成程序（见表 7.4.5）

表7.4.5

程序计算步骤			
第一步	第二步	第三步	第四步
 ✔	啄钻	◪	是(Y)
点击程序界面"确认"按钮	选择需要计算的程序	点击计算程序按钮或按"C"键计算	确认计算

参考程序示例

6. 模拟仿真（见表 7.4.6）

表7.4.6

程序仿真步骤		
第一步	第二步	第三步
啄钻	内部模拟	 ▶▶
选择需要仿真的程序	选择内部模拟或使用快捷键"T"	点击开始仿真

仿真效果［内部机床模拟（快捷键 Shift+T）］

笔记

【专家点拨】

① 啄钻能很好地保证孔的垂直度，相较于断屑钻，啄钻的排屑效果更好（深孔：孔的直径大于深度 5 倍）。

② 加工时 Q 值（每层下降速度）不宜过低，一般取 3～5mm 即可。

任务五　铰孔加工

【教学目标】

能力目标

能够制订孔加工的加工工艺。

能够设定铰孔过程中的停顿时间。

能够对通孔的加工，设定贯穿长度。

知识目标

掌握 hyperMILL 铰孔加工策略中各参数的含义。

掌握 hyperMILL 铰孔加工策略的适用范围。

素质目标

培养学生熟练掌握铰孔指令并能够应用于实际加工。

通过任务式学习，提升学生的自学能力。

激发学生的学习兴趣，培养团队合作和创新精神。

【任务导读】

铰孔是孔的精加工方法之一，在生产中应用很广。对于较小的孔，相对于内圆磨削及精镗而言，铰孔是一种较为经济实用的加工方法。在 hyperMILL 软件中该指令简单且十分常用，要求学生熟练掌握。

【任务描述】

使用铰孔指令编制图 7.5.1 零件中两通孔的孔加工程序，需要正确定义指令参数，编制程序后进行内部仿真，验证程序正确性。

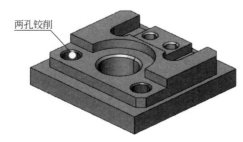

两孔铰削

图7.5.1

笔记

【任务实施】

1. 新建铰孔（见表 7.5.1）

表7.5.1

操作步骤	图示讲解
在工单列表空白处单击鼠标右键，点击【新建】，选择【钻孔】，点击【铰孔】	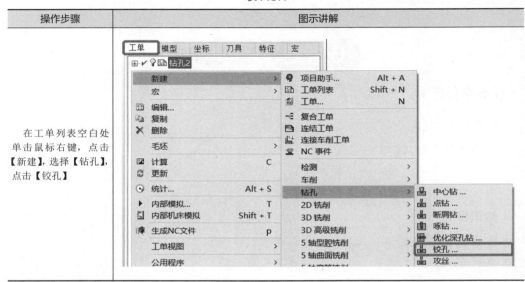

2. 新建 ϕ10 铰刀（见表 7.5.2）

表7.5.2

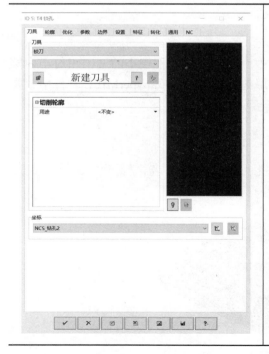

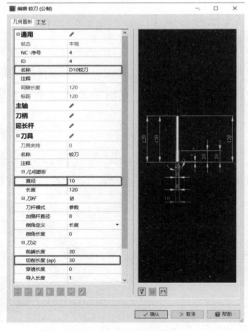

笔记

3. 策略设置（见表 7.5.3）

表7.5.3

操作步骤	图示讲解
（1）钻孔模式点击选择为【2D 钻孔】	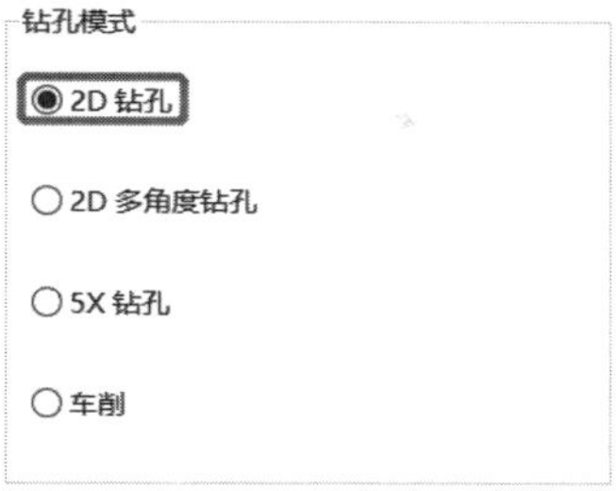 **钻孔模式** ◉ 2D 钻孔 ○ 2D 多角度钻孔 ○ 5X 钻孔 ○ 车削
（2）轮廓选择点击选择为【点】，按图选择【点】	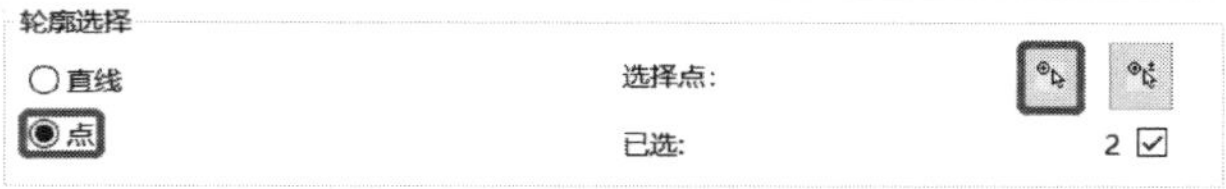 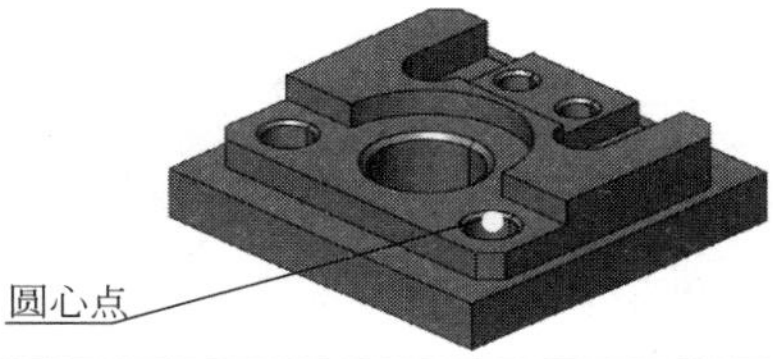 **轮廓选择** ○ 直线　　选择点： ◉ 点　　已选：　2 ☑ 圆心点
（3）按图选择【顶部】与【底部】	 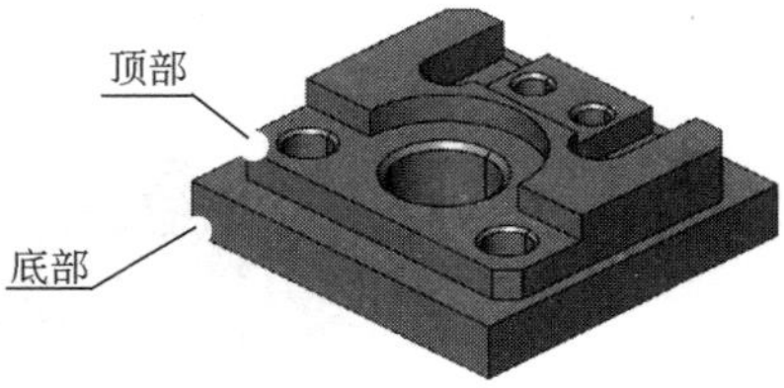 顶部　　　绝对(工单坐标)　-7 底部　　　绝对(工单坐标)　-29 直径　 0　　附加距离　 0 顶部 底部
（4）排序策略点击选择为【最短距离】	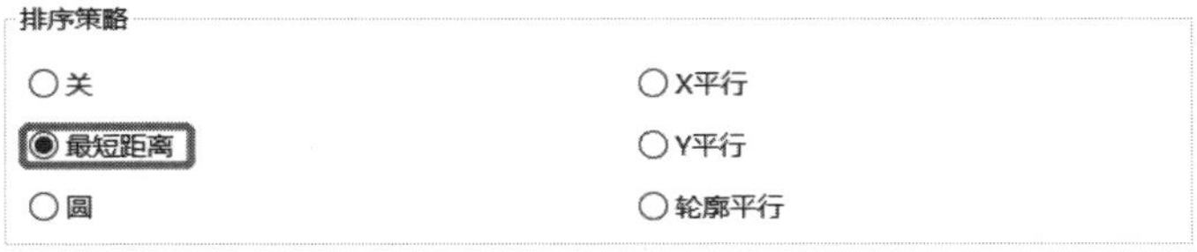 **排序策略** ○ 关　　　　　　○ X平行 ◉ 最短距离　　　○ Y平行 ○ 圆　　　　　　○ 轮廓平行

4. 参数设置（见表 7.5.4）

表7.5.4

操作步骤	图示讲解
（1）加工区域点击选择为【穿透长度】，【穿透长度】设置为3	 **加工区域** 顶部偏置　 0　▸　□ 绝对顶部 底部偏置　 0　▸　□ 绝对底部 ☑ 穿透长度　　 3　▸

笔记

续表

操作步骤	图示讲解
（2）安全孔【安全距离】设置为2，【退刀距离】设置为5	 **安全孔** 安全距离 `2` ▸ 退刀距离 `5` ▸
（3）加工参数【停顿时间】设置为0.5，【退刀进给】设置为2000	 **加工参数** 停顿时间 `0.5` ▸ 退刀进给 `2000` ▸

进给参数详解	
停顿时间	退刀进给
Z轴每层停顿时间（P值）	单孔加工完后Z轴提刀进给率

操作步骤	图示讲解
（4）退刀模式点击选择【安全距离】，【安全平面】设置为40，【安全距离】设置为8	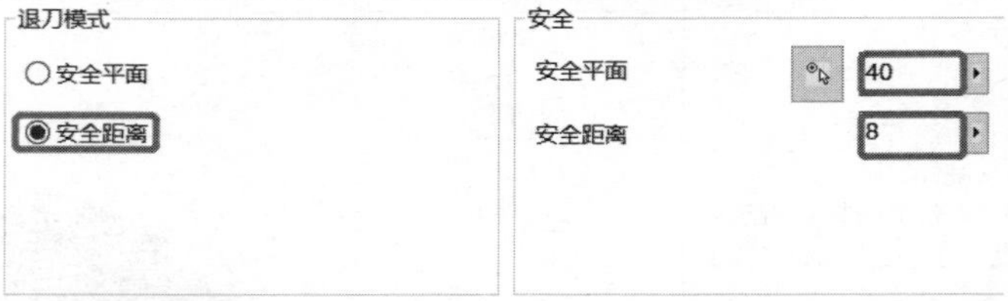 **退刀模式** ○ 安全平面 ◉ 安全距离 　　**安全** 安全平面 `40` ▸ 安全距离 `8` ▸

5. 生成程序（见表7.5.5）

表7.5.5

程序计算步骤			
第一步	第二步	第三步	第四步
 ✔	铰孔	⊞	是(Y)
点击程序界面"确认"按钮	选择需要计算的程序	点击计算程序按钮或按"C"键计算	确认计算

参考程序示例

6. 模拟仿真（见表7.5.6）

表7.5.6

程序仿真步骤		
第一步	第二步	第三步
铰孔	内部模拟	▸▸
选择需要仿真的程序	选择内部模拟或使用快捷键"T"	点击开始仿真

仿真效果 [内部机床模拟（快捷键 Shift+T）]

笔记

任务六　攻螺纹

【教学目标】

能力目标

能够制订螺纹孔加工的加工工艺。

能够设定攻螺纹过程中的停顿时间。

能够熟知常用螺纹的螺距大小。

知识目标

掌握 hyperMILL 攻螺纹加工策略中各参数的含义。

掌握 hyperMILL 攻螺纹加工策略的适用范围。

素质目标

培养学生熟练掌握铰孔指令并能够应用于实际加工。

通过任务式学习，提升学生的自学能力。

激发学生的学习兴趣，培养团队合作和创新精神。

【任务导读】

攻螺纹是加工螺纹最常用的手段之一，对于攻螺纹 hyperMILL 的处理方式十分优异，单独的攻螺纹模块，指令简单、直观，要求学生熟练掌握。

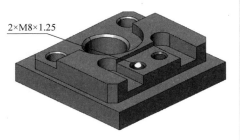
2×M8×1.25

图7.6.1

【任务描述】

使用攻螺纹指令编制图 7.6.1 零件中 2×M8×1.25 的螺纹孔加工程序，需要学生正确定义指令参数，编制程序后进行内部仿真，验证程序正确性。

【任务实施】

1. 新建攻螺纹（攻丝）（见表 7.6.1）

表7.6.1

操作步骤	图示讲解
在工单列表空白处单击鼠标右键，点击【新建】，选择【钻孔】，点击【攻丝】	

笔记

2. 新建 M8 丝锥（见表 7.6.2）

表7.6.2

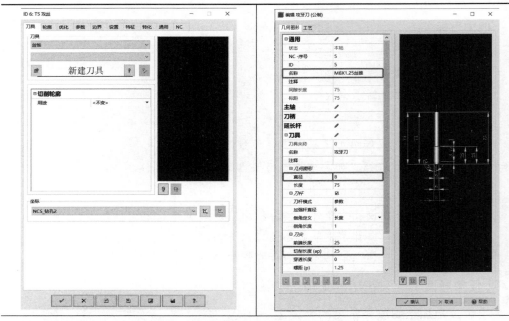

注意：在建立丝锥时，要特别注意螺距的定义。

3. 策略设置（见表 7.6.3）

表7.6.3

操作步骤	图示讲解
（1）钻孔模式点击选择为【2D 钻孔】	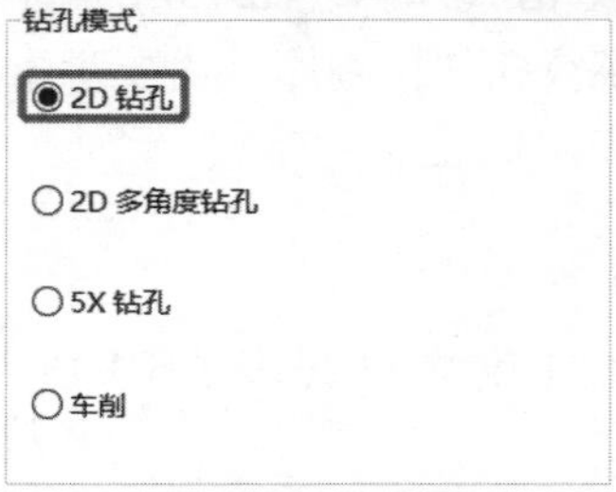 钻孔模式 ◉ 2D 钻孔 ○ 2D 多角度钻孔 ○ 5X 钻孔 ○ 车削
（2）轮廓选择点击选择为【点】，按图选择【点】	 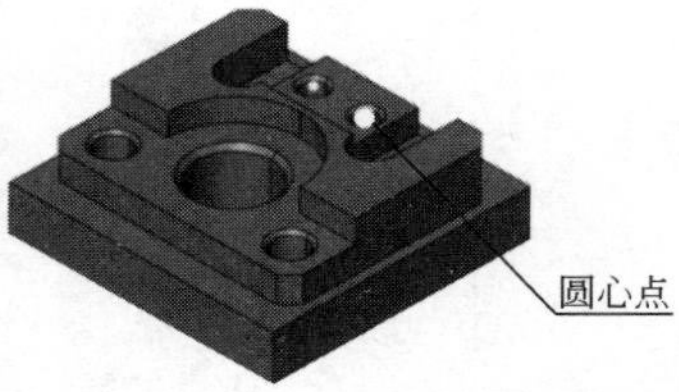 轮廓选择 ○ 直线　　　选择点： ◉ 点　　　　已选：　2 ☑ 圆心点

笔记

续表

操作步骤	图示讲解
（3）按图选择【顶部】与【底部】	 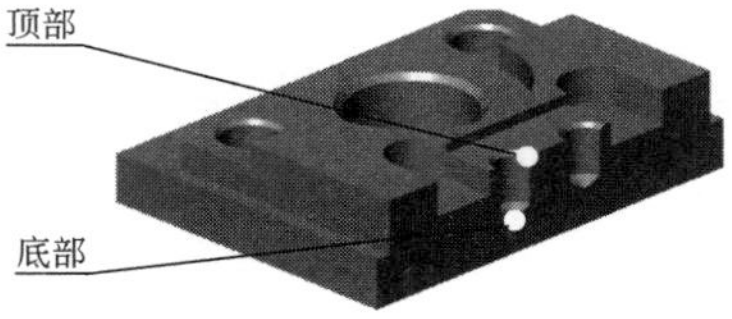 顶部　　　　　　　　　绝对(工单坐标) ∨　-3 底部　　　　　　　　　绝对(工单坐标) ∨　-19 直径　　　6.75　　　附加距离　　　0 顶部 底部
（4）排序策略点击选择为【最短距离】	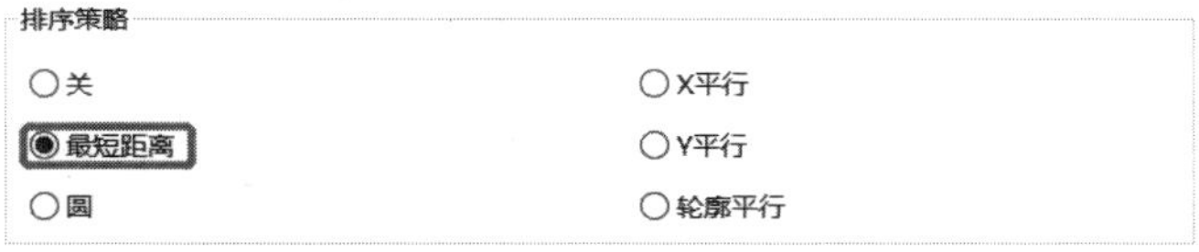 排序策略 ○关　　　　　　　　　○X平行 ◉最短距离　　　　　　　○Y平行 ○圆　　　　　　　　　　○轮廓平行

4. 参数设置（见表 7.6.4 ）

表7.6.4

操作步骤	图示讲解
（1）进给区域【底部偏置】设置为3	 加工区域 顶部偏置　　　0　　▸　　□绝对顶部 底部偏置　　　3　　▸　　□绝对底部 □刀尖角度补偿　　　　　□穿透长度
（2）安全孔【安全距离】设置为2，【退刀距离】设置为5	 安全孔 安全距离　　2　▸　　退刀距离　　5　▸
（3）加工参数【停顿时间】设置为0.5，【啄钻深度】设置为3	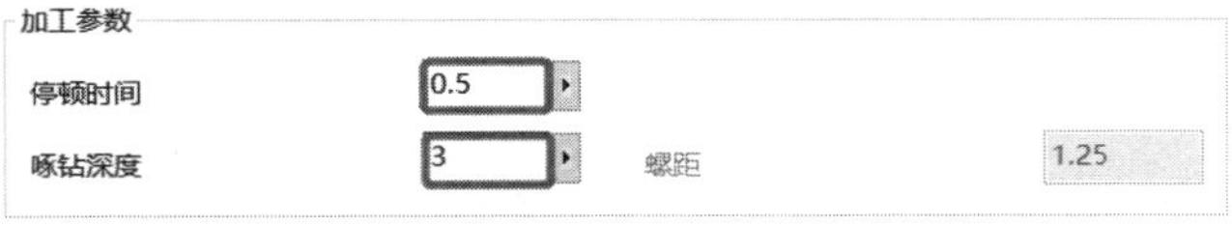 加工参数 停顿时间　　0.5　▸ 啄钻深度　　3　▸　　螺距　　1.25
（4）退刀模式点击选择为【安全距离】，【安全平面】设置为40，【安全距离】设置为8	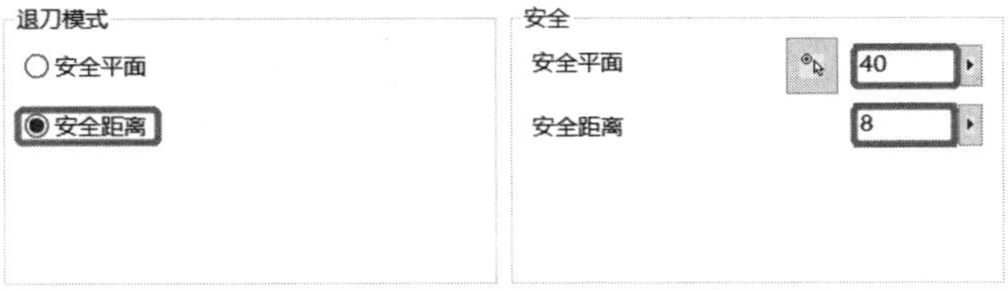 退刀模式　　　　　　　安全 ○安全平面　　　　　　安全平面　　40　▸ ◉安全距离　　　　　　安全距离　　8　▸
（5）点击选择【模型】为工单中定义的加工模型	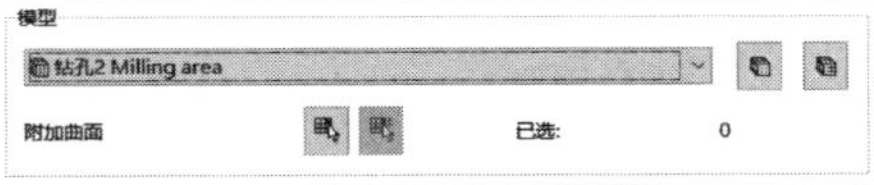 模型 钻孔2 Milling area　　∨ 附加曲面　　　　　　已选:　　0
（6）刀具检查点击选择为【检查打开】、【检查孔】，检查公差为0.7	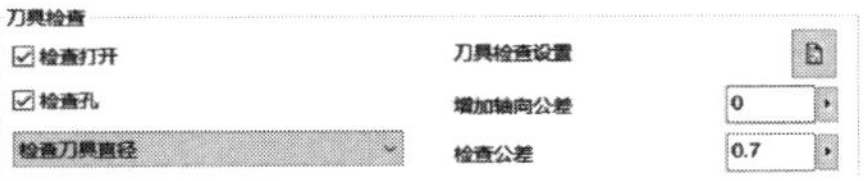 刀具检查 ☑检查打开　　　　　刀具检查设置 ☑检查孔　　　　　　增加轴向公差　　0　▸ 检查刀具直径 ∨　　检查公差　　0.7　▸

笔记

5. 生成程序（见表 7.6.5）

表7.6.5

程序计算步骤			
第一步	第二步	第三步	第四步
 ✔	攻丝	▣	是(Y)
点击程序界面"确认"按钮	选择需要计算的程序	点击计算程序按钮或按"C"键计算	确认计算

参考程序示例

6. 模拟仿真（见表 7.6.6）

表7.6.6

程序仿真步骤		
第一步	第二步	第三步
攻丝	内部模拟	▸▸
选择需要仿真的程序	选择内部模拟或使用快捷键"T"	点击开始仿真

仿真效果［内部机床模拟（快捷键 Shift+T）］

【专家点拨】

① 在使用机床攻螺纹时选择攻螺纹刀柄攻螺纹效果最佳，在机床攻螺纹进行头攻、二攻时，需注意丝锥螺距的统一性。

② 机床上攻螺纹时，切削液的选择十分重要，对塑性材料来说，需保持足够的切削液，一般可以采用乳化油或硫化切削油。

笔记

任务七　螺旋钻

【教学目标】

能力目标

能够制订孔的扩孔加工工艺。

能够了解螺旋钻加工的加工路线规程。

能够设置正确的路径补偿。

知识目标

掌握 hyperMILL 螺旋钻加工策略中各参数的含义。

掌握 hyperMILL 螺旋钻加工策略的适用范围。

素质目标

培养学生熟练掌握螺旋钻指令并能够应用于实际加工。

通过任务式学习，提升学生的自学能力。

激发学生的学习兴趣，培养团队合作和创新精神。

【任务导读】

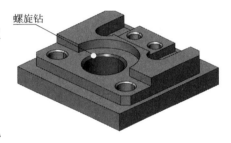

螺旋钻常用于扩孔，并且可以同时加工孔位的倒角，效果十分优异且参数设置简单、直观，要求学生熟练掌握。

【任务描述】

使用螺旋钻指令对图 7.7.1 零件中的 $\phi22.5$ 孔进行扩孔，需要学员正确定义指令参数，编制程序后进行内部仿真，验证程序正确性。

图7.7.1

【任务实施】螺旋钻案例

1.新建螺旋钻（见表 7.7.1）

表7.7.1

操作步骤	图示讲解
在工单列表空白处单击鼠标右键，点击【新建】，选择【钻孔】，点击【螺旋钻】	

2. 新建 D10 立铣刀（见表 7.7.2）

表7.7.2

 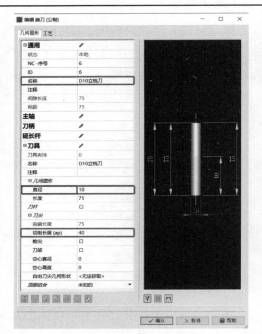

3. 策略设置（见表 7.7.3）

表7.7.3

操作步骤	图示讲解
（1）钻孔模式点击选择为【2D 钻孔】	钻孔模式 ⦿ 2D 钻孔 ○ 2D 多角度钻孔 ○ 5X 钻孔 ○ 车削
（2）轮廓选择点点击选择为【点】，按图选择【点】	轮廓选择 ○ 直线　　　　　选择点： ⦿ 点　　　　　　已选：　　1 ☑ 圆心点

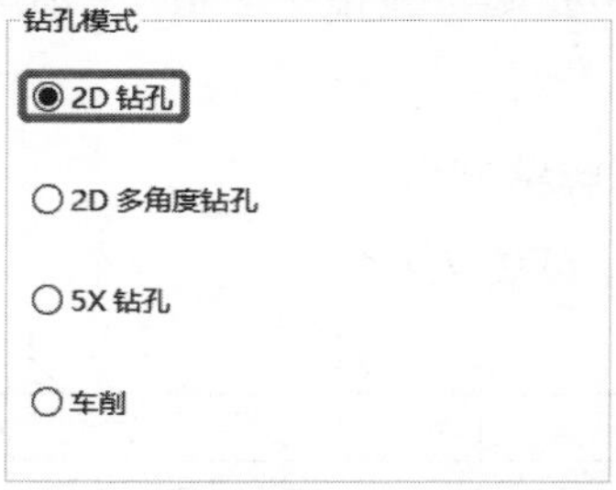

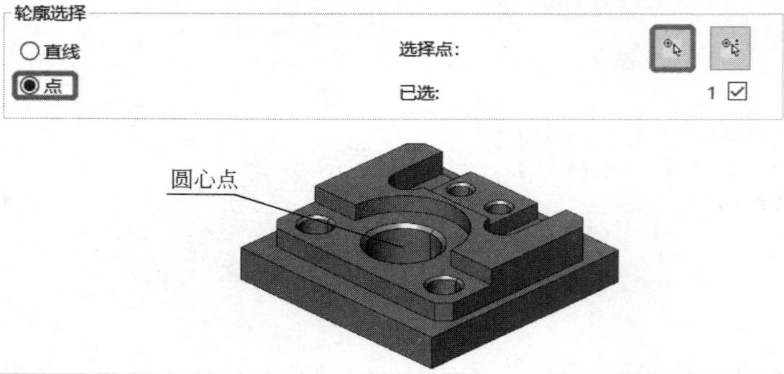

续表

操作步骤	图示讲解
（3）按图选择【顶部】与【底部】,【直径】设置为22.5	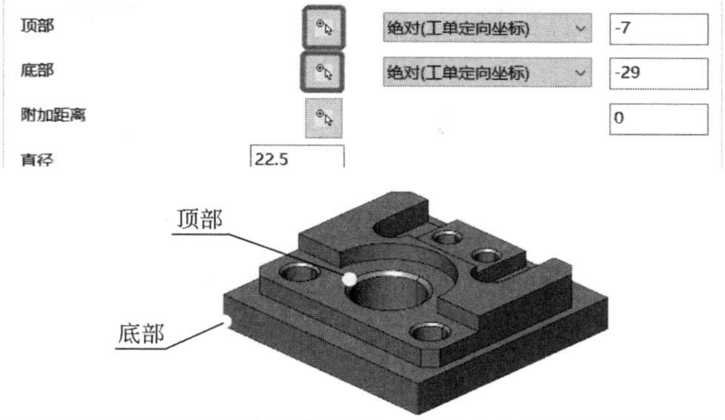 顶部　　　　　　　　绝对(工单定向坐标)　-7 底部　　　　　　　　绝对(工单定向坐标)　-29 附加距离　　　　　　　　　　　　　　　0 直径　　　　　22.5 顶部 底部
（4）排序策略点击选择为【最短距离】	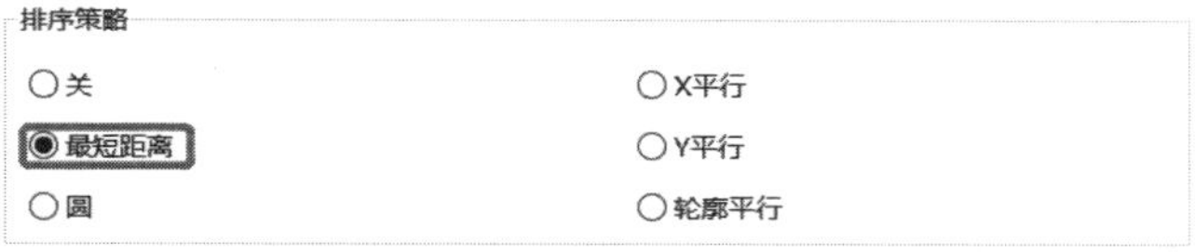 排序策略 ○关　　　　　　　　○X平行 ◉最短距离　　　　　　○Y平行 ○圆　　　　　　　　○轮廓平行

4. 参数设置（见表7.7.4）

表7.7.4

操作步骤	图示讲解
（1）加工区域【穿透长度】设置为2	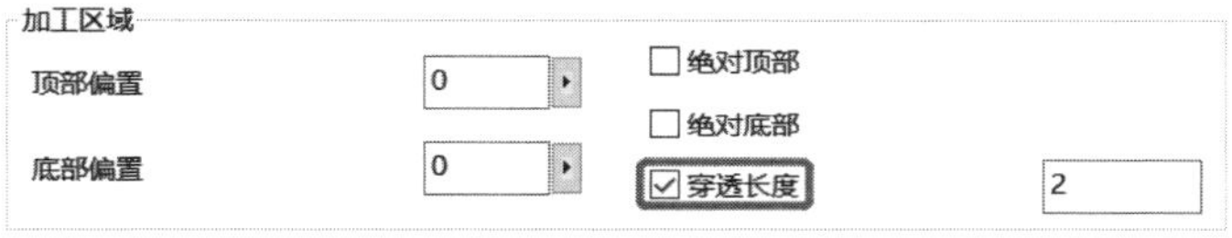 加工区域 顶部偏置　　　0　　　　□绝对顶部 　　　　　　　　　　　　　□绝对底部 底部偏置　　　0　　　　☑穿透长度　　2
（2）安全孔【安全距离】设置为2,【退刀距离】设置为5	 安全孔 安全距离　　　2　　　　退刀距离　　　5
（3）加工参数【螺距】设置为1,【槽深】设置为0,【倒角长度】设置为0.5,【倒角角度】设置为45,【向下步距倒角】设置为0	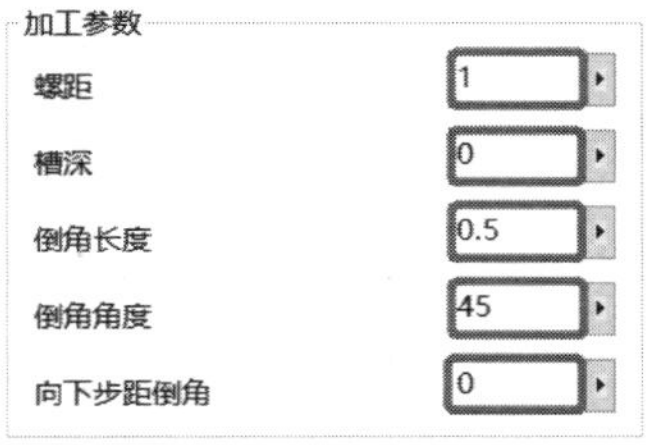 加工参数 螺距　　　　　　1 槽深　　　　　　0 倒角长度　　　　0.5 倒角角度　　　　45 向下步距倒角　　0

加工参数详解				
①螺距	②槽深	③倒角长度	④倒角角度	⑤向下步距倒角
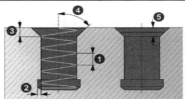				

续表

操作步骤	图示讲解
（4）余量【粗加工 XY 余量】设置为 0.2	 余量 粗加工XY余量　　　0.2 ☐ 精加工
余量详解	

精加工
添加精加工刀路，在添加精加工刀路的同时可以定义精加工余量

操作步骤	图示讲解
（5）路径方向点击选择为【逆时针】	 路径方向 ○ 顺时针　　　　　　　　◉ 逆时针
（6）路径补偿点击选择为【中心路径】	 路径补偿 ◉ 中心路径　　　　　　　○ 路径补偿

刀具补偿详解	
中心路径	补偿路径
软件中心路径	使用机床补偿

操作步骤	图示讲解
（7）退刀模式点击选择为【安全距离】，【安全平面】设置为40，【安全距离】设置为8	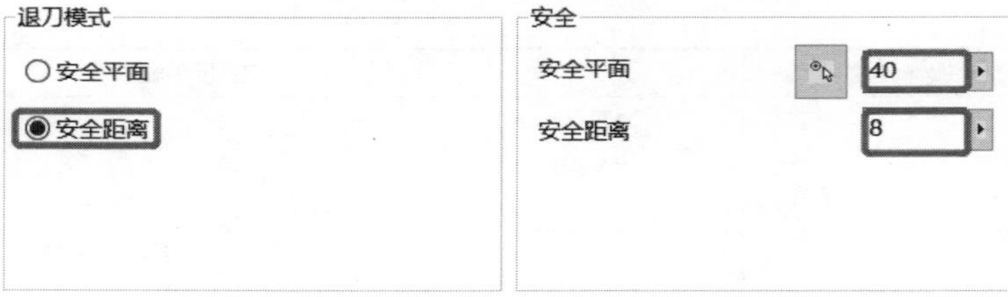 退刀模式　　　　　　　　　安全 ○ 安全平面　　　　　安全平面　　40 ◉ 安全距离　　　　　安全距离　　8

5. 生成程序（见表 7.7.5）

表7.7.5

程序计算步骤			
第一步	第二步	第三步	第四步
 ✓	螺旋钻	 ▣	是(Y)
点击程序界面"确认"按钮	选择需要计算的程序	点击计算程序按钮或按"C"键计算	确认计算

参考程序示例

笔记

6. 模拟仿真（见表 7.7.6）

表 7.7.6

程序仿真步骤		
第一步	第二步	第三步
螺旋钻	**内部模拟**	
选择需要仿真的程序	选择内部模拟或使用快捷键"T"	点击开始仿真

仿真效果 [内部机床模拟（快捷键 Shift+T）]

【专家点拨】

① 螺旋钻适用于较大的孔粗加工的加工手段，对于铣削批量孔效率较高。

② 对于孔精度要求不高的情况下，可以直接在程序中添加精加工刀路。

【任务八】 铣螺纹加工

【教学目标】

能力目标

能够制订较大孔的螺纹加工工艺。

能够知道常用螺纹的螺距大小。

能够设置正确的切入切出。

知道内螺纹和外螺纹的加工要点，切削参数的设置。

知识目标

掌握 hyperMILL 铣螺纹加工策略中各参数的含义。

掌握 hyperMILL 铣螺纹加工策略的适用范围。

素质目标

培养学生熟练掌握铣螺纹指令并能够应用于实际加工。

通过任务式学习，提升学生的自学能力。

激发学生的学习兴趣，培养团队合作和创新精神。

笔记

【任务导读】

螺纹直径大于一定数值时难以使用攻螺纹或板牙加工，对于这类情况可以采用螺纹铣刀呈环绕形对内外螺纹进行加工，也就是 hyperMILL 软件中的铣螺纹指令，该指令较为常用，要求学生熟练掌握。

【任务描述】

使用铣螺纹指令对图 7.8.1 零件中的 M24×1.5 的螺纹孔进行螺纹铣削，需要学生正确定义指令参数，编制程序后进行内部仿真，验证程序正确性。

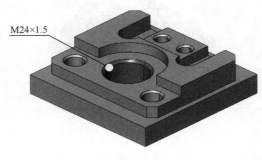

图7.8.1

【任务实施】

1. 新建铣螺纹（见表 7.8.1）

表7.8.1

操作步骤	图示讲解
在工单列表空白处单击鼠标右键，点击【新建】，选择【钻孔】，点击【铣螺纹】	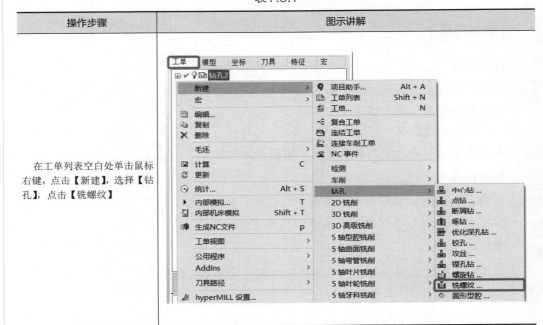

笔记

2. 新建 D15 螺纹铣刀（见表 7.8.2）

表 7.8.2

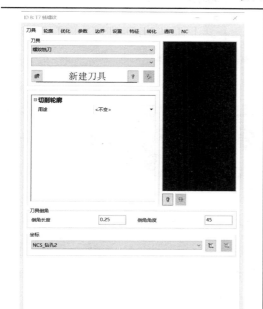 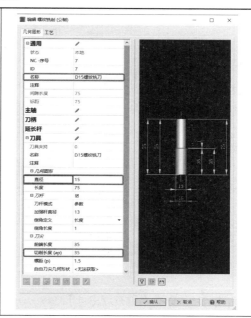

注意点：建立螺纹铣刀时螺距一定要正确定义，本次第一螺距为 1.5

3. 策略设置（见表 7.8.3）

表 7.8.3

操作步骤	图示讲解
（1）钻孔模式点击选择为【2D 钻孔】	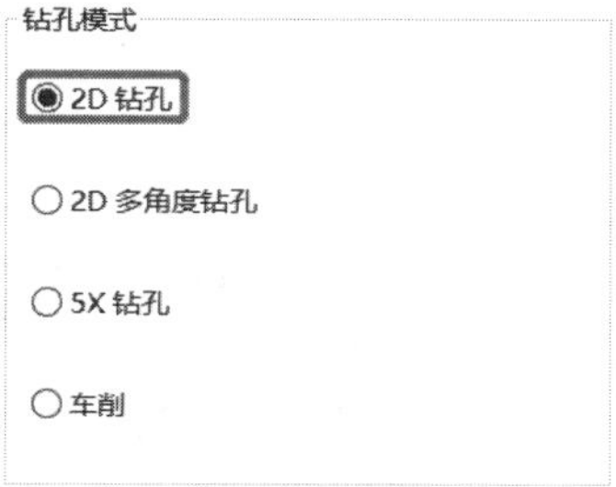 钻孔模式 ● 2D 钻孔 ○ 2D 多角度钻孔 ○ 5X 钻孔 ○ 车削
（2）轮廓选择点击选择为【点】，按图选择【点】	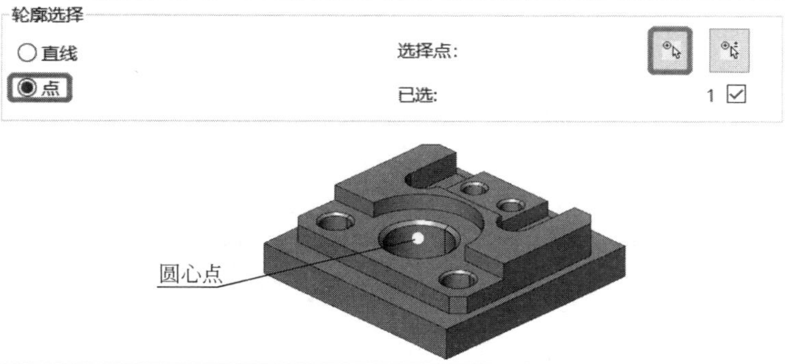 轮廓选择 ○ 直线　　选择点： ● 点　　　已选：　1 ✓ 圆心点

续表

操作步骤	图示讲解
（3）按图选择【顶部】与【底部】,【直径】设置为24	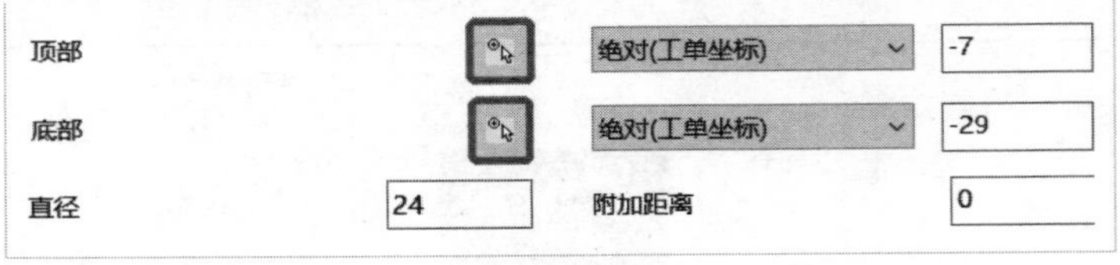 顶部　　　　　　　　　　绝对(工单坐标)　　-7 底部　　　　　　　　　　绝对(工单坐标)　　-29 直径　　24　　　附加距离　　0 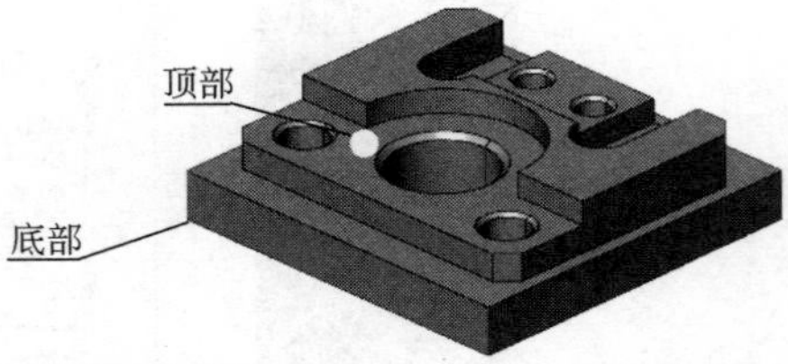 顶部 底部
（4）排序策略点击选择为【最短距离】	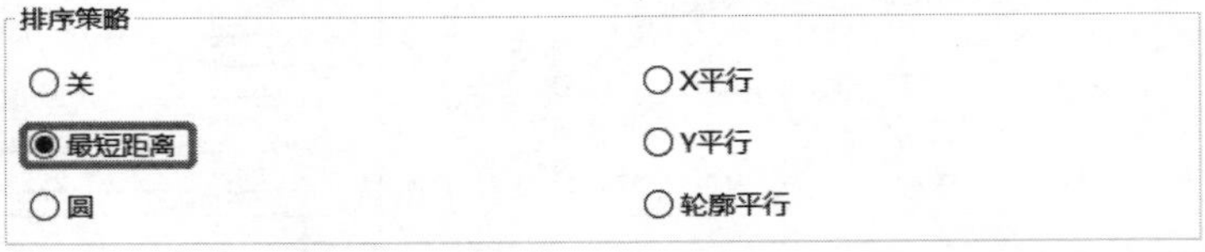 排序策略 ○关　　　　　　　　　○X平行 ◉最短距离　　　　　　　○Y平行 ○圆　　　　　　　　　○轮廓平行

4. 参数设置（见表 7.8.4）

表7.8.4

操作步骤	图示讲解
（1）加工区域点击选择为【穿透长度】,【穿透长度】设置为3	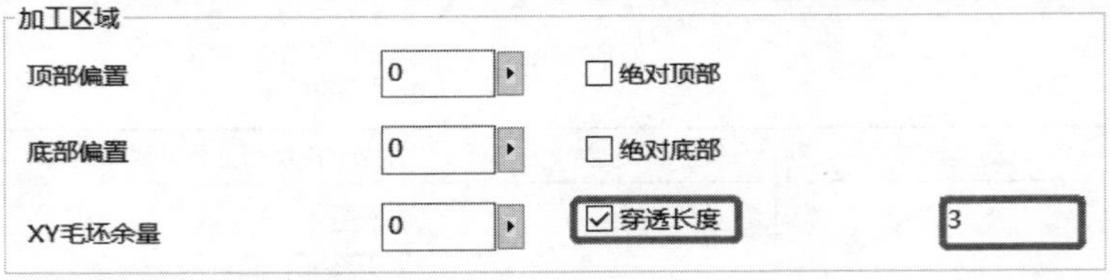 加工区域 顶部偏置　　0　　　□绝对顶部 底部偏置　　0　　　□绝对底部 XY毛坯余量　　0　　　☑穿透长度　　3
（2）安全孔【安全距离】设置为2,【退刀距离】设置为5	 安全孔 安全距离　　2　　　退刀距离　　5
（3）螺纹点击选择为【内螺纹】,【螺距】设置为1.5,【螺纹起始数量】设置为1,【螺旋切削数量】设置为1	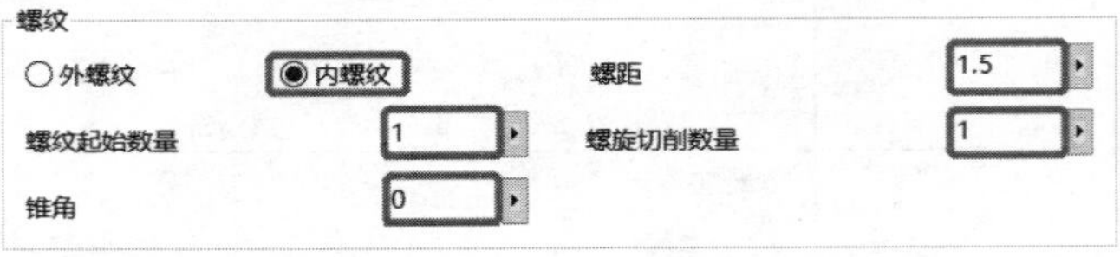 螺纹 ○外螺纹　◉内螺纹　　螺距　　1.5 螺纹起始数量　　1　　螺旋切削数量　　1 锥角　　0

螺纹详解				
内螺纹 / 外螺纹	螺距	螺纹起始数量	螺旋切削数量	锥角
所需加工的螺纹的类型	螺纹层与层间的距离	一般为1,常用于加工多线螺纹	输入形成螺纹所需的切割次数	螺距加工的轴向角度,外螺纹逐层增大,内螺纹逐层减少

操作步骤	图示讲解
（4）路径方向点击选择为【逆时针】与【向下】	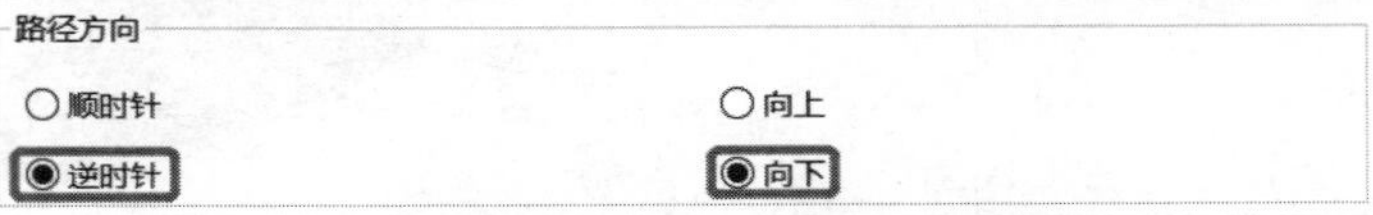 路径方向 ○顺时针　　　　　　　○向上 ◉逆时针　　　　　　　◉向下

笔记

操作步骤	图示讲解
	路径方向详解

顺时针	逆时针	向上	向下
顺时针加工轮廓	逆时针加工轮廓	自下而上加工	自上而下加工

操作步骤	图示讲解
（5）路径补偿点击选择为【中心路径】	 **路径补偿** ◉ 中心路径　　　　　　○ 补偿路径
（6）圆形进退方式【进刀半径】设置为 2，【退刀半径】设置为 2	 **圆形进退方式** 进刀半径　[2]　　退刀半径　[2]
	圆形进退方式详解
	进／退刀半径
	圆弧切入切出的圆角大小。在设置外圆弧时切入切出必须大于螺距

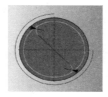

操作步骤	图示讲解
（7）退刀模式点击选择为【安全距离】，【安全平面】设置为40，【安全距离】设置为8	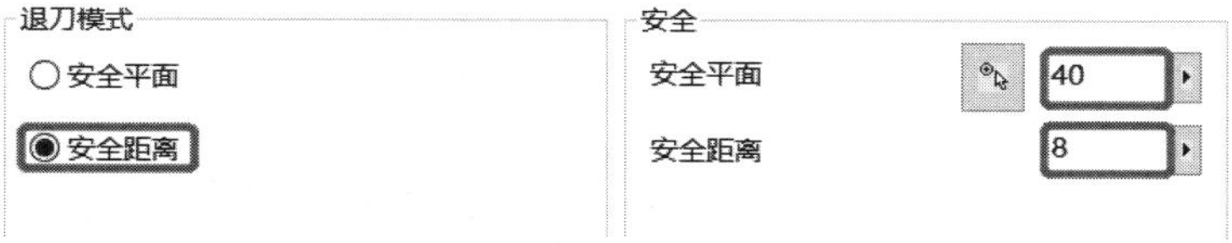 **退刀模式** ○ 安全平面 ◉ 安全距离　　　　　　**安全** 安全平面　[40] 安全距离　[8]

5. 生成程序（见表 7.8.5）

表 7.8.5

程序计算步骤			
第一步	第二步	第三步	第四步
✔	 铣螺纹	▨	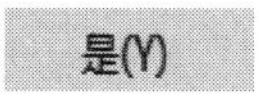 是(Y)
点击程序界面"确认"按钮	选择需要计算的程序	点击计算程序按钮或按"C"键计算	确认计算
参考程序示例			

笔记

6. 模拟仿真（见表 7.8.6）

表7.8.6

程序仿真步骤		
第一步	第二步	第三步
铣螺纹	**内部模拟**	▶▶
选择需要仿真的程序	选择内部模拟或使用快捷键"T"	点击开始仿真

仿真效果［内部机床模拟（快捷键 Shift+T）］

【专家点拨】

① 在使用机床攻螺纹时选择攻螺纹刀柄攻螺纹效果最佳，在机床攻螺纹进行头攻、二攻时，需注意丝锥螺距的统一性。

② 机床上攻螺纹时，切削液的选择十分重要，对塑性材料来说，需保持足够的切削液，一般可以采用乳化油或硫化切削油。

任务九　镗孔钻加工

【教学目标】

能力目标

能够制订孔的镗孔加工工艺。

能够了解镗孔钻加工的加工路线规程。

知识目标

掌握 hyperMILL 镗孔钻加工策略中各参数的含义。

掌握 hyperMILL 镗孔钻加工策略的适用范围。

素质目标

培养学生熟练掌握镗孔钻指令并能够应用于实际加工。

通过任务式学习，提升学生的自学能力。

激发学生的学习兴趣，培养团队合作和创新精神。

【任务导读】

笔记

镗孔是一种高精度、高质量的孔加工方式，加工完成的表面粗糙度极佳。在hyperMILL 软件中镗孔指令简单且十分常用，要求学生熟练掌握。

【任务描述】

使用镗孔钻指令编制图 7.9.1 零件中 ϕ22.5 的孔加工程序，需要正确定义指令参数，编制程序后进行内部仿真，验证程序正确性。

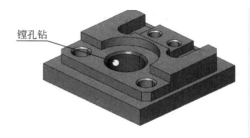

镗孔钻

图7.9.1

【任务实施】

1. 新建镗孔钻（见表 7.9.1）

表7.9.1

操作步骤	图示讲解
在工单列表空白处单击鼠标右键，点击【新建】，选择【钻孔】,点击【镗孔钻】	

2. 新建 ϕ22.5 镗刀（见表 7.9.2）

表7.9.2

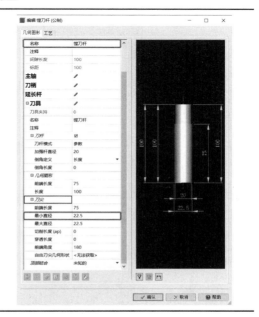

笔记

3. 策略设置（见表 7.9.3）

表7.9.3

操作步骤	图示讲解
（1）钻孔模式点击选择为【2D 钻孔】	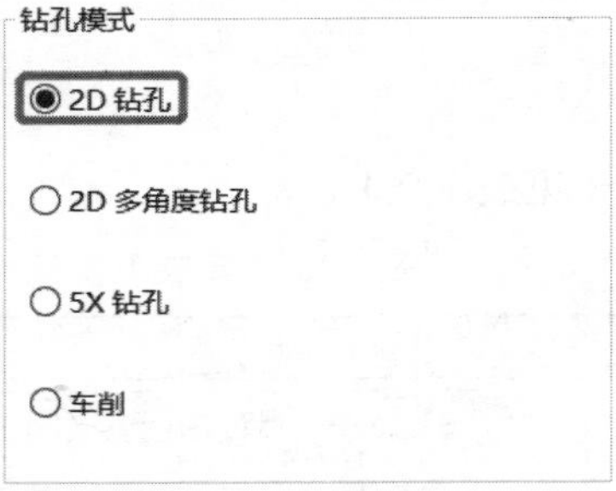 钻孔模式 ◉ 2D 钻孔 ○ 2D 多角度钻孔 ○ 5X 钻孔 ○ 车削
（2）轮廓选择点击选择为【点】，按图选择【点】	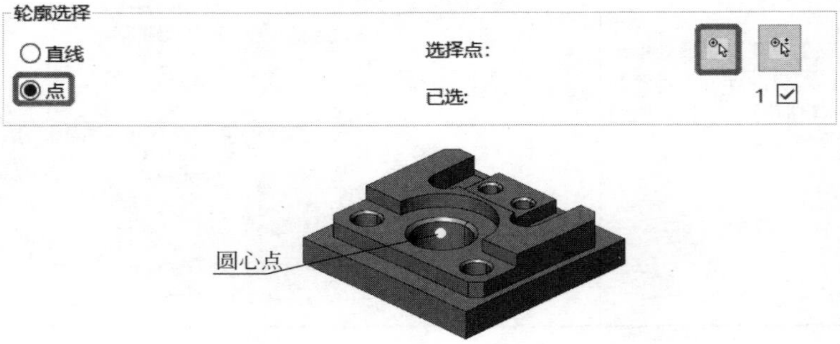 轮廓选择 ○ 直线　　选择点： ◉ 点　　已选：　1 ☑ 圆心点
（3）按图选择【顶部】与【底部】	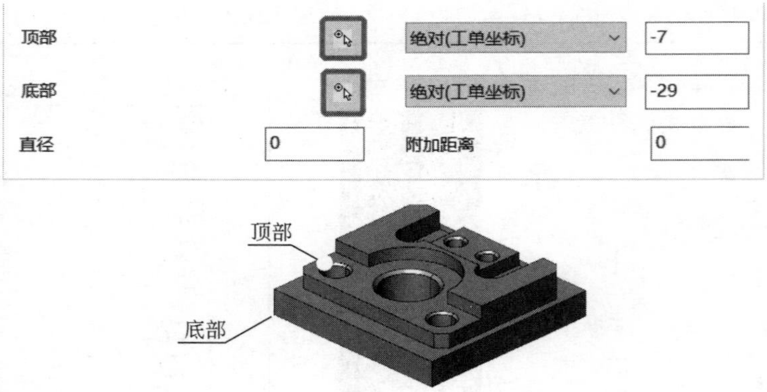 顶部　　　绝对(工单坐标)　-7 底部　　　绝对(工单坐标)　-29 直径　0　　附加距离　0 顶部 底部
（4）排序策略点击选择为【最短距离】	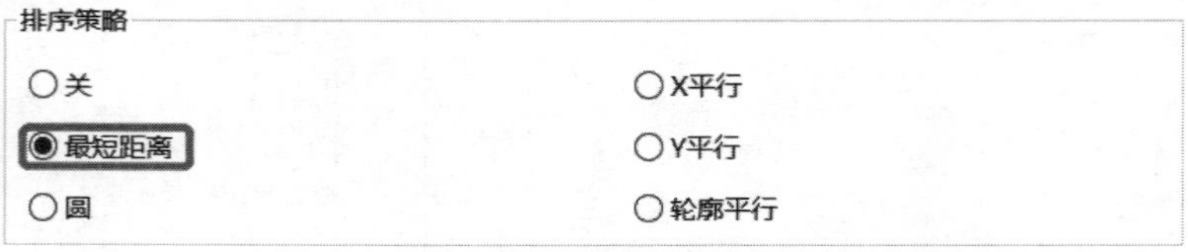 排序策略 ○ 关　　　　　　　○ X平行 ◉ 最短距离　　　　○ Y平行 ○ 圆　　　　　　　○ 轮廓平行

笔记

4. 参数设置（见表 7.9.4）

表 7.9.4

操作步骤	图示讲解
（1）加工区域点击选择为【穿透长度】。【穿透长度】设置为 2	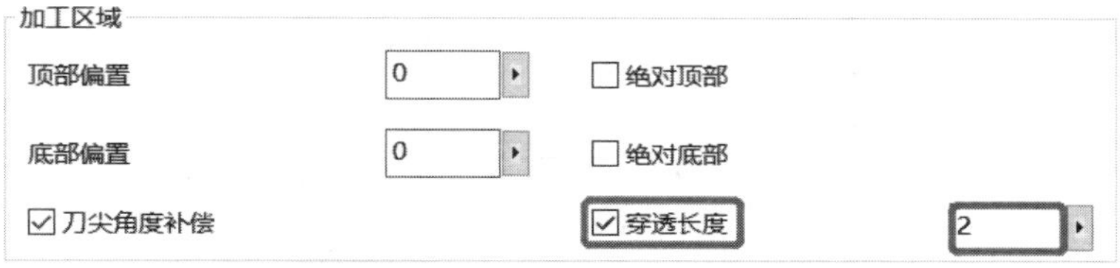 加工区域 顶部偏置　　0　　　▸　　☐ 绝对顶部 底部偏置　　0　　　▸　　☐ 绝对底部 ☑ 刀尖角度补偿　　　☑ 穿透长度　　　2　▸
（2）安全孔【安全距离】设置为 2，【退刀距离】设置为 5	 安全孔 安全距离　　2　▸　　　退刀距离　　5　▸
（3）加工参数【停顿时间】设置为 1	 加工参数 停顿时间　　1　▸
（4）退刀模式点击选择为【安全距离】，【安全平面】设置为 40，【安全距离】设置为 8	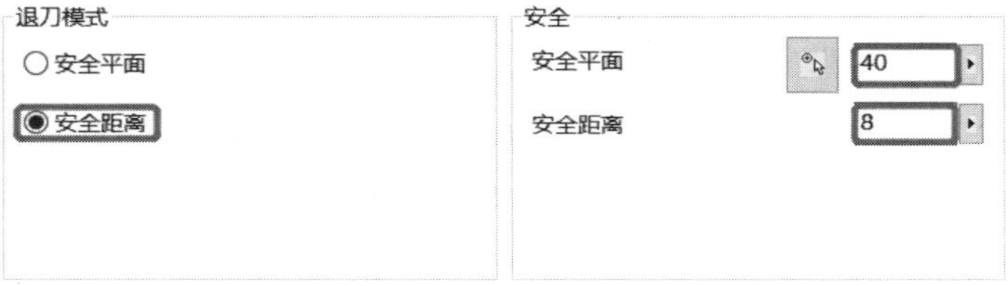 退刀模式 ○ 安全平面 ◉ 安全距离 安全 安全平面　　40　▸ 安全距离　　8　▸

5. 生成程序（见表 7.9.5）

表 7.9.5

程序计算步骤			
第一步	第二步	第三步	第四步
 ✔	镗孔钻	 🖼	是(Y)
点击程序界面"确认"按钮	选择需要计算的程序	点击计算程序按钮或按"C"键计算	确认计算

参考程序示例

6. 模拟仿真（见表 7.9.6）

表7.9.6

程序仿真步骤		
第一步	第二步	第三步
镗孔钻	**内部模拟**	▶▶
选择需要仿真的程序	选择内部模拟或使用快捷键"T"	点击开始仿真

仿真效果 [内部机床模拟（快捷键 Shift+T）]

【专家点拨】

① 在对薄壁零件进行镗削时，不能装夹太紧，防止零件变形，影响镗孔精度。

② 镗孔精度要求高，不同的余量镗削效果不一致，一般需进行粗镗（使余量一致）、半精镗（了解镗刀直径）、精镗（保证镗孔尺寸与粗糙度）三步完成。

任务十　圆形型腔加工

【教学目标】

能力目标

能够了解圆形型腔的加工路线过程。

能够设置正确的进退刀方式。

能够设置正确的路径补偿。

知识目标

掌握 hyperMILL 圆形型腔加工策略中各参数的含义。

掌握 hyperMILL 圆形型腔加工策略的适用范围。

素质目标

培养学生熟练掌握圆形型腔指令并能够应用于实际加工。

通过任务式学习，提升学生的自学能力。

激发学生的学习兴趣，培养团队合作和创新精神。

笔记

【任务导读】

圆形型腔指令一般用于圆柱形腔体的粗加工，但却无法设置下刀方式，在扩孔环节非常实用，该指令参数设置简单、直观，要求学生了解并掌握。

【任务描述】

使用圆形型腔指令对图 7.10.1 零件中的 $\phi22.5$ 孔进行粗加工，需要学生正确定义指令参数，编制程序后进行内部仿真，验证程序正确性。

图7.10.1

【任务实施】圆形型腔案例

1. 新建圆形型腔（见表 7.10.1）

表7.10.1

操作步骤	图示讲解
在工单列表空白处单击鼠标右键，点击【新建】，选择【钻孔】，点击【圆形型腔】	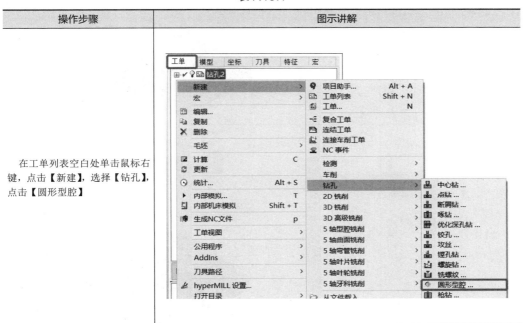

2. 选择 D10 立铣刀（见表 7.10.2）

表 7.10.2

操作步骤	图示讲解
在工单的刀具处选择之前创建的 D10 铣刀	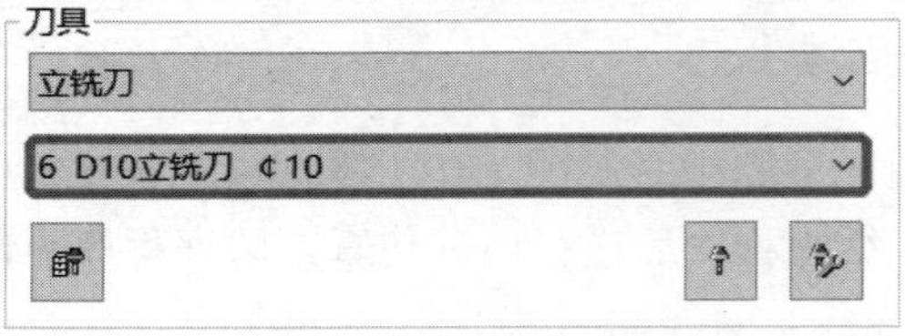 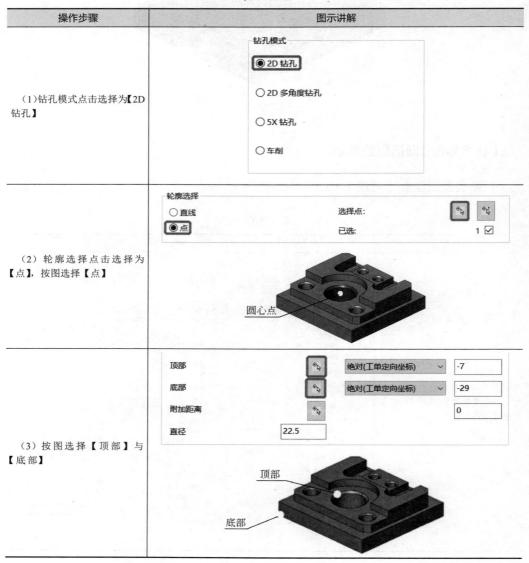

3. 策略设置（见表 7.10.3）

表 7.10.3

操作步骤	图示讲解
（1）钻孔模式点击选择为【2D钻孔】	
（2）轮廓选择点击选择为【点】，按图选择【点】	
（3）按图选择【顶部】与【底部】	

操作步骤	图示讲解
（4）排序策略点击选择为【最短距离】	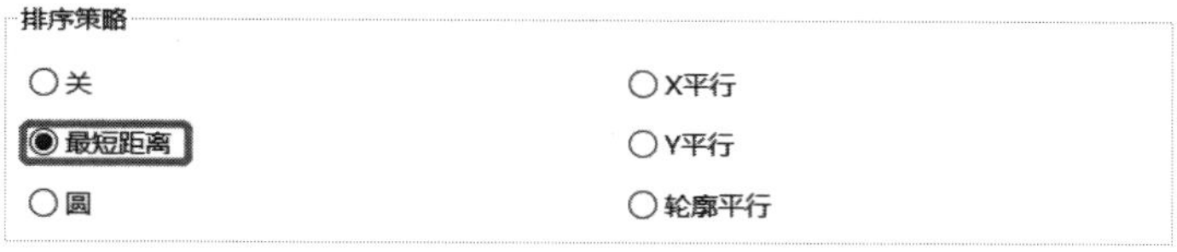 排序策略 ○关　　　　　　　　　　　○X平行 ◉最短距离　　　　　　　　○Y平行 ○圆　　　　　　　　　　　○轮廓平行

4. 参数设置（见表7.10.4）

表7.10.4

操作步骤	图示讲解
（1）加工区域【底部偏置】设置为 –2，【XY毛坯余量】设置为0.3	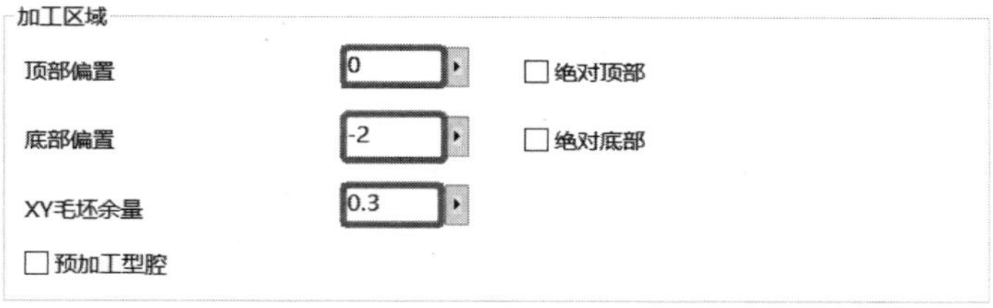 加工区域 顶部偏置　　0　　　　　□绝对顶部 底部偏置　　-2　　　　　□绝对底部 XY毛坯余量　0.3 □预加工型腔
（2）安全孔【安全距离】设置为2，【退刀距离】设置为5	 安全孔 安全距离　2　　　　退刀距离　5
（3）进给【垂直步距】设置为5，【步距（直径系数）】设置为0.4	 进给 垂直步距　5　　　步距(直径系数)　0.4

进给详解	
步距（直径系数）/ 水平步距	垂直步距
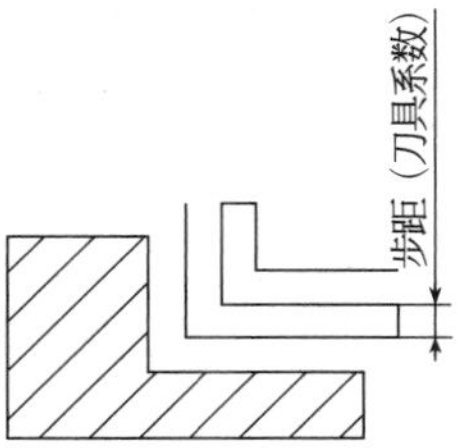 步距（刀具系数）	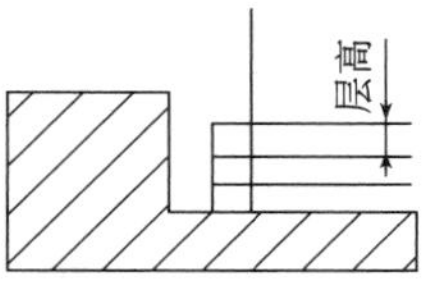 层高

操作步骤	图示讲解
（4）切削模式点击选择为【顺铣】	 切削模式 ◉顺铣　　　　　　　　　　○逆铣

切削模式详解	
顺铣	逆铣
主轴正转，外轮廓逆时针切削，内轮廓顺时针切削	主轴正转，外轮廓顺时针切削，内轮廓逆时针切削

操作步骤	图示讲解
（5）加工起始点【起始角度】设置为0	 加工起始点 起始角度　0

笔记

操作步骤	图示讲解
	加工起始点详解
	起始角度
	设置起始角度可调整圆形型腔起始加工点点位
（6）圆弧进退刀【进刀半径】设置为3	 圆弧进退刀 进刀半径　　　　　3
（7）退刀模式点击选择为【安全距离】，【安全平面】设置为40，【安全距离】设置为8	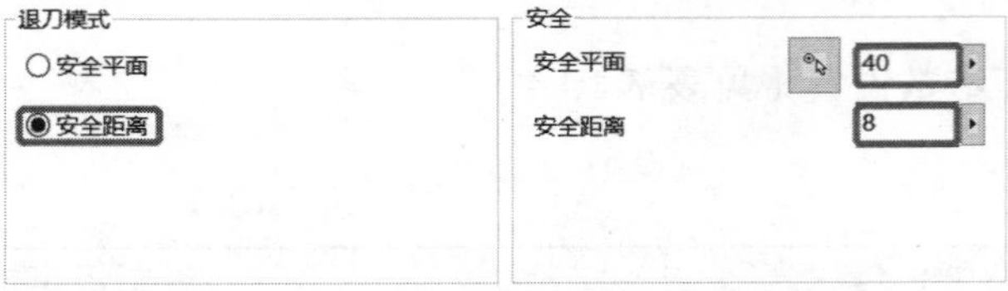 退刀模式 ○安全平面 ◉安全距离 安全 安全平面　　40 安全距离　　8

5. 生成程序（见表 7.10.5）

表7.10.5

程序计算步骤			
第一步	第二步	第三步	第四步
 ✔	圆形型腔	 	是(Y)
点击程序界面"确认"按钮	选择需要计算的程序	点击计算程序按钮或按"C"键计算	确认计算

参考程序示例

6. 模拟仿真（见表 7.10.6）

表7.10.6

程序仿真步骤		
第一步	第二步	第三步
圆形型腔	内部模拟	▶▶
选择需要仿真的程序	选择内部模拟或使用快捷键"T"	点击开始仿真

仿真效果［内部机床模拟（快捷键 Shift+T）］

笔记

【专家点拨】

①　圆形型腔指令适用于加工已存在中心孔的零件，若无孔，需使用钻孔指令钻削下刀孔，一般用于批量孔的粗加工。

②　使用圆形型腔指令时可适当加大每刀深度使用侧刃铣削，可提高效率、减少刀具损耗。

项目八
高性能及特殊参数应用

任务一　高性能加工

【教学目标】

能力目标

设置正确的最小毛坯去除量，以保证得到最优加工；

能够根据产品类型，选择高性能加工模式；

能够设置正确的最小进给率限制；

能够分析产品零件，设置合理的高性能加工参数，达到最佳优化加工；

了解高性能加工的加工优势，刀具路线的走刀形式。

知识目标

掌握 hyperMILL 高性能加工策略中各参数的含义；

掌握 hyperMILL 高性能加工策略的适用范围。

素质目标

培养学生熟练掌握高性能指令并能够应用于实际加工；

通过任务式学习，提升学生的自学能力；

激发学生的学习兴趣，培养团队合作和创新精神。

【任务导读】

hyperMILL 软件中的高性能加工又称为高速动态铣削加工，其加工特点为采用刀具侧刃进行铣削，在铣削较深型腔时采用高性能可大大提升加工效率与刀具寿命。

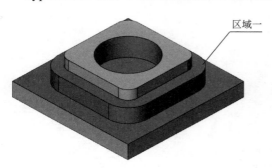

区域一

图8.1.1

【任务描述】

使用 3D 任意毛坯粗加工指令编制图 8.1.1 零件中腔区域一加工程序，在编写过程中设置正确指令参数采用高性能进行编程，并使用内部机床进行仿真。

【任务实施】

1. 新建工单列表（见表 8.1.1）

表8.1.1

操作步骤	图示讲解
（1）在工单选项空白处单击鼠标右键新建【工单列表】	
（2）在工单列表设置中点击新建【NCS 坐标】，点击需要创建坐标的平面	
（3）快捷键 Shift+S 使坐标在面上，最后点击【确定】完成设置	
（4）点击【工作平面】，将坐标设置于当前的坐标上	

对齐详解		
参考	工作平面	3 Points
从激活参考坐标系或工作平面调整加工坐标系原点和方位		通过三点指定加工坐标系方位。点 1=原点，点 2=X 方向，点 3=Y 方向

操作步骤	图示讲解
（5）在工单列表中选择【零件数据】并点击【新建毛坯】	
（6）在毛坯模型中选择【几何范围】	

笔记

续表

操作步骤	图示讲解
（7）在几何范围中点击【立方体】	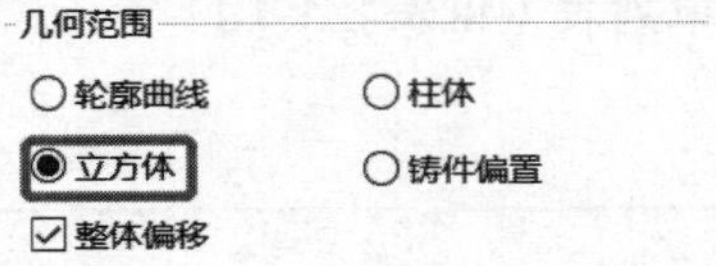 几何范围 ○轮廓曲线　　○柱体 ◉立方体　　○铸件偏置 ☑整体偏移
（8）将【分辨率】设置为 0.01，点计算生成毛坯，点击确定完成毛坯模型	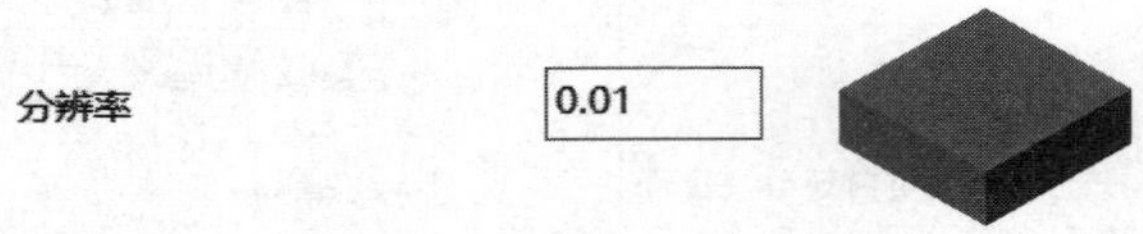 分辨率　　　　0.01
（9）点击【新建加工区域】	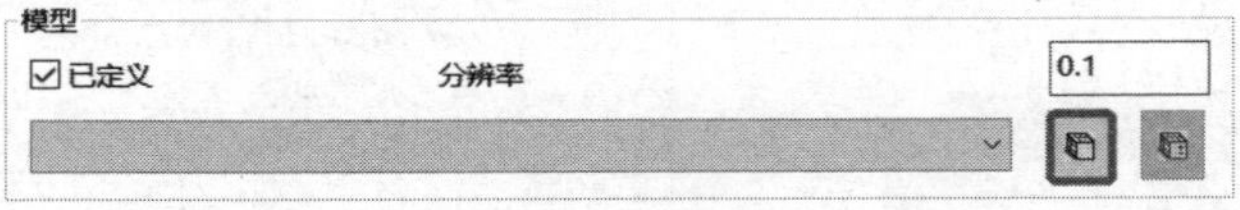 模型 ☑已定义　　分辨率　　0.1
（10）在模式中点击选择【曲面选择】	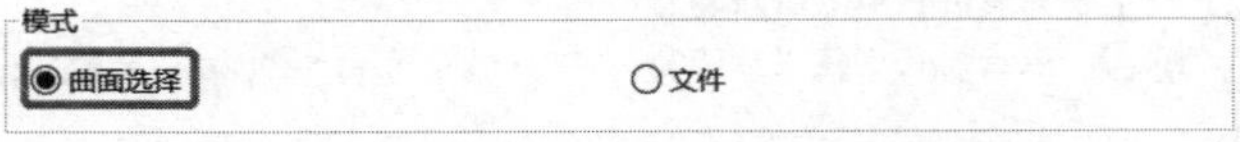 模式 ◉曲面选择　　　　○文件
（11）在曲面中点击选择【重新选择】	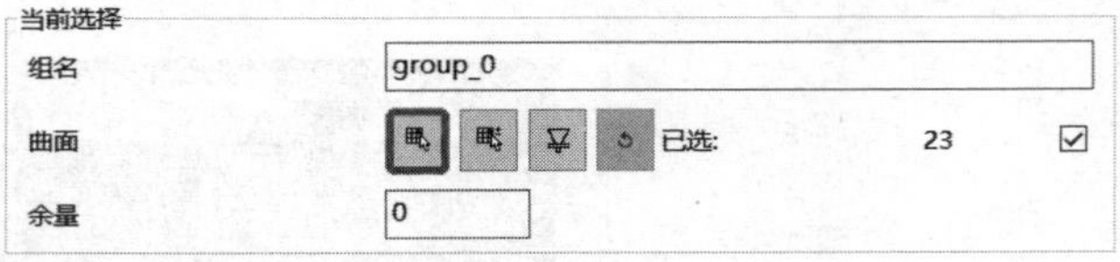 当前选择 组名　　group_0 曲面　　　　已选：　23　☑ 余量　　0
（12）按下快捷键 A 选择全部面，点击【确定】完成选择，再次点击【确定】完成加工区域选择	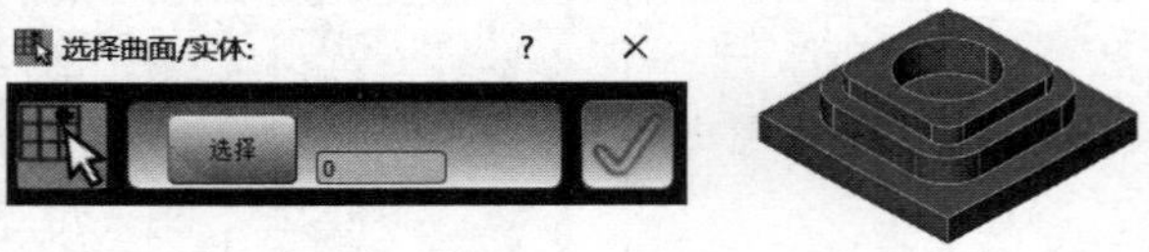 选择曲面/实体：　　　？　× 选择　0
（13）在【零件数据】对话框界面取消材料【已定义】选项	 材料 □已定义

2. 新建 3D 任意毛坯加工（见表 8.1.2）

表8.1.2

操作步骤	图示讲解
在工单空白处单击鼠标右键点击【新建】，选择【3D 铣削】，点击【3D任意毛坯粗加工】	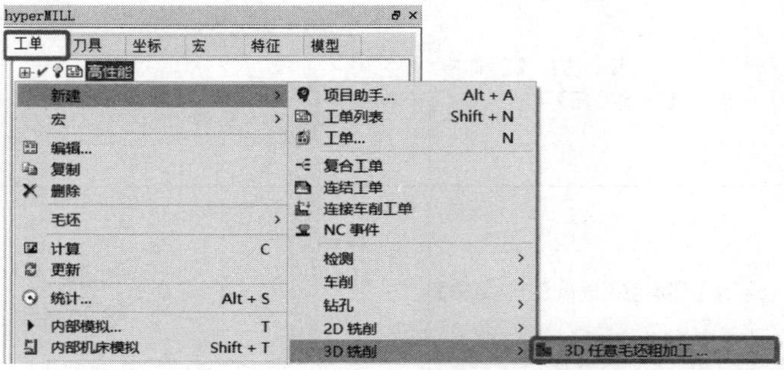 hyperMILL　　　　　　　　　ᵈ × 工单　刀具　坐标　宏　特征　模型 ⊞✔♀ 高性能 新建　　　　›　　项目助手...　Alt + A 宏　　　　　›　　工单列表　Shift + N 编辑...　　　　　工单...　　N 复制　　　　　复合工单 删除　　　　　连结工单 毛坯　　　›　　连接车削工单 计算　　C　　NC 事件 更新　　　　　检测　　　　› 统计...　Alt + S　　车削　　　　› 内部模拟...　T　　钻孔　　　　› 内部机床模拟　Shift + T　2D 铣削　　　› 　　　　　　　3D 铣削　　　›　3D 任意毛坯粗加工 ...

笔记

3. 新建 D10 铣刀（见表 8.1.3）

表8.1.3

 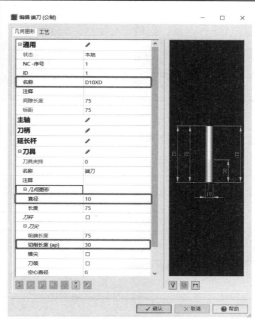

4. 策略选择（见表 8.1.4）

表8.1.4

操作步骤	图示讲解
（1）加工优先顺序点击选择为【平面】	加工优先顺序 ◉ 平面 ○ 型腔
加工优先顺序详解	
平面	型腔

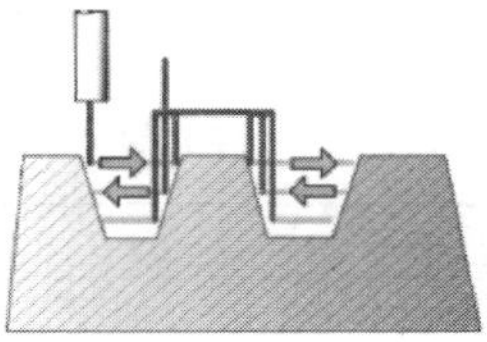

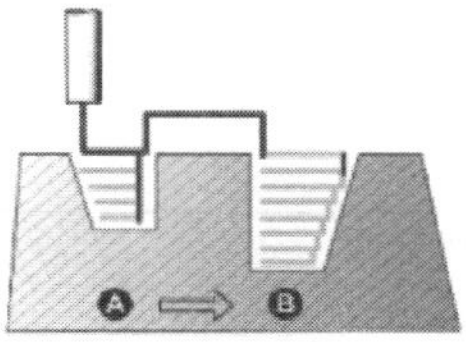

平面	型腔

| （2）平面模式点击选择为【优化】 | 平面模式
○ 从内向外
○ 快速切入
◉ 优化 |

笔记

续表

操作步骤	图示讲解	

平面模式详解

由内向外	快速切入	优化

操作步骤	图示讲解
（3）切削模式点击选择为【顺铣】	切削模式 ◉ 顺铣 ○ 逆铣

切削模式详解

顺铣	逆铣
主轴正转，外轮廓顺时针切削，内轮廓逆时针切削	主轴正转，外轮廓逆时针切削，内轮廓顺时针切削

（4）本次加工参数设置默认即可	刀具路径倒圆角 圆角半径　Dia*0.05 ▸　水平进给半径　0 ▸ ☑ 所有刀具路径倒圆角

刀具路径倒圆角详解

水平进给半径	圆角半径	所有刀具路径倒圆角

（5）【在满刀期间降低进给率】默认即可	满刀切削状况 □ 在满刀期间降低进给率

满刀切削状况详解

加工过程中遇满刀情况下时降低刀具路径，可在刀具面板中进行定义

注意点：在使用高性能的条件下时，加工优先顺序、平面模式、所有路径倒圆角水平进给半径、满刀切削状况均无效

5. 参数选择（见表8.1.5）

表8.1.5

操作步骤	图示讲解
（1）按图选择零件【最高点】与【最低点】	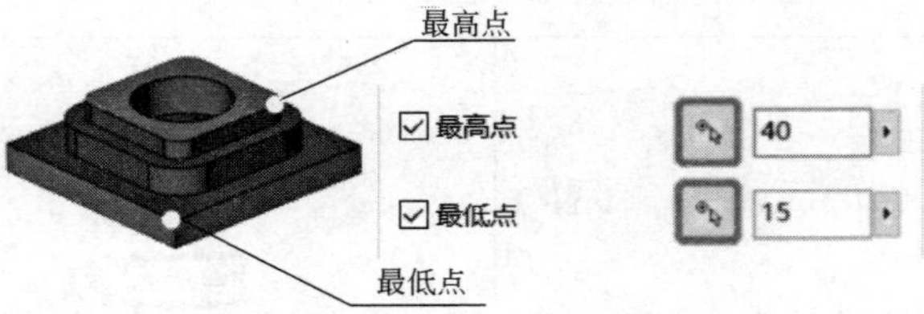 最高点 ☑ 最高点　　40 ▸ ☑ 最低点　　15 ▸ 最低点

笔记

续表

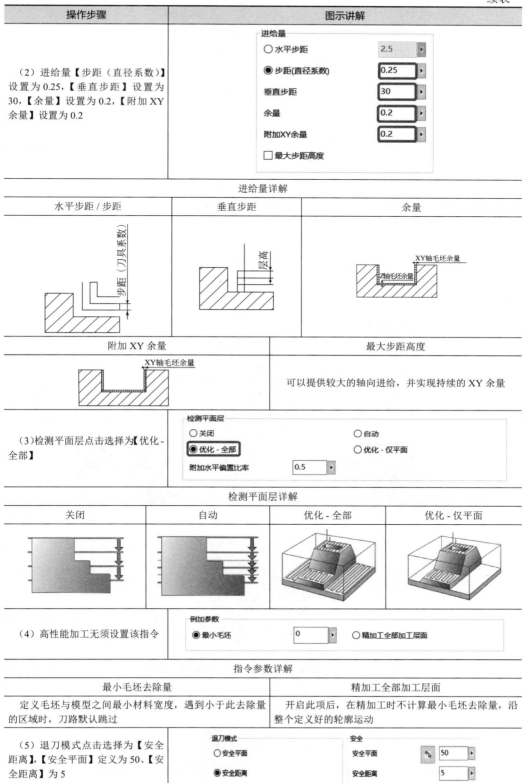

操作步骤	图示讲解
（2）进给量【步距（直径系数）】设置为0.25，【垂直步距】设置为30，【余量】设置为0.2，【附加XY余量】设置为0.2	进给量 ○ 水平步距　2.5 ● 步距(直径系数)　0.25 垂直步距　30 余量　0.2 附加XY余量　0.2 □ 最大步距高度

进给量详解

水平步距/步距	垂直步距	余量

附加 XY 余量	最大步距高度
	可以提供较大的轴向进给，并实现持续的 XY 余量

操作步骤	图示讲解
（3）检测平面层点击选择为【优化-全部】	检测平面层 ○ 关闭　　　　　○ 自动 ● 优化 - 全部　　○ 优化 - 仅平面 附加水平偏置比率　0.5

检测平面层详解

关闭	自动	优化 - 全部	优化 - 仅平面

操作步骤	图示讲解
（4）高性能加工无须设置该指令	例加参数 ● 最小毛坯　0　　○ 精加工全部加工层面

指令参数详解

最小毛坯去除量	精加工全部加工层面
定义毛坯与模型之间最小材料宽度，遇到小于此去除量的区域时，刀路默认跳过	开启此项后，在精加工时不计算最小毛坯去除量，沿整个定义好的轮廓运动

操作步骤	图示讲解
（5）退刀模式点击选择为【安全距离】，【安全平面】定义为50、【安全距离】为5	退刀模式　　　　　安全 ○ 安全平面　　　安全平面　50 ● 安全距离　　　安全距离　5

笔记

续表

操作步骤	图示讲解
退刀与安全详解	
安全平面	安全距离
前往下一个切削区域所要回到的平面	切削层高中下切到下一层所要回到的平面

6. 高性能定义（见表 8.1.6）

表8.1.6

操作步骤	图示讲解
（1）点击选择高性能粗加工为【高性能模式】即可	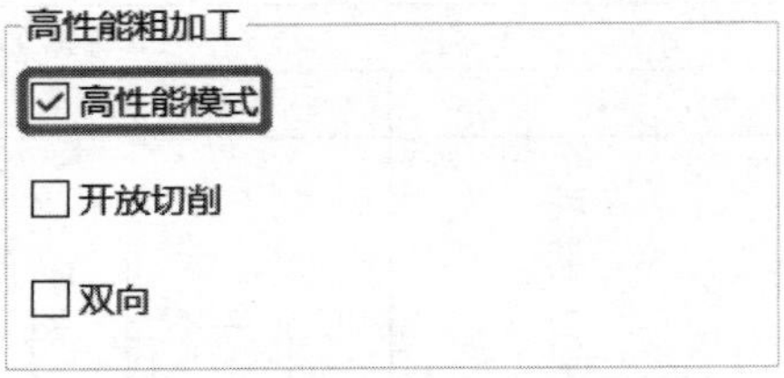 高性能粗加工 ☑ 高性能模式 ☐ 开放切削 ☐ 双向
高性能粗加工详解	
高性能模式	双向
进入动态铣削模式	加工时交替切换铣削方向，可减少抬刀路径
开放切削	
对于狭窄、难接触区域采用摆线方式加工	
开启	关闭
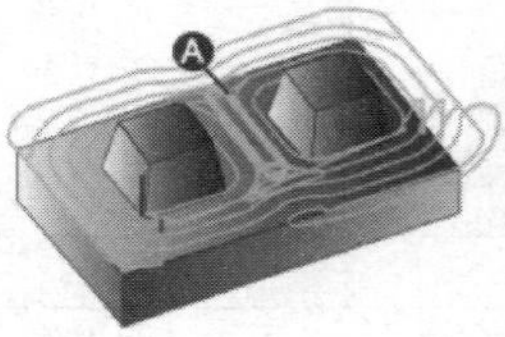	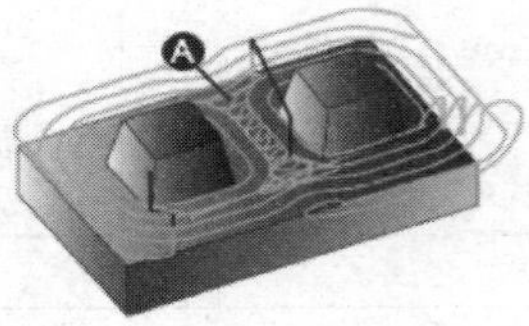
（2）本次加工默认即可	 进给率限制 ☑ 最小进给率　　J:F*0.5
最小进给率限制详解	
在切削过程中进给率不小于设定值	
（3）本次加工练习默认即可	 重新定位 安全间隙　J:Sd*0.1　　进给速率　50000
重新定位详解	
安全间隙	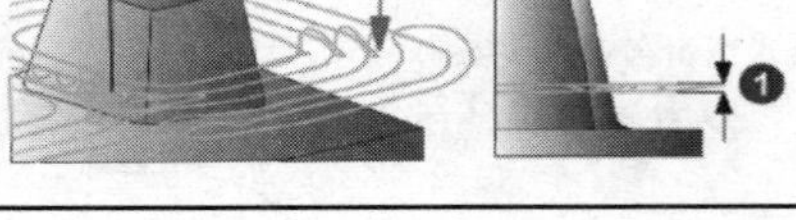
重新定位后刀具与目标平面的距离	

笔记

续表

操作步骤	图示讲解
	进给速率
	刀具在不去除材料的情况下重新定位的最大进给速率
（4）本次加工练习默认即可	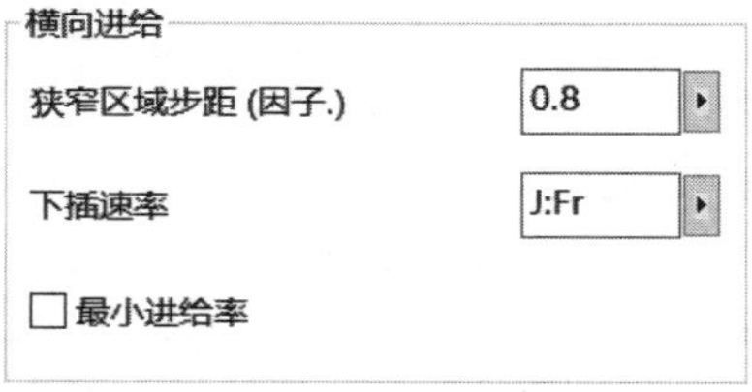 横向进给 狭窄区域步距 (因子.)　　　0.8 ▶ 下插速率　　　　　　　J:Fr ▶ ☐ 最小进给率

横向进给详解		
狭窄区域步距	下插速率	最小进给率
用于定义狭窄区域	狭窄区域的进给率	狭窄区域的最小进给率

操作步骤	图示讲解
（5）本次加工练习默认即可	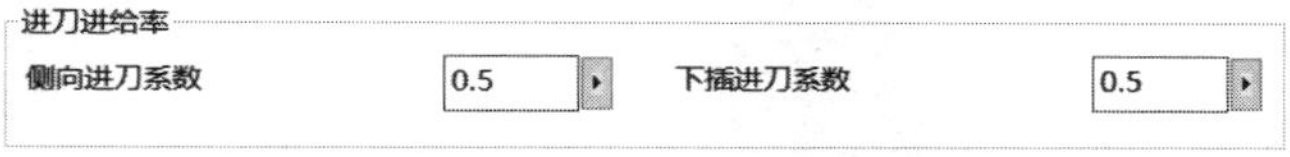 进刀进给率 侧向进刀系数　0.5 ▶　　下插进刀系数　0.5 ▶

进刀进给率详解	
侧向进刀系数	下插进刀系数
控制从外往内侧面进刀，并作为刀具 XY 轴向之进给速率参照	控制从上往下对材料进行螺旋或斜向下切（以切入进给速率为参照）

7. 边界定义（见表8.1.7）

表8.1.7

操作步骤	图示讲解
（1）本次加工无须选择边界	 边界　　　　　　　　　　▱ ▱ 已选:　　　　　　　　　　0
（2）本次加工无须选择	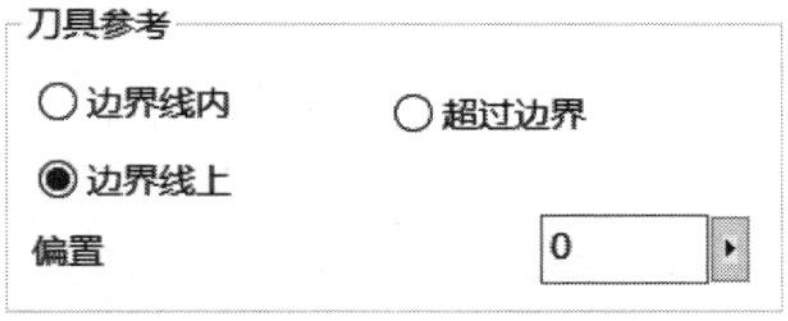 刀具参考 ○ 边界线内　　　○ 超过边界 ◉ 边界线上 偏置　　　　　　0 ▶

刀具参考详解		
边界线内	边界线上	超过边界

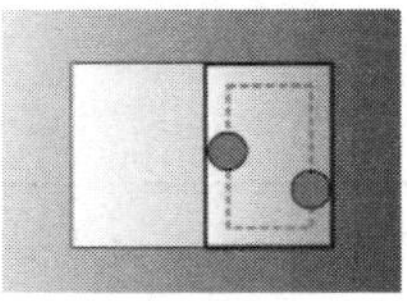

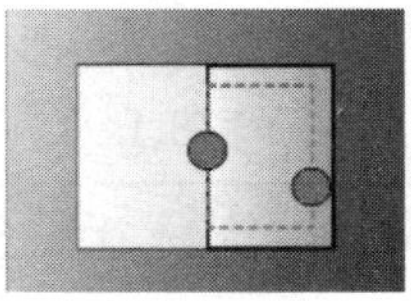

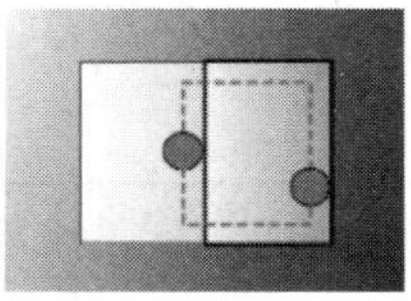

操作步骤	图示讲解
（3）本次加工无须选择	下切点　　　　　　　▱ ▱

笔记

续表

操作步骤	图示讲解
	下切点详解
	下切点
	用户自定义切入点
（4）本次加工无须选择	**残余材料** ☐ 使用槽限值
	残余材料详解
	使用槽限值
	仅加工开槽区域

开启 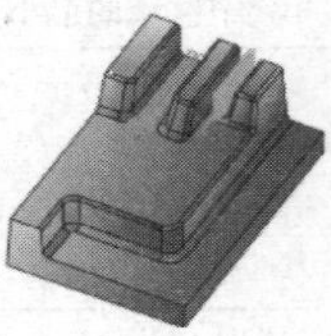	关闭 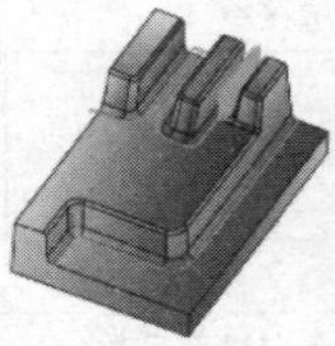

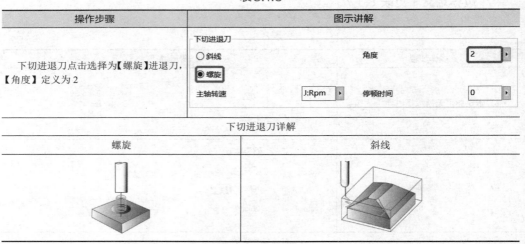

8. 进退刀设置（见表 8.1.8）

表8.1.8

操作步骤	图示讲解
下切进退刀点击选择为【螺旋】进退刀，【角度】定义为2	**下切进退刀** ○斜线　　　　角度　[2] ◉螺旋 主轴转速　J:Rpm　停顿时间　[0]
	下切进退刀详解
螺旋	斜线

9. 设置（见表 8.1.9）

表8.1.9

操作步骤	图示讲解
（1）点击选择【毛坯模型】为工单设置中定义的毛坯模型	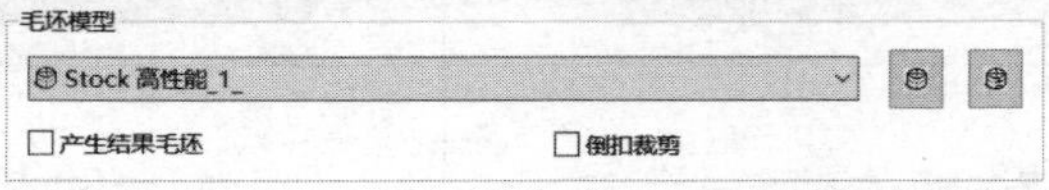 **毛坯模型** Stock 高性能_1_ ☐产生结果毛坯　　☐倒扣裁剪
（2）刀具检查点击选择为【检查打开】	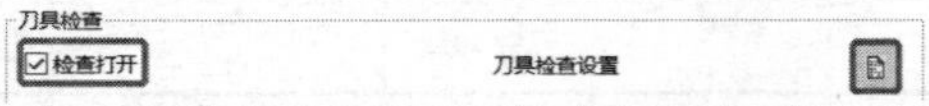 **刀具检查** ☑检查打开　　刀具检查设置

笔记

操作步骤	图示讲解
（3）勾选【检查主轴】，【主轴】设置为1.5，【刀柄】设置为0.25，【延长杆】设置为0.25，【加强杆】设置为0.25，【最大安全值】设置为0，【刀具】设置为1	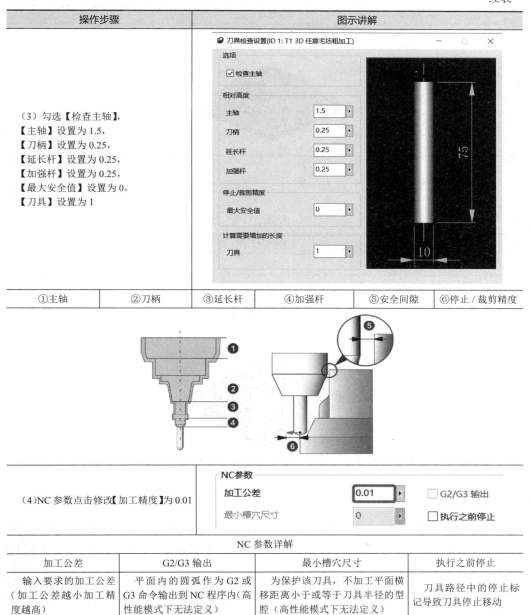

①主轴	②刀柄	③延长杆	④加强杆	⑤安全间隙	⑥停止 / 裁剪精度

（4）NC 参数点击修改【加工精度】为0.01	NC参数 加工公差　0.01　　□ G2/G3 输出 最小槽穴尺寸　0　　□ 执行之前停止

NC 参数详解			
加工公差	G2/G3 输出	最小槽穴尺寸	执行之前停止
输入要求的加工公差（加工公差越小加工精度越高）	平面内的圆弧作为 G2 或 G3 命令输出到 NC 程序内（高性能模式下无法定义）	为保护该刀具，不加工平面横移距离小于或等于刀具半径的型腔（高性能模式下无法定义）	刀具路径中的停止标记导致刀具停止移动

10. 生成程序（见表 8.1.10）

表8.1.10

程序计算步骤			
第一步	第二步	第三步	第四步
✓	▪ 1: T1 3D 任意毛坯粗加工	🖼	是(Y)
点击程序界面"确认"按钮	选择需要计算的程序	点击计算程序按钮或按"C"键计算	确认计算

笔记

续表

程序计算步骤
参考程序示例

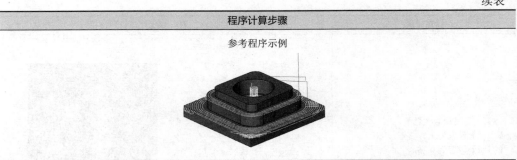

11. 模拟仿真（见表 8.1.11）

表8.1.11

程序仿真步骤		
第一步	第二步	第三步
1: T1 3D 任意毛坯粗加工	内部模拟…	▶▶
选择需要仿真的程序	选择内部模拟或使用快捷键"T"	点击开始仿真

仿真效果［内部机床模拟（快捷键 Shift+T）］

【专家点拨】

① hyperMILL 软件高性能功能十分强大，高性能的铣削特点主要有铣削方式稳定、切削力稳定、提高刀具寿命等，其在加工较深的区域时效率远大于普通铣削。

② 高性能功能下加工时，气冷效果优于水冷，能更好排屑，80% 的热量均由切屑带出。

③ 加工深腔时可利用 U 钻先钻削下刀孔，再在下刀中定义下切点与钻孔直径，可进一步降低刀具损耗，提高效率。

④ 加工易切削残料时（如硬铝）时可采用"双向"加工，提高效率。

【课后训练】

① 根据图 8.1.2 所示零件内深色处特征，制订合理的工艺路线，设置必要的加工参数，使用 3D 任意毛坯粗加工高性能模式生成刀具路径。

② 使用 hyperMILL 软件内部机床验证程序的正确性。

笔记

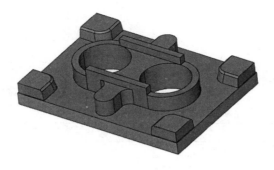

图8.1.2

任务二　转换加工

【教学目标】

能力目标

能够对所选刀路进行镜像、阵列等。

能够根据正确的镜像点、阵列参数进行对刀路的镜像和阵列。

能够利用仿真软件进行实体仿真。

知识目标

掌握 hyperMILL 转换策略中各参数的含义。

掌握 hyperMILL 转换策略的适用范围。

素质目标

培养学生熟练掌握转换指令并能够应用于实际加工。

通过任务式学习，提升学生的自学能力。

激发学生的学习兴趣，培养团队合作和创新精神。

【任务导读】

hyperMILL 软件具有强大的程序转换功能，能对程序进行镜像、阵列等操作，减少大量编程时间，提高加工效率。

【任务描述】

使用转换功能简化编程完成图8.2.1零件的加工程序编制，并使用内部机床进行仿真。

图8.2.1

笔记

【任务实施】

一、转换加工案例一

1. 新建工单列表（见表 8.2.1）

表8.2.1

操作步骤	图示讲解
（1）在工单选项空白处单击鼠标右键新建【工单列表】	
（2）在工单列表设置中点击新建【NCS坐标】，点击需要创建坐标的平面	
（3）快捷键 Shift+S 使坐标在面上，勾选反向，最后点击【确定】完成设置	
（4）点击【工作平面】，将坐标设置于当前的坐标上	

对齐详解		
参考	工作平面	3 Points
从激活参考坐标系或工作平面调整加工坐标系原点和方位		通过三点指定加工坐标系方位。点 1=原点，点 2=X 方向，点 3=Y 方向

（5）在工单列表中选择【零件数据】并点击【新建毛坯】	
（6）在毛坯模型中选择【几何范围】	

笔记

续表

操作步骤	图示讲解
（7）在几何范围中点击【立方体】	几何范围 ○轮廓曲线　　　○柱体 ◉立方体　　　○铸件偏置 □整体偏移
（8）将【分辨率】设置为 0.01，点击【计算】生成毛坯，点击【确定】完成毛坯模型	分辨率　　　　　0.01
（9）点击【新建加工区域】	模型 ☑已定义　　　分辨率　　　　0.01 🗂转换 Milling area
（10）在模式中点击选择【曲面选择】	模式 ◉曲面选择　　　　　○文件
（11）在曲面中点击选择【重新选择】	当前选择 组名　　　group_0 曲面　　　　　　　　已选：　108　☑ 余量　　　0
（12）按下快捷键 A 选择全部面，点击【确定】完成选择，再次点击【确定】完成加工区域选择	选择曲面/实体：　　　？　× 选择　　0
（13）在【零件数据】对话框界面取消材料【已定义】选项	材料 □已定义

零件数据详解

毛坯模型	模型	材料
可用于工单列表中的多项工单的毛坯模型定义	铣削区域定义可用于工单列表中的多项工单	在创建新工单列表时，已定义选项在默认情况下激活。在工单列表内，选择为了加工用途所需的材料

2. 新建 3D 投影精加工（见表 8.2.2）

表8.2.2

操作步骤	图示讲解
在工单空白处单击鼠标右键点击【新建】，选择【3D 铣削】，点击【3D 投影精加工】	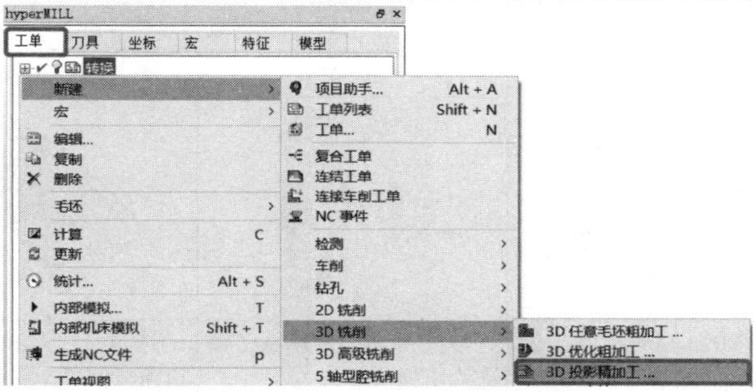 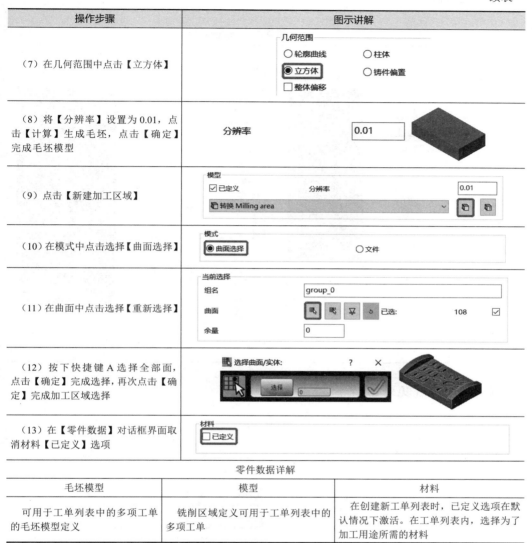

笔记

3. 新建 R4 球头刀（见表 8.2.3）

表8.2.3

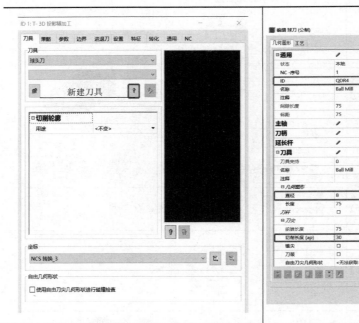
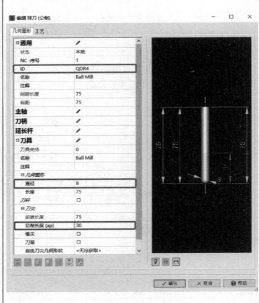

4. 策略选择（见表 8.2.4）

表8.2.4

操作步骤	图示讲解
（1）横向进给策略点击选择【X 轴】、【往复式】、【平滑双向】	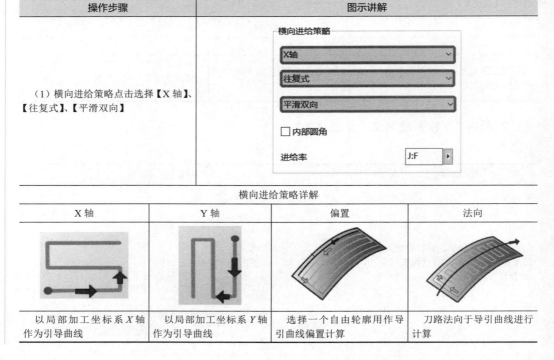

横向进给策略详解			
X 轴	Y 轴	偏置	法向
以局部加工坐标系 X 轴作为引导曲线	以局部加工坐标系 Y 轴作为引导曲线	选择一个自由轮廓用作导引曲线偏置计算	刀路法向于导引曲线进行计算

笔记

续表

操作步骤	图示讲解
横向进给策略详解	

直纹	流线	引导曲线	型腔
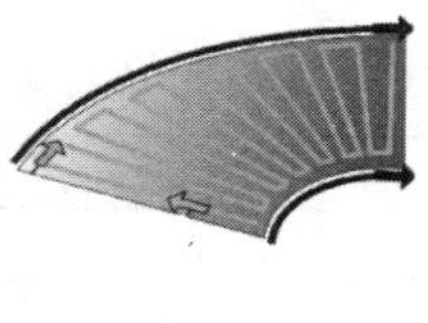	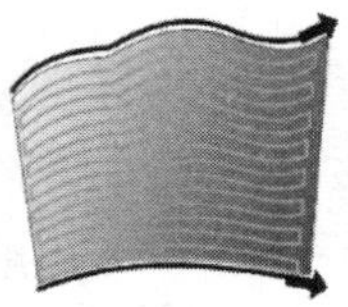	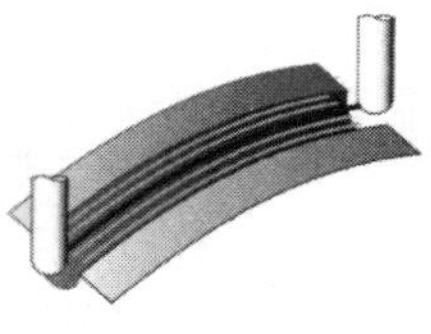	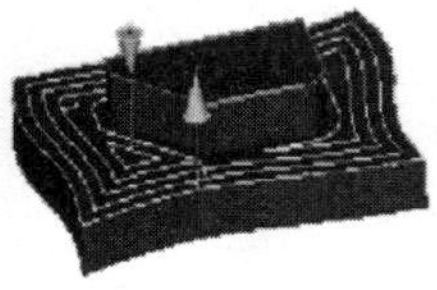
选择两条引导曲线以直纹的方式计算	选择两条引导曲线以流线的方式计算	平行于引导曲线加工	根据型腔闭合 3D 轮廓用作轮廓偏置计算

向上	向下	往复式
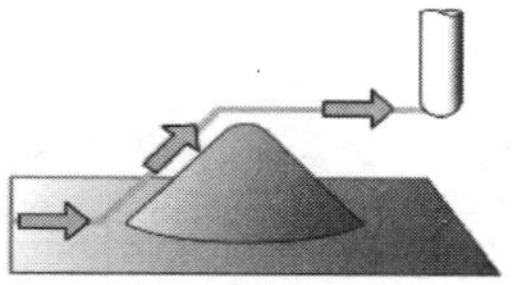	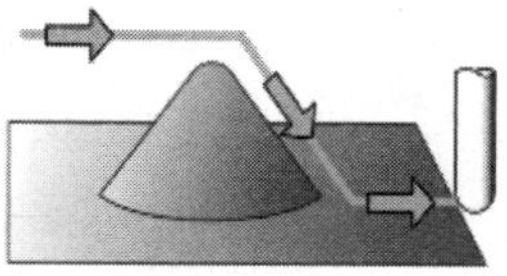	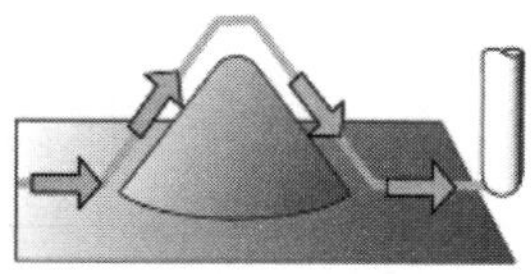

直接双向	平滑双向	对角单向	平行单向
		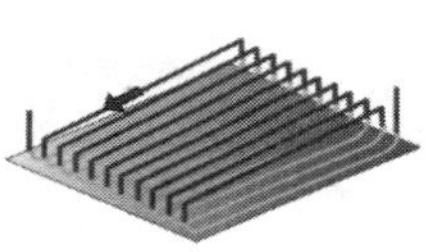	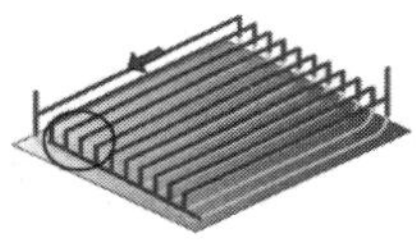

（2）本次加工中，零件圆角大于刀具半径，因此无须设置【内部圆角】	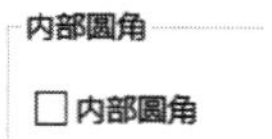 内部圆角 □内部圆角
内部圆角详解	
对轮廓型腔或岛屿的内部加工路径进行光滑修圆处理。可以不同的进给率加工内部圆角	

（3）加工模式点击选择为【路径优化】	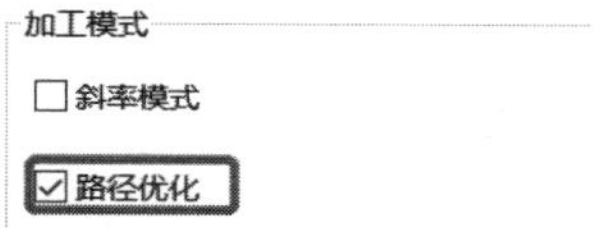 加工模式 □斜率模式 ☑路径优化
加工模式详解	

斜率模式	启用	禁用
选择对没有得到加工的区域通过【斜率】模式下的 Z 轴精加工循环给予加工，在此加工过程中不对平面进行加工	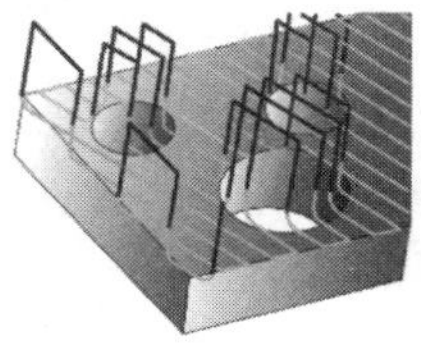	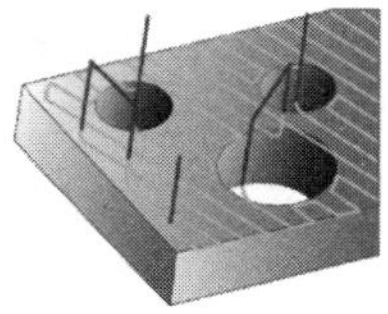

（4）本次加工无须选择【最高点】与【最低点】。该指令可以定义 Z 轴切削区域	 加工区域 □最高点 □最低点

笔记

续表

操作步骤	图示讲解
（5）本次加工为曲面精加工，因此【余量】设置为0	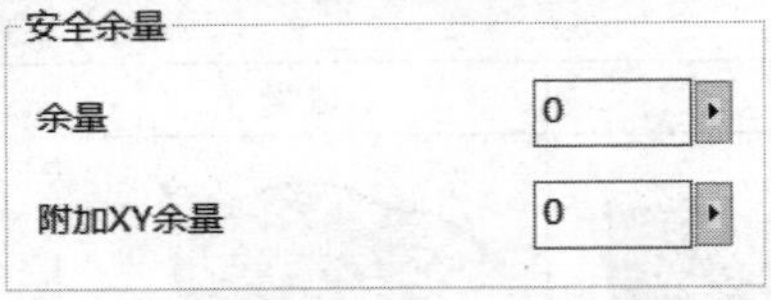 **安全余量** 余量　`0`　▸ 附加XY余量　`0`　▸

安全余量详解	
余量	附加余量 XY
工件表面法线方向上的剩余材料	额外的水平毛坯余量

操作步骤	图示讲解
（6）垂直进给模式点击选择为【仅精加工】	 **垂直进给模式** ◉ 仅精加工 ○ 常量垂直步距 ○ 平行步距

垂直进给模式详解		
仅精加工	常量垂直步距	平行步距
只创建精加工路径	步距采用固定的垂直增量	水平步距以平行于工件顶面的方向进行

操作步骤	图示讲解
（7）水平进给模式点击选择为【常量步距】，【水平步距】设置为0.5	 **水平进给模式**　　水平步距 `0.5` ◉ 常量步距 ○ 残留高度 ○ 曲线投影常量

水平进给模式		
常量垂直步距	残留高度	曲线投影常量
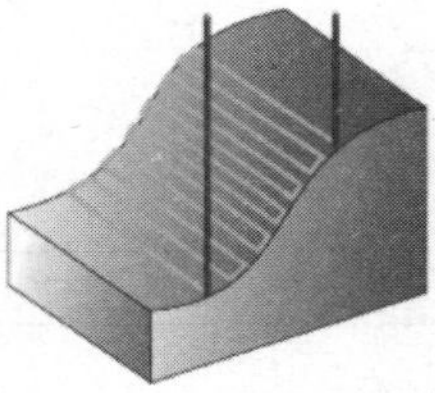	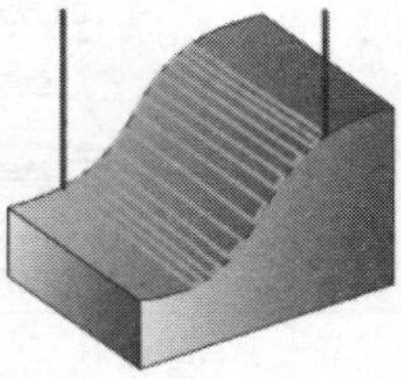	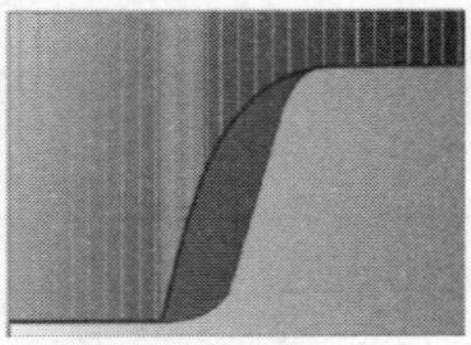
加工时以固定的进给深度走刀	加工时不超过预先定义的残留高度	根据导向曲线投射到曲面上，根据所指定的进给平均分配步距

操作步骤	图示讲解
（8）退刀模式点击选择为【安全平面】，定义【安全平面】高度为50，【安全距离】为5	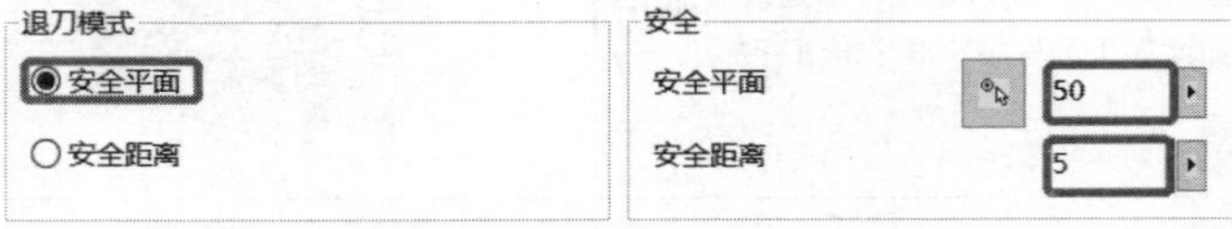 **退刀模式**　　**安全** ◉ 安全平面　　安全平面 `50` ○ 安全距离　　安全距离 `5`

退刀模式与安全详解	
安全平面	安全距离
前往下一个切削区域所要回到的平面	切削层高中下切到下一层所要回到的平面

笔记

5. 边界选择（见表 8.2.5）

表8.2.5

操作步骤	图示讲解
（1）策略点击选择为【加工面】	 策略 ○ 边界曲线　　　　　　　　● 加工面

策略详解	
边界曲线	加工曲面
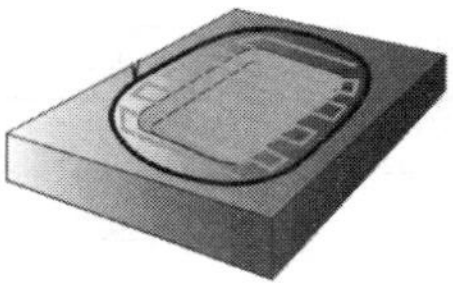	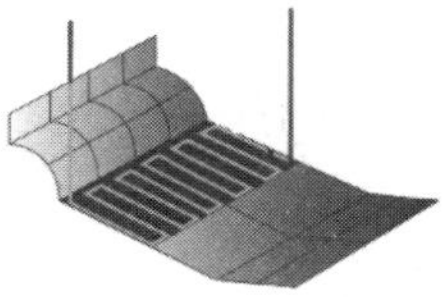
（2）点击【重新选择】选择所需加工曲面	  加工面 已选：　　　　　1 ☑

6. 进 / 退刀选择（见表 8.2.6）

表8.2.6

操作步骤	图示讲解
（1）进 / 退刀点击选择为【圆】，【圆角】设置为 3	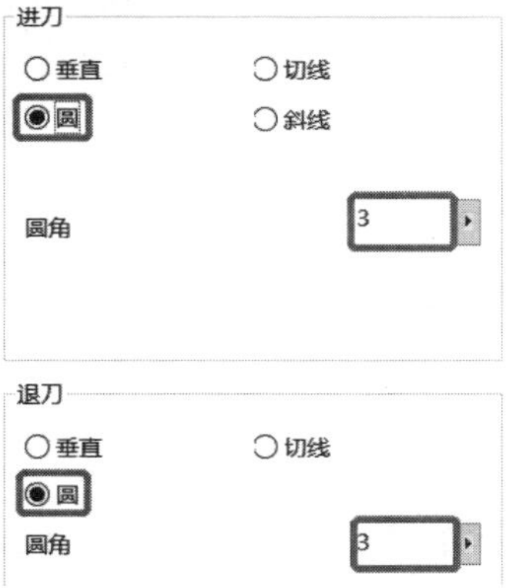 进刀 ○ 垂直　　　　　○ 切线 ● 圆　　　　　　○ 斜线 圆角　　　　　3 退刀 ○ 垂直　　　　　○ 切线 ● 圆 圆角　　　　　3

进退刀详解			
①垂直进退刀	②切线进退刀	③圆进退刀	④半圆进退刀
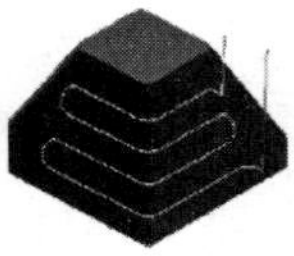	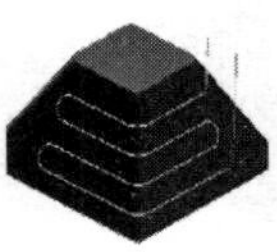	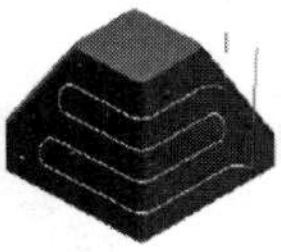	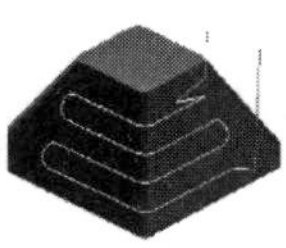

笔记

续表

操作步骤	图示讲解
（2）往返进退刀设置设置为【无】	往返进退刀设置　○确认　●无
（3）勾选【进退刀垂直于曲面】	☑进退刀垂直于曲面
（4）高级进给策略点击选择为【修改进退刀】	高级进给策略　○退刀　○裁剪　●修改进退刀

高级进给策略详解		
退刀	修整	修改进退刀设置
刀具在陡峭区域退离，以避免碰撞	在陡峭区域缩短铣削路径	使宏程序适用于模型，以免碰撞

（5）进刀进给率默认即可	进刀进给率　切入进给率 J:F ▶　退刀进给率 J:F ▶

进退刀进给率详解

hyperMILL 软件可以单独定义切入切出进给率，可以在刀具参数中定义进退刀进给率

7. 生成程序（见表 8.2.7）

表8.2.7

程序计算步骤			
第一步	第二步	第三步	第四步
✔	T1 3D 投影精加工	☑	是(Y)
点击程序界面"确认"按钮	选择需要计算的程序	点击计算程序按钮或按"C"键计算	确认计算

参考程序示例

8. 模拟仿真（见表 8.2.8）

表8.2.8

程序仿真步骤		
第一步	第二步	第三步
T1 3D 投影精加工	内部模拟...	▶▶
选择需要仿真的程序	选择内部模拟或使用快捷键"T"	点击开始仿真

仿真效果 [内部机床模拟（快捷键 Shift+T）]

笔记

9. 转化程序（见表 8.2.9）

表 8.2.9

操作步骤	图示讲解
（1）在 3D 投影精加工中点击转换栏【激活】转换，并选择【镜像】	 **□工单** 激活　　　☑ 选择　　　镜像
（2）点击【新建转化 …】	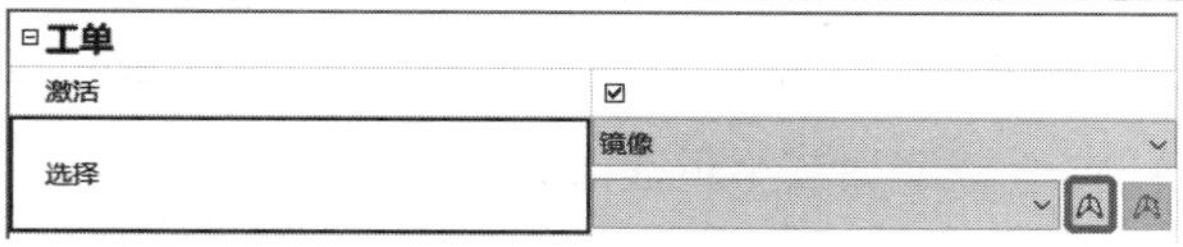 **□工单** 激活　　　☑ 选择　　　镜像
（3）定义【变换名称】，定义镜像方式选择为【线与点】	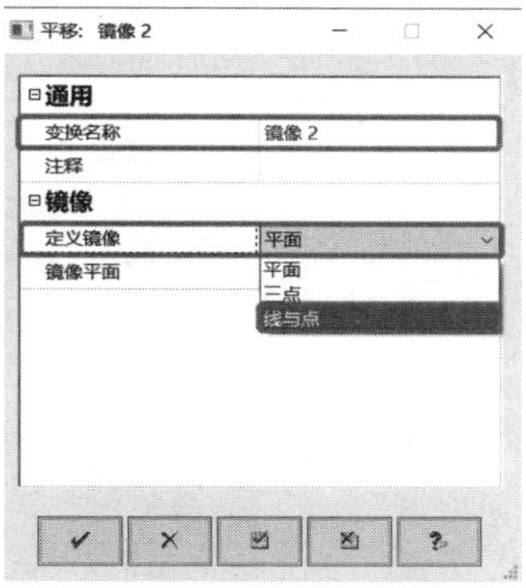 平移：镜像 2 □通用 变换名称　　镜像 2 注释 □镜像 定义镜像　　平面 镜像平面　　平面／二点／线与点

指令解释

平面	三点	线与点
选择平面为镜像面	三点构面定义镜像面	线上点定义镜像面

操作步骤	图示讲解
（4）选择【直线】（即定义矢量）	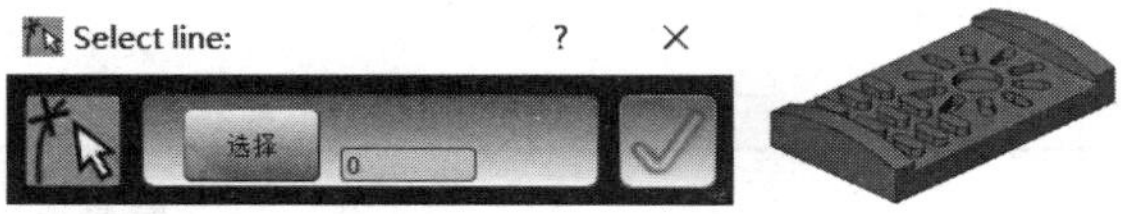 Select line:　? × 选择 0
（5）选择【镜像点】	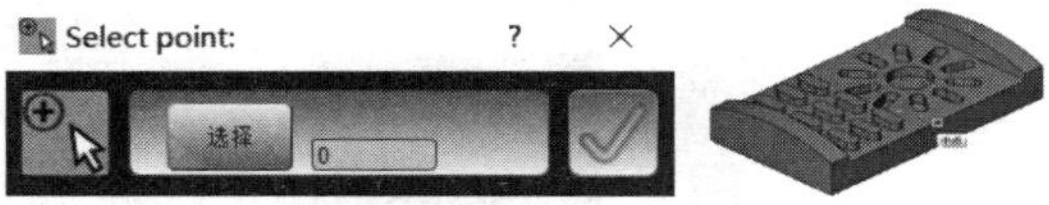 Select point:　? × 选择 0
（6）加工工艺参数选择【复制】	□加工工艺参数 复制　　　☑
（7）点击【确定】，再点击【计算】，生成程序	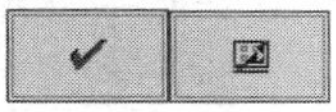 ✔　🖼
（8）完成效果	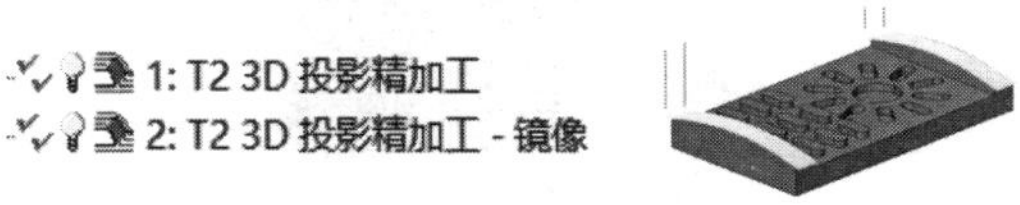 1: T2 3D 投影精加工 2: T2 3D 投影精加工 - 镜像

【专家点拨】

当在 2D 轮廓铣削、3D 自由路径加工和 5X 轮廓加工循环中对曲线加工进行镜像时，若刀具路径在轮廓线上时镜像切削方向，若刀具路径在轮廓线的左侧或右侧时保持镜像轮廓的切削方向。如图 8.2.2 所示。

笔记

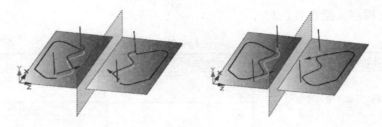

图8.2.2

二、转换加工案例二

1. 新建轮廓加工（见表 8.2.10 ）

表8.2.10

操作步骤	图示讲解
在工单列表空白处单击鼠标右键，选择新建【2D 铣削】下【轮廓加工】	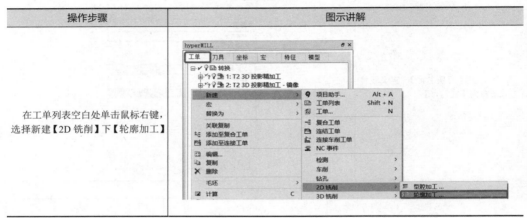

2. 新建 D6 铣刀（见表 8.2.11 ）

表8.2.11

 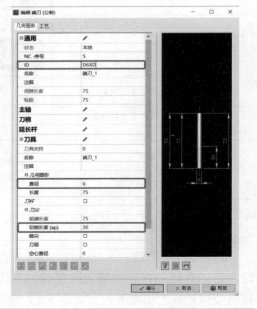

笔记

3. 定义轮廓选项（见表 8.2.12）

表8.2.12

操作步骤	图示讲解
（1）点击【重新选择】轮廓	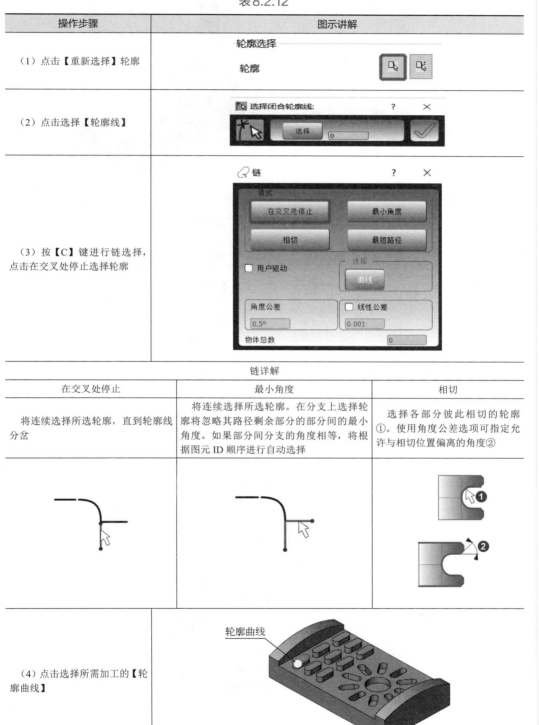
（2）点击选择【轮廓线】	
（3）按【C】键进行链选择，点击在交叉处停止选择轮廓	

链详解		
在交叉处停止	最小角度	相切
将连续选择所选轮廓，直到轮廓线分岔	将连续选择所选轮廓。在分支上选择轮廓将忽略其路径剩余部分的部分间的最小角度。如果部分间分支的角度相等，将根据图元 ID 顺序进行自动选择	选择各部分彼此相切的轮廓①。使用角度公差选项可指定允许与相切位置偏离的角度②

（4）点击选择所需加工的【轮廓曲线】		

笔记

续表

操作步骤	图示讲解
	顶部　　　　　　　　　　　绝对(工单定向坐标)　　26
	底部　　　　　　　　　　　绝对(工单定向坐标)　　20
（5）如图选择轮廓的【顶部点】和【底部点】	顶部点 底部点

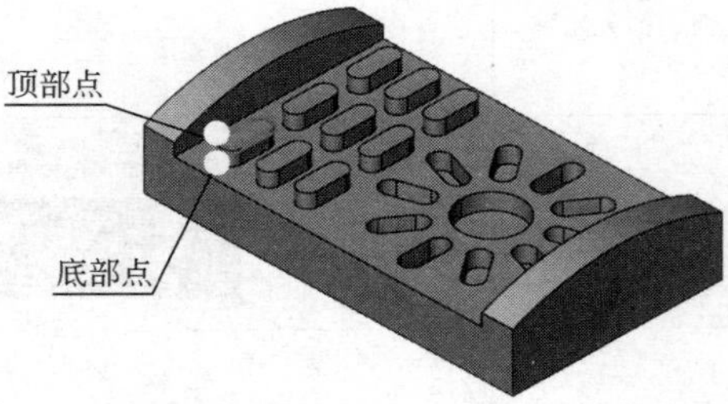

指令详解

起点	终点	路径重叠	下切点
刀具路径起点，每个轮廓均可自由选择起点① 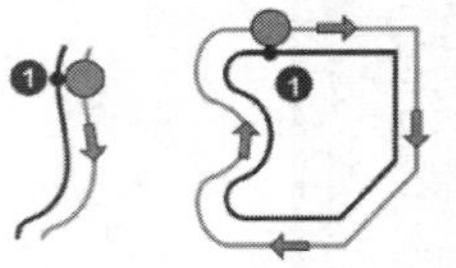	如果只加工部分轮廓，或者应该在某处有重叠，则设置一个终点② 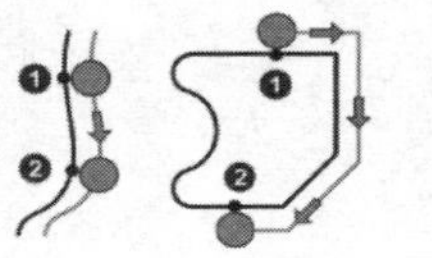	只有封闭轮廓才允许重叠。刀具将顺着刀具轨迹通过起点①直到达指定的终点② 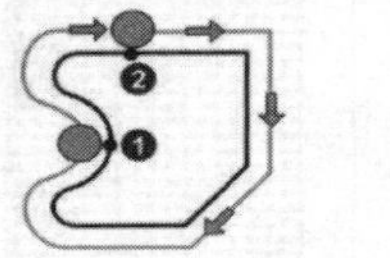	下切点①为整个程序段初始的下刀点 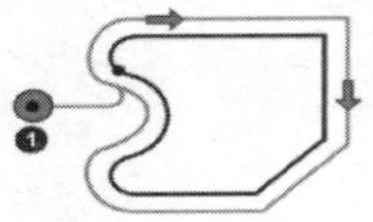

4. 参数选择（见表 8.2.13）

表8.2.13

操作步骤	图示讲解
（1）刀具位置点击选择为【左】	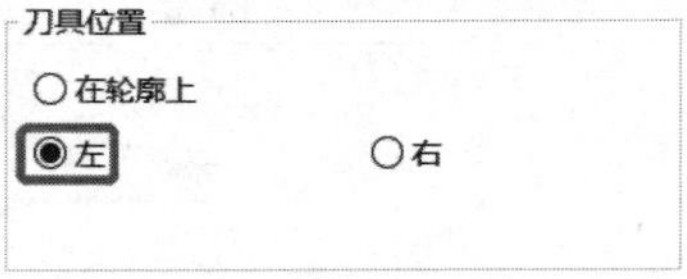 刀具位置 ○在轮廓上 ◉左　　　　○右

刀具位置详解

①左补偿	②右补偿	③在轮廓线上	④切削方向

| （2）路径补偿点击选择为【中心路径】 |  路径补偿
◉中心路径
○补偿路径 |

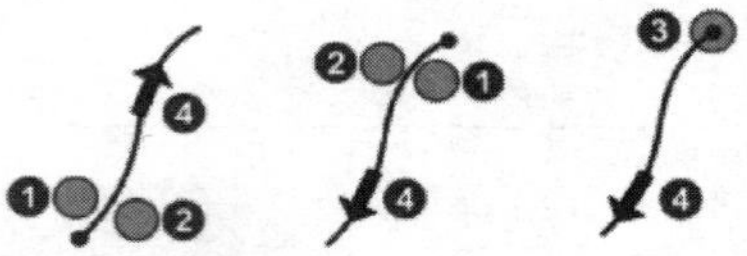

笔记

续表

操作步骤	图示讲解
刀具补偿详解	
中心路径	补偿路径
软件中心路径	使用机床补偿
（3）进给量点击选择加工方向为【单向】，【垂直步距】设置为5	 **进给量** 垂直步距 `5` ◉ 单向　　○ 双向
进给量详解	
单向	双向
切削过程中始终在同一个方向	切削过程中交替改换方向
（4）设置【XY毛坯余量】、【毛坯Z轴余量】均为0	 **安全余量** XY毛坯余量 `0` 毛坯Z轴余量 `0`
（5）本次加工围绕侧面，只需生成一条刀路，因此无须设置【步距】与【Offset】，默认即可	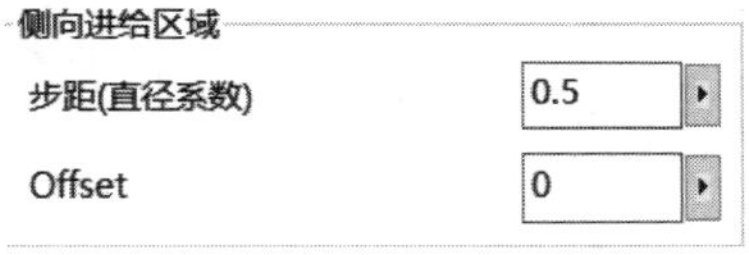 **侧向进给区域** 步距(直径系数) `0.5` Offset `0`
侧向进给区域详解	
步距（直径系数）	Offset（余量）
XY平面内的步距，作为切刀的直径系数	对于按相同的毛坯余量的预加工轮廓，可通过平行于轮廓的多次水平步距处理将该余量去除
（6）本次练习，只存在一个轮廓，因此选择【深度】或【平面】加工效果一致	 **加工优先顺序** ◉ 深度 ○ 平面
加工优先顺序	
深度（A）	平面　（B）
对一个轮廓完全加工完后加工下一个轮廓	在同一平面，对多个轮廓同时加工，加工完成后，前往下一个平面进行多个轮廓同时加工
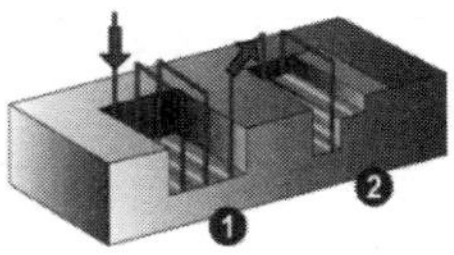	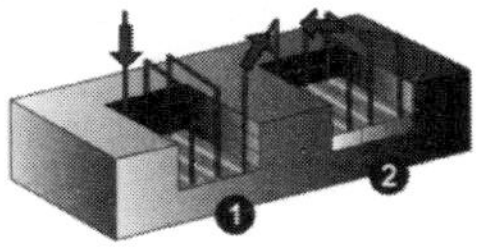
（7）退刀模式点击选择为【安全平面】，定义【安全平面】高度为50，【安全距离】为5	 **退刀模式**　　　　　　　　**安全** ◉ 安全平面　　　安全平面 `50` ○ 安全距离　　　安全距离 `5`
退刀与安全详解	
安全平面	安全距离
前往下一个切削区域所要回到的平面	切削层高中下切到下一层所要回到的平面

笔记

续表

操作步骤	图示讲解
（8）本次加工中，零件圆角大于刀具半径，并且加工深度较浅，因此无须设置【内部圆角】	 内部圆角 □ 内部圆角
内部圆角详解	
对轮廓型腔或岛屿的内部加工路径进行光滑修圆处理。将以较低的进给率加工内部圆角	

5. 进退刀选择（见表 8.2.14）

表8.2.14

操作步骤	图示讲解
（1）退刀点击选择为【四分之一圆】，【圆角】设置为 R3	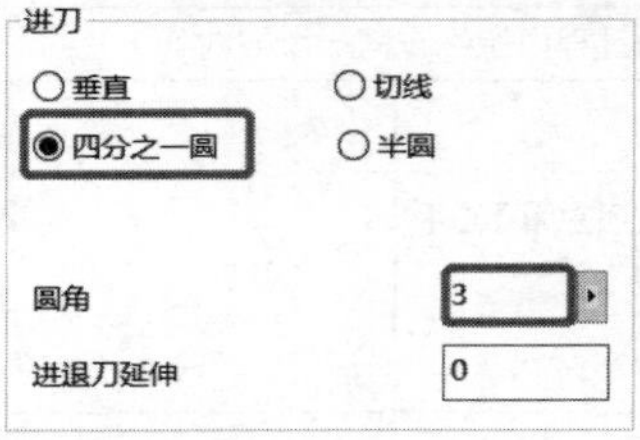 进刀 ○ 垂直　　　　○ 切线 ● 四分之一圆　○ 半圆 圆角　3 进退刀延伸　0
进退刀指令详解	

①垂直进退刀	②切线进退刀
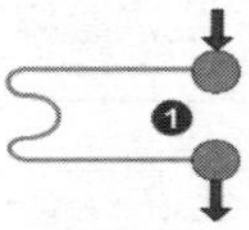	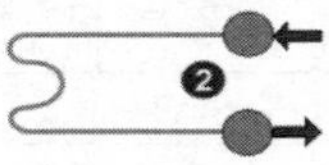

③四分之一圆进退刀	④半圆进退刀
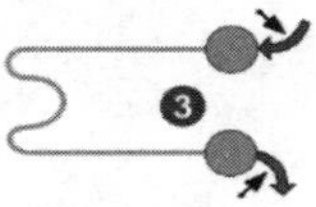	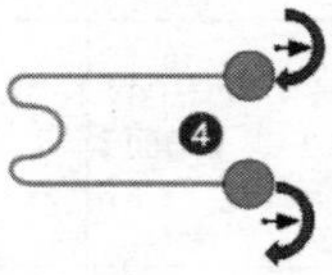

（2）本次加工轮廓为封闭轮廓，因此不采用该指令	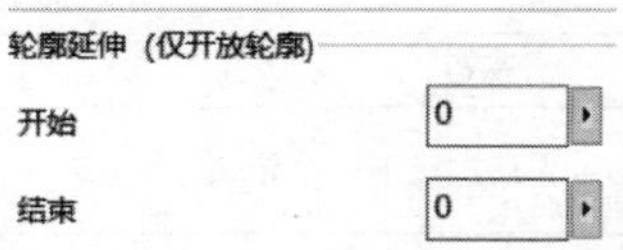 轮廓延伸（仅开放轮廓） 开始　0 结束　0
轮廓延伸详解	
延适量延伸轮廓外形，仅限开放轮廓，本功能能很好地优化刀具路径	

6. 生成程序（见表 8.2.15）

表8.2.15

程序计算步骤			
第一步	第二步	第三步	第四步
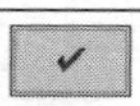 ✔	 S · ⚙🔧 3: T1 轮廓加工	🖼	 是(Y)
点击程序界面"确认"按钮	选择需要计算的程序	点击计算程序按钮或按"C"键计算	确认计算

笔记

续表

程序计算步骤
参考程序示例

7. 模拟仿真（见表 8.2.16）

表8.2.16

程序仿真步骤		
第一步	第二步	第三步
 💡📁 3: T1 轮廓加工	 内部模拟...	 ▶▶
选择需要仿真的程序	选择内部模拟或使用快捷键"T"	点击开始仿真

仿真效果［内部机床模拟（快捷键 Shift+T）］

8. 转化程序（见表 8.2.17）

表8.2.17

操作步骤	图示讲解
（1）在轮廓加工中点击转换栏【激活】转换，并选择【线性阵列】	 **工单** 激活　☑ 选择　线性阵列
（2）点击【新建转化...】	 **工单** 激活　☑ 选择　线性阵列
（3）定义【变换名称】。定义【X方向】阵列元素。定义【Y方向】阵列元素	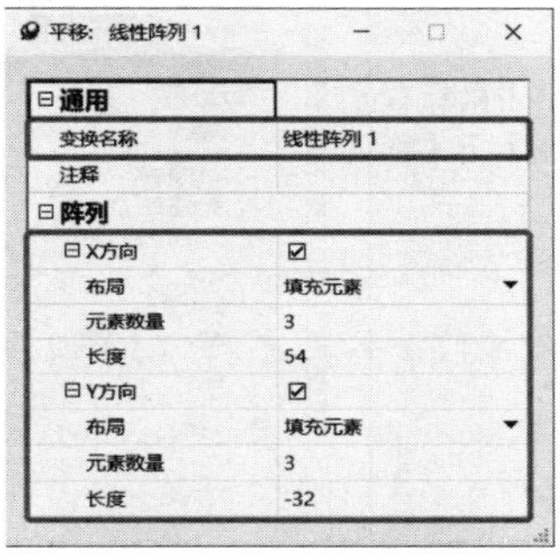 平移：线性阵列 1 **通用** 变换名称　线性阵列 1 注释 **阵列** X方向　☑ 布局　填充元素 元素数量　3 长度　54 Y方向　☑ 布局　填充元素 元素数量　3 长度　-32

笔记

续表

操作步骤	图示讲解
指令解释	

填充元素	固定距离
将定义的元素数量填充到整个阵列长度	定义元素数量和指定的每个元素之间的距离

操作步骤	图示讲解
（4）定义转换（填充元素例） 步骤 ①勾选【X方向】 ②选择【填充元素】 ③【元素数量】设置为3 ④【长度】为54 ⑤勾选【Y方向】 ⑥选择【填充元素】 ⑦【元素数量】设置为3 ⑧【长度】为 –32	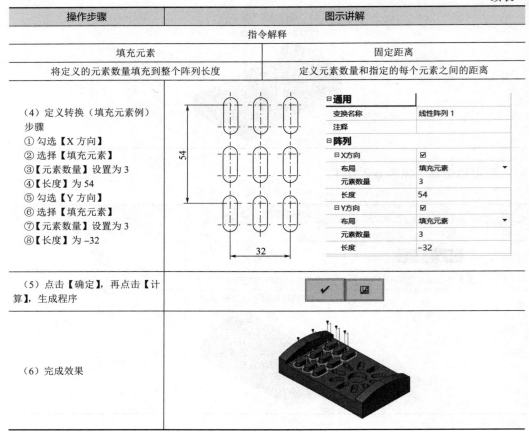
（5）点击【确定】，再点击【计算】，生成程序	
（6）完成效果	

三、转换加工案例三

1. 新建轮廓加工（见表 8.2.18）

表8.2.18

操作步骤	图示讲解
在工单列表空白处单击鼠标右键，选择新建【2D 铣削】下【轮廓加工】	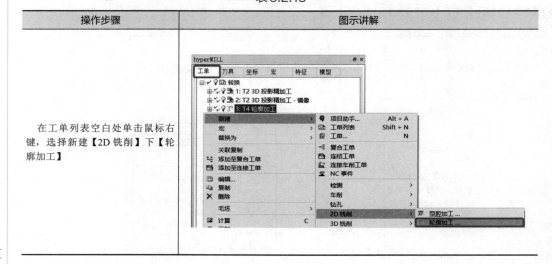

2. 选择 D6 铣刀 (见表 8.2.19)

表8.2.19

操作步骤	图示讲解
在工单的【刀具】处选择之前创建的 D6 铣刀	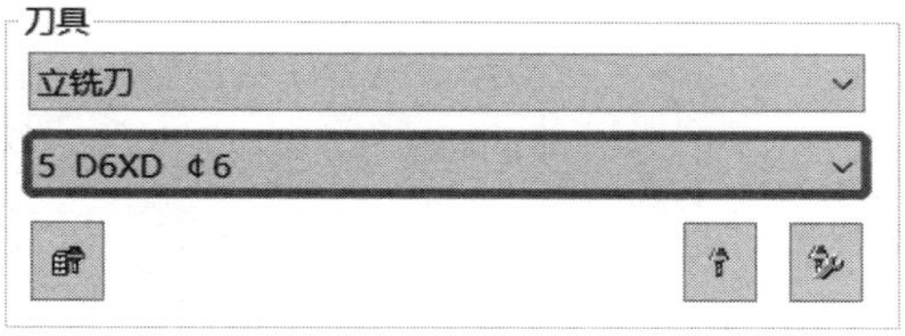 **刀具** 立铣刀 5 D6XD ⌀6

3. 定义轮廓选项 (见表 8.2.20)

表8.2.20

操作步骤	图示讲解
（1）点击【重新选择】轮廓	 **轮廓选择** 轮廓
（2）点击选择【轮廓线】	 选择闭合轮廓线： ? × 选择 0
（3）按快捷键【C】键进行链选择，点击【在交叉处停止】选择轮廓	 **链** ? × 模式 在交叉处停止 最小角度 相切 最短路径 □ 用户驱动 选择 曲线 角度公差 0.5° □ 线性公差 0.001 物体总数 0
（4）选择所需加工的【轮廓曲线】	

笔记

续表

操作步骤	图示讲解
（5）如图选择轮廓的【顶部点】和【底部点】	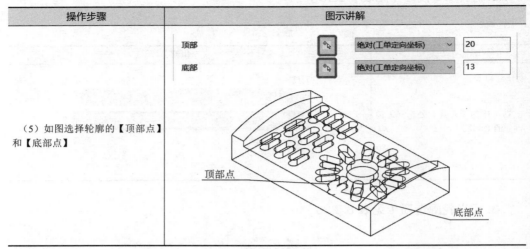 顶部 绝对(工单定向坐标) 20 底部 绝对(工单定向坐标) 13 顶部点 底部点

4. 参数选择（见表8.2.21）

表8.2.21

操作步骤	图示讲解
（1）路径补偿点击选择为【中心路径】	 路径补偿 ◉ 中心路径 ○ 补偿路径
（2）进给量点击选择加工方向为【单向】,【垂直步距】设置为0.5	 进给量 垂直步距 0.5 ◉ 单向 ○ 双向
（3）设置【XY毛坯余量】、【毛坯Z轴余量】均为0	 安全余量 XY毛坯余量 0 毛坯Z轴余量 0
（4）本次加工围绕侧面，只需生成一条刀路，因此无须设置【步距】与【Offset】，默认即可	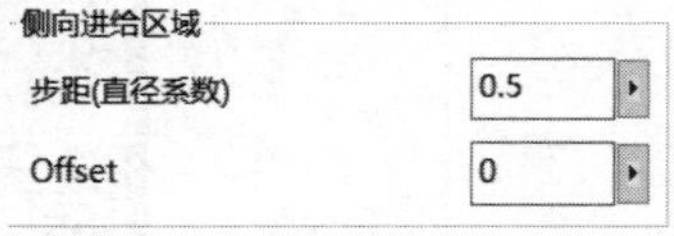 侧向进给区域 步距(直径系数) 0.5 Offset 0
（5）本次练习，只存在一个轮廓，因此选择【深度】或【平面】加工效果一致	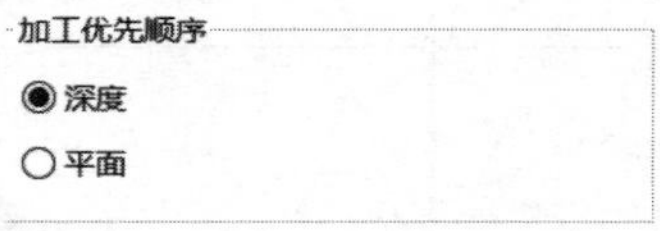 加工优先顺序 ◉ 深度 ○ 平面
（6）退刀模式点击选择为【安全平面】，定义【安全平面】高度为50,【安全距离】为5	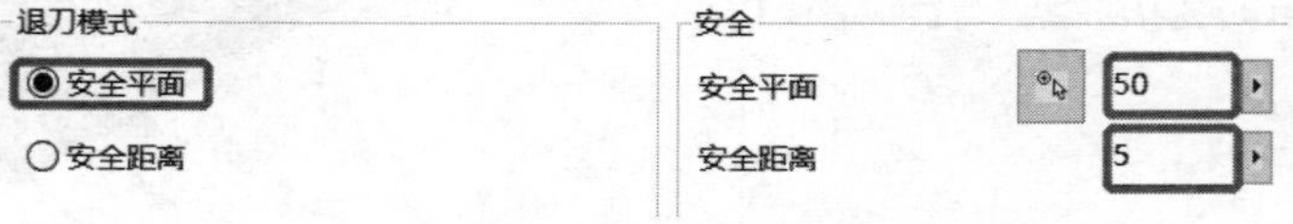 退刀模式 安全 ◉ 安全平面 安全平面 50 ○ 安全距离 安全距离 5

笔记

5. 进退刀设置（见表 8.2.22）

表 8.2.22

操作步骤	图示讲解
进退刀点击选择为【四分之一圆】，圆角设置为 *R*0.5	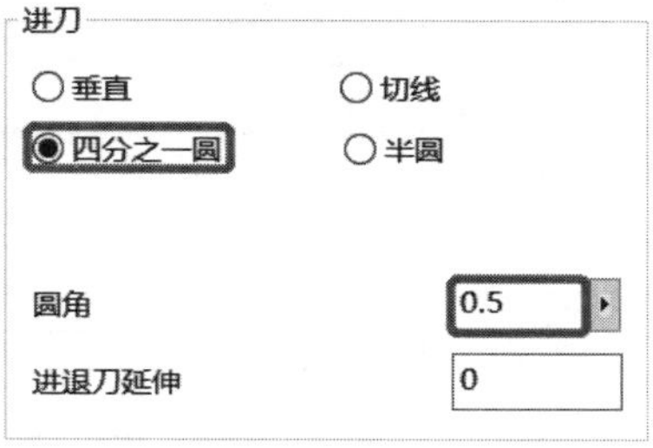 进刀 ○ 垂直　　　○ 切线 ◉ 四分之一圆　○ 半圆 圆角　　　0.5　▶ 进退刀延伸　0

6. 生成程序（见表 8.2.23）

表 8.2.23

程序计算步骤			
第一步	第二步	第三步	第四步
 ✔	3: T1 轮廓加工	🖩	是(Y)
点击程序界面"确认"按钮	选择需要计算的程序	点击计算程序按钮或按"C"键计算	确认计算

参考程序示例

7. 模拟仿真（见表 8.2.24）

表 8.2.24

程序仿真步骤		
第一步	第二步	第三步
3: T1 轮廓加工	内部模拟...	▸▸
选择需要仿真的程序	选择内部模拟或使用快捷键"T"	点击开始仿真

仿真效果 [内部机床模拟（快捷键 Shift+T）]

笔记

8. 转化程序（见表 8.2.25）

表8.2.25

操作步骤	图示讲解
（1）在轮廓加工中点击转换栏【激活】转换，并选择【圆形阵列】	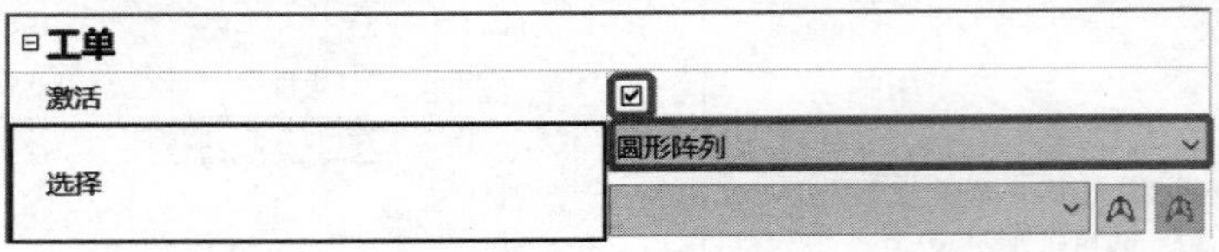 **工单** 激活 ☑ 选择　圆形阵列
（2）点击【新建转化 ...】	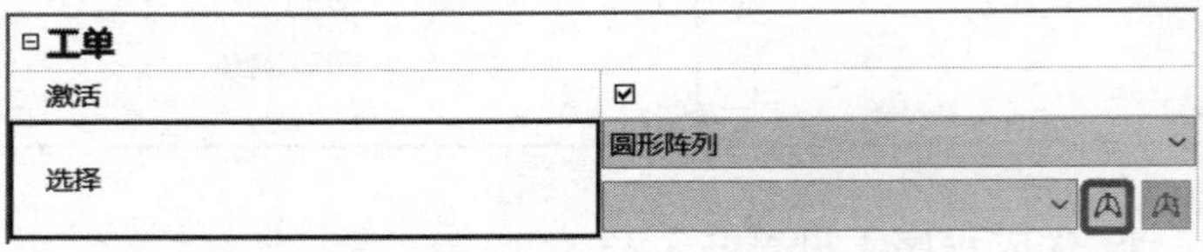 **工单** 激活 ☑ 选择　圆形阵列
（3）定义【变换名称】，定义本次阵列的元素	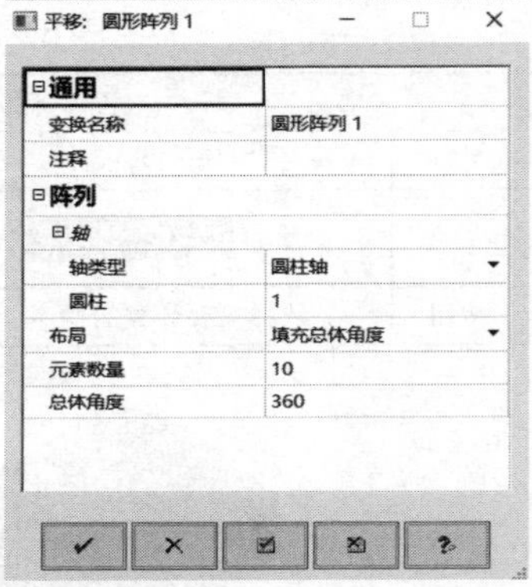 平移：圆形阵列 1 **通用** 变换名称　圆形阵列 1 注释 **阵列** 　轴 　轴类型　圆柱轴 　圆柱　1 　布局　填充总体角度 　元素数量　10 　总体角度　360
（4）定义转换（填充元素） ① 选择【圆柱轴】 ② 定义【圆柱曲面】 ③ 选择【填充总体角度】 ④【元素数量】为 10 ⑤【总体角度】为 360	 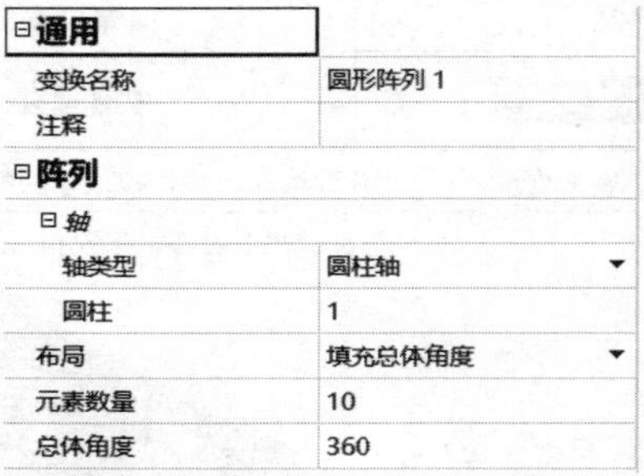 36° 均布　　　　圆柱曲面 **通用** 变换名称　圆形阵列 1 注释 **阵列** 　轴 　轴类型　圆柱轴 　圆柱　1 　布局　填充总体角度 　元素数量　10 　总体角度　360
（5）点击【确定】，再点击【计算】，生成程序	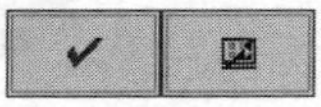 ✔　　　☑

笔记

续表

操作步骤	图示讲解
（6）完成效果	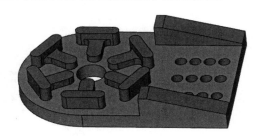

【专家点拨】

① hyperMILL 软件中的转换功能是否好用，在对刀路进行镜像时，其切削方式并不会改变，不会出现顺逆铣交替的情况。

② 在 hyperMILL 中每个编程指令均可进行转换，降低编程工作量，每个副程序均与主程序产生关联，修改时只需修改主程序对其余程序重新生成即可。

【课后训练】

① 根据图 8.2.3 所示零件内深色处特征，制订合理的工艺路线，设置必要的加工参数，使用各指令编制单个深色区域，再使用转化功能生成完整刀具路径。

② 使用 hyperMILL 软件内部机床验证程序的正确性。

图8.2.3

笔记